海关"12个必"之国门生物安全关口"必把牢"系列

进出境动植物检疫业务指导丛书

进出境动植物检疫与

国门生物安全

总策划◎韩　钢

总主编◎徐自忠

主　编◎由　轩　副主编◎周明华　张子群

中国海关出版社有限公司

中国·北京

图书在版编目（CIP）数据

进出境动植物检疫与国门生物安全/由轩主编.—北京：中国海关出版社，2023.7

ISBN 978 - 7 - 5175 - 0700 - 0

Ⅰ.①进… Ⅱ.①由… Ⅲ.①动物检疫—国境检疫—中国 ②植物检疫—国境检疫—中国 Ⅳ.①S851.34 ②S41

中国国家版本馆 CIP 数据核字（2023）第 115714 号

进出境动植物检疫与国门生物安全

JINCHUJING DONGZHIWU JIANYI YU GUOMEN SHENGWU ANQUAN

总 策 划：韩 钢

主　　编：由 轩

策划编辑：景小卫

责任编辑：孙 倩

出版发行：中国海关出版社有限公司

社　　址：北京市朝阳区东四环南路甲 1 号　　邮政编码：100023

网　　址：www.hgcbs.com.cn

编 辑 部：01065194242-7534（电话）

发 行 部：01065194221/4238/4246/5127（电话）

社办书店：01065195616（电话）
　　　　　https://weidian.com/? userid=319526934（网址）

印　　刷：北京新华印刷有限公司　　　　　经　　销：新华书店

开　　本：710mm×1000mm　1/16

印　　张：17　　　　　　　　　　　　　　字　　数：270 千字

版　　次：2023 年 7 月第 1 版

印　　次：2023 年 7 月第 1 次印刷

书　　号：ISBN 978 - 7 - 5175 - 0700 - 0

定　　价：68.00 元

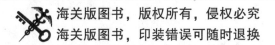

本书编委会

———◇———

总　策　划：韩　钢

总　主　编：徐自忠

主　　　编：由　轩

副　主　编：周明华　张子群

编委会成员：汪　琳　刘　环　王教敏　张金栋　邹慧蛟

张修颖　徐　超　张剑锐　周仲芳　姜建军

商　春　杨利敏　郑　玺　牛晓艺

前　言

动植物既是自然界的构成部分，也是人类诸多生活必需品的基础，还是食品生产、化学工业等多个产业的原料来源。然而，动物疫病和植物有害生物（以下称动植物疫病）一直与人类并存，人类也一直在与动植物疫病进行斗争。伴随着国际贸易发展和人员跨境往来的频繁，动植物疫病引起了世界的关注和重视，由此推动了进出境动植物检疫的产生和发展。自20世纪初开始，中国的进出境动植物检疫经历了从无到有，并在改革开放，尤其是中国加入世界贸易组织（WTO）以后，得到了长足的发展。动植物检疫法律法规体系逐步健全，检疫制度和措施日趋完善，理论研究走向深入，规则标准逐步与世界接轨。动植物检疫在保护农林牧渔业生产安全、保障食品安全和人类健康、促进对外经济贸易发展方面也发挥着越来越重要的作用。

进入21世纪，随着世界气候变化的复杂情况和全球经济一体化，动植物疫病等危险性生物因子对世界的威胁日益凸显，促进了生物安全观念的形成。近十多年来，高致病性禽流感、果实蝇等动植物疫病此起彼伏，非洲猪瘟、牛结节性皮肤病、红火蚁、草地贪夜蛾等地理性限定动植物疫病，从其局限的地区传播蔓延到世界多个国家或地区，分布范围不断扩大。动植物疫病等生物安全问题严重威胁着国家安全，国门生物安全概念由此产生。

面对日益严峻的生物安全形势，以习近平同志为核心的党中央，坚持总体国家安全观，高度重视生物安全工作，将生物安全纳入国家安全体系，颁布了《中华人民共和国生物安全法》（简称《生物安全法》），并于 2021 年 4 月 15 日正式施行。保护国门生物安全是进出境动植物检疫工作的永恒使命。《生物安全法》的颁布实施，明确了进出境动植物检疫的新任务。进出境动植物检疫应为防范动植物疫病和外来物种入侵等生物安全风险筑起有效的第一道防线，将生物安全风险拒于国门之外。

本书编写人员都工作在进出境动植物检疫一线，利用工作之余完成了撰写工作。本着对进出境动植物检疫负责的态度，作者通过查阅有关文献，梳理法律法规，总结进出境动植物检疫理论和实践，努力在有限的篇幅内将进出境动植物检疫和国门生物安全的内在逻辑关系展现给读者。全书共六章。第一章着重阐述了进出境动植物检疫和生物安全的发展和基本内涵。第二章介绍了国内外进出境动植物检疫的法律法规和机构。第三章解读了进出境动植物检疫管理技术及其应用。第四章总结了进出境动植物检疫制度和措施。第五章阐述了动植物检疫实验室技术及其应用。第六章介绍了进出境动植物检疫的具体工作实务。

由于编写人员均是海关系统进出境动植物检疫业务人员，编写经验尚有欠缺，加之编写时间仓促，书中难免有不当之处，敬请读者批评指正。

编　者

2023 年 6 月

CONTENTS
目录

第一章

概　论

CHAPTER 1

第一节
进出境动植物检疫

◇

一、动植物检疫概述

在世界范围内，进出境动植物检疫（以下简称动植物检疫）对保护农业生产、促进经济贸易发挥着重要的作用，同时又与人的生命健康相关。当前，动植物检疫是各国家和地区防范动植物疫病入侵和保护人体健康的一种法律强制性措施，受到各国和地区以及相关国际组织的高度重视。为协调动植物卫生检疫和国际贸易自由化的关系，世界贸易组织（WTO）制定了《实施卫生与植物卫生措施协定》（Agreement on the Application of Sanitary and Phytosanitary Measures，简称《SPS协定》），允许各成员为保护本国或本地区的动植物卫生和人体健康，在科学的风险分析基础上，采取或维持与本国或本地区动植物卫生保护水平相适应的技术性贸易措施。同时，世界动物卫生组织（World Organization for Animal Health，WOAH）、《国际植物保护公约》（International Plant Protection Convention，IPPC）和国际食品法典委员会（Codex Alimentarius Commission，CAC）也为国际贸易中动植物检疫制定相关标准和指南，以减少国际贸易摩擦，促进贸易公平和公正。

我国动植物检疫是立足我国基本国情，体现国家意志，落实总体国家安全观，以五大发展理念为指导，以"防止动植物疫病和有毒有害物质传入传出"为根本任务的国家主权行为。我国动植物检疫坚持以法律法规为依据，以技术为支撑，以风险管理为手段，遵循国际规则，以现代化的进出境动植物疫病防御体系和农产品安全保障体系，达到控制农产品质量安全风险，保护农林牧渔业生产安全、生态环境安全和人体健康，以及促进贸易发展的目的。

（一）简介

动植物检疫与国际贸易和国际交流相伴，是指动植物及其产品和其他检疫物通过贸易性、非贸易性、携带、寄递等方式进出中国国境、关境时被实施的措施，通俗来讲是涵盖了"进出境""动物检疫"和"植物检疫"三个方面。

1. 国境与关境

国境是分隔一国领陆与他国领陆，分隔国家管辖范围的海域与公海，以及国家领空与外层空间、他国领空，也分隔一国底土与他国底土的界限。边界对任何一个国家都具有极大的重要性，它表示一个国家行使最高领土管辖权的范围，是维护国家主权的屏障。

海关合作理事会（Customs Co-operation Council，CCC）对关境的定义是"完全实施同一海关法的地区"。关境是实施同一海关法规和关税制度以及贸易管制的境域，是国家或地区行使海关主权的执法空间，也称为"税境""海关境域""关税境域"或"关税领域"，是海关学中的基本概念。

一般来说，关境与国境是一致的。但有些国家和地区在境内设立经济特区，而这些经济特区不属于关境范围，这时，关境就比国境小。有些国家相互间缔结关税同盟，把参加关税同盟国家的领土连成一片，在整个关税同盟的国境范围设立关境，这时的关境就比国境大，如欧盟，关境是整个欧盟地区，国境是欧盟的每个国家。目前，中国的单独关境有香港单独关税区、澳门单独关税区以及台湾、澎湖、金门、马祖单独关税区，在单独关境区内实行单独的关税制度。《中华人民共和国海关法》（简称《海关法》）适用于我国关境，不包括单独关税区。

目前《中华人民共和国进出境动植物检疫法》（简称《进出境动植物检疫法》）实施的范围是除香港和澳门特别行政区，以及台湾地区之外所有的中国领陆、领海和领空。

2. 动植物检疫

动物疫病及植物病虫害防治的起源和发展几乎与人类农业生产活动的

产生和发展相伴而行。人类在与动物疫病和植物病虫害的长期斗争中，创造了原始的防治方法，积累了丰富的斗争经验，也逐渐孕育了动植物检疫思想。检疫（Quarantine）一词来源于拉丁文"Quarantum"，它的核心理念是采取预防措施把"风险"隔离开，避免疫病传播扩散。随着科学技术的不断进步和人类对自然事物认知的不断深入，动植物检验检疫的内涵处于不断发展变化之中。

动物检疫（Animal Quarantine）是按照法律法规、国家标准、农业行业标准，运用强制性手段和科学技术方法对动物及动物产品进行的是否感染特定传染病、寄生虫病或是否有传播这些疫病危险的检查，防止动物传染病的传播以及检查定性后对被检查对象的处理过程。

如何给植物检疫以科学准确的定义，目前似乎尚无一个为各国所公认和接受的定义，这说明，随着植物检疫事业的发展、科学技术的进步，人们对植物检疫的问题在不断地探索和思考，认识在不断进步和深化。按照联合国粮农组织（Food and Agriculture Organization of the United Nations，FAO）《植物检疫术语表》，植物检疫（Phytosanitary）是旨在防止检疫性有害生物传入或扩散或确保其官方防治的一切活动。按照《SPS协定》和IPPC，植物检疫是为保护WTO各成员方境内植物的生命或健康免受由植物或植物产品携带的有害生物的传入、定殖或传播所产生的风险，以及为防止或限制因有害生物的传入、定殖或传播所产生的其他危害的一切活动。可以看出，植物检疫已不同于原来"Quarantine"所指隔离检疫的措施和内涵，而是有了"卫生"的内涵，所有为保护植物健康而采取的措施可以统称为植物卫生措施（习惯上仍称为"植物检疫措施"）。

3. 动植物检疫的目的和任务

按照《SPS协定》，WTO成员方采取的SPS措施的目的可以归纳为以下四个方面：一是保护本国（地区）境内的人类生命或健康，免受动植物疫病传入、定殖或传播所产生的风险；二是保护本国（地区）境内的人类或动物的生命或健康，免受食品、农产品或饲料中的添加剂、污染物、毒素或致病有机体所产生的风险；三是保护本国（地区）境内植物的生命或健康，免受虫害、病害、致病有机体或致病有机体的传入、定殖或传播所产生的风险；四是本国（地区）免受动植物疫病传入、定殖或传播所产生的其他损害。SPS 措施可以是实现上述目标之一而采取的任何措施类型，可以表现为法律、法令、法规、要求和程序等多种形式，例如，强制执行特殊的产品及加工标准、要求产品来自非疫区、检疫规程、认证或检验程序、抽样及检测要求、与卫生有关的标签措施、确定可允许的最大农残限量水平、对食品中某种单独的添加剂的使用规定等。从 WTO 各成员方实施的 SPS 措施的目的和措施类型看，动植物检疫涉及动物疫病、植物有害生物、人兽共患病的传播与控制，食品农产品和饲料质量安全，以及外来有害生物入侵等多个方面，也就是既包含与动物疫病、植物有害生物和外来有害生物入侵与控制有关的动植物检疫内容，也包含源于动植物但又可能影响到动物和人体健康与生命安全的农药、兽药、重金属、添加剂等各种风险隐患的控制等内容。

《进出境动植物检疫法》第一条明确"为防止动物传染病、寄生虫病和植物危险性病、虫、杂草以及其他有害生物传入、传出国境，保护农林牧渔业生产和人体健康，促进对外经济贸易的发展，制定本法"。这就是进出境动植物检疫的宗旨、工作目标和核心任务。伴随着中国对外贸易快速发展和加入 WTO 后形势的变化，以及承担进出境动植物检验检疫机构的变化和职能变更等影响，进出境动植物检验检疫内涵也随之发展变化，动植物检疫不断被赋予新的任务与职责。从动植物检疫的产生和发展过程，《SPS 协定》等国际准则涉及的动植物检疫工作内容，以及中国法律法规赋予进出境动植物检验检疫的职责看，动植物检疫的任务，既包括为保护农业生产安全、生态安全、动植物生命和人体健康，需要防止动物疫病和植物有害生物入侵传播，保护中国物种资源，也包括为保护动植物生命、动物健康和人类身体健康，需要控制好进出境动植物源性食品农产品质量安全和农业转基因生物安全的风险。2021 年 4 月 15 日，《生物安全法》正式实施，进一步强调了风险监测预警、风险调查评估、名录和清单等生物安全风险防控机制建设的要求，赋予动植物检疫更多的新目的和新任务。

4. 动植物检疫的意义

动植物的安全直接关系到农业生产安全、人的生命健康，进而关乎国家经济安全和社会稳定，尤其是动植物疫病的突发性、传染性、共患性、破坏性，对人类生命和社会经济的危害严重、影响广泛。历史上，动植物疫病多次给人类带来巨大损失和悲惨教训。14 世纪，欧洲流行"黑死病"（肺鼠疫），导致占欧洲四分之一人口的 2 500 万人死亡。1855 年，在美国科罗拉多州首次发现马铃薯甲虫，严重危害栽培马铃薯。在随后的 20 年内，马铃薯甲虫危害面积占当时全美马铃薯种植面积的 9%。20 世纪 80 年代中期，英国暴发牛海绵状脑病（BSE，又称疯牛病），除了造成数十万头牛死亡外，还一度因食物链危及人感染上新型克雅氏病（nvCJD）而死亡，致使许多国家纷纷宣布禁止从英国进口牛、牛肉等，沉重打击了英国牛畜产业。

人类在与动植物疫病的长期斗争中不断吸取深刻教训、总结宝贵经验，逐步以法令的方式建立起防止动植物疫病流行，保障人类健康和社会经济安全发展的防线，将动植物检疫从新生事物逐步发展到当前被国际社会高度重视的地位。实践证明，动植物检疫在国民经济中具有重要的作用和地位，越是发展经济，越是改革开放，越是要重视防止动植物疫病传入、传出国境，保护农林牧渔业生产和人民身体健康，促进外向型经济发展。党的十八大将生态文明纳入"五位一体"的总体布局，以宽广的历史纵深感、厚重的民族责任感、高度的现实紧迫感和强烈的世界意识，推动形成了具有中国特色的生态文明理论。生态文明建设对动植物检疫提出了更高要求，也为动植物检疫发展提供了更广阔舞台。在新发展阶段，动植物检疫必须与中国的改革开放和国民经济的发展相适应，通过加强各项依法行政措施的运用，防范物种资源流失和外来有害生物入侵带来的风险，确保国际国内双循环交汇口的安全，更好地为国家高水平对外开放服务。

5. 动植物检疫的作用

自然界中，动植物、动植物疫病的分布虽然有一定的地区性，但许多种类的动植物和动植物疫病，可以随着国际贸易、国际交流而跨境传播，并在该地区定殖、繁衍、扩散，并可能对该地区生态环境和农业生产造成严重危害，带来巨大经济损失，而且由于外来入侵物种难以根治和根除而留下无穷后患。历史上曾有许多有意无意引入的外来生物物种严重地危害人们的生物安全，导致一些传染病的流行，以及农作物和牲畜发病、死亡，破坏环境和生态平衡，引起局部地区生物多样性的改变或丧失等事件。因此，以国家强制为方式、以预防性保护措施为宗旨实施动植物检疫，就成为进出口贸易环节、国境和边境管控中维护国门生物安全的重要抓手，被世界各国各地区政府高度重视。几十年的实践也充分证明我国动植物检疫在防止动物传染病、寄生虫病和植物危险性病、虫、杂草及其他有害生物传入、传出国境，保护农林牧渔业生产和人民身体健康，维护国门生物安全，促进外向型农业经济、对外贸易和国际科学技术交流等方面发挥了重要作用，在国民经济中占有重要的地位。

（1）行使国家主权，维护国家利益

动植物检疫不仅是一个国家主权的象征，而且是一个国家的经济实力和科技水平的体现。但在半封建半殖民地时期的中国，由于动植物检疫机构的主权丧失，致使许多动植物疫病乘虚而入，危害农林牧渔业，造成重大经济损失。如蚕豆象原产于埃及，19世纪中叶传入英国，随后传入美国、日本，1937年随日本军马饲料传入中国，成为中国南方蚕豆产区的重要害虫，人称"十豆九虫"。甘薯黑斑病原产于美国，1905年传入日本，1937年日本向中国大量推广"冲绳百号"红薯，致使该病传入中国辽宁并向华北地区扩散。

中华人民共和国成立后，在党和政府的关怀下，中国动植物检疫工作发展起来。1965年，农业部在20多个口岸设立了动植物检疫机关，动植物检疫工作从此得到加强。1991年《进出境动植物检疫法》颁布以后，我国动植物检疫工作步入了法治化轨道，动植物检疫事业得到了蓬勃发展。在法律的保护之下，动植物检疫更加发挥出维护国家利益的作用。如1991年11月，南京动植物检疫机构从进口沙特阿拉伯小麦中发现小麦印度腥黑穗病菌，据理与外方进行技术谈判并出具证书进行索赔，为中国企业争取了切实权益；如动植物检疫部门通过与外方的技术交流和合作，研究出对荔枝杀虫效果可达100%的蒸热加冷贮技术方法，对稻草及其制品可能携带的疫病病原体的饱和蒸汽热处理技术方法，顺利解决我国瓜类水果、荔枝、稻草及其制品等出口日本受阻的问题。此外，中国动植物检疫机构行使国家主权，服务外交外贸大局，截至 2022 年 4 月已经与全球 100 多个国家和地区建立了良好的进出境动植物检疫合作机制，签署了 1 000 多份双边协议和议定书，对奠定中国在国际市场的经济地位发挥了重要作用①。

（2）保障引种安全，促进农业发展

优良动植物品种是重要的农业生产种质资源。合理、安全引进国外优良品种，通过科学试验、择优繁殖推广，不但能提高农业生产能力和产品数量及品质，促进增产丰收，也将进一步丰富动植物种质资源的生物多样性。但在引进优良种质资源时，需要高度关注和认真对待的就是盲目引种、引种后无序管理可能造成的严重后果，历史上也是有许多深刻教训的案例。如栗疫病原产于东亚，美国从亚洲引种时将该疫病带入，1904 年在美国国内首次发现，后导致纽约长岛地区的栗树在病害发生 25 年后几乎绝迹；20 世纪 30 年代初，棉花枯、黄萎病随着引进美国棉种而传入中国，30 年间扩散到 9 个植棉省市，造成严重后患；加拿大一枝黄花 20 世纪 30 年代作为观赏植物引进到上海、南京，到 20 世纪 80 年代已扩散蔓延成为河滩、荒地、道路两侧、农田旁边、平原城镇住宅旁甚至绿化地带的杂草，甚至导致上海地区 30 多种本地植物物种消亡；原产于北美洲落基山脉以东地区的美国牛蛙，1959 年被引入中国，由于逃逸、放生等原因而进入我国自然生态圈，因其适应性强、食性广、天敌少、寿命长、繁殖能力强，具有明显的竞争优势，以至于严重威胁到北京以南地区本土两栖类、水生生物等物种的生存。

为促进农业长期稳定发展、保障国家粮食安全的根本，我国动植物检疫部门根据产业发展需求，大力支持畜牧业、水产养殖业、种植业等所需优良品种的引进。在保障引种安全方面，动植物检疫部门强化风险意识和风险管控，不断完善检疫制度体系，采取了检疫准入、检疫审批、境外预检、进口查验、指定口岸、隔离检疫、疫情疫病监测和检疫处理等系列措

---

① 数据来源于海关总署官方网站。

施，还积极发挥重大动植物疫情疫病防控联防联控工作机制作用，与农业、林业、渔业等部门做好统筹、沟通、协调工作，合力共筑动植物疫情防线，确保进口种用动植物安全卫生。2021 年 3 月，沈阳关区进口一批进境种禽，在实施隔离检疫期间被检出禽白血病阳性，这是全国首次在进境种禽中检出该种动物疫病，有效防范了重大疫病传入，也保障了种质资源引种安全。

（3）保障国际贸易，发展创汇农业

随着国际贸易的发展和贸易自由化程度的提高，各国实行动植物检疫制度对贸易的影响已越来越大，某些国家（地区）尤其是一些发达国家为了保护本国农畜产品市场，多利用非关税壁垒措施来阻止国外尤其是发展中国家农畜产品进入本国（地区）市场，其中动植物检疫就是一种隐蔽性很强的技术壁垒措施。如欧盟所采取的 282 项贸易措施中，除食品卫生措施外，关于动植物检疫的就有 81 项（其中动物检疫 63 项、植物检疫 18 项），而且这些新形成的欧洲统一的检疫标准均高于各成员方原来的水平，这就给发展中国家设置了更高更多的贸易障碍。在动植物检疫技术壁垒下，我国生产的畜产品虽然占到全球产量的四分之一，但是实际出口却不超过 2%。海关总署在全国范围内组织开展的调查结果显示，技术性贸易措施依然是影响我国企业出口的重要因素，仅 2019 年我国企业为应对国外技术性贸易措施而新增加的成本为 161.14 亿元①。

中国是农业大国，农产品出口是重要的创汇途径，关系到农业增收、农民富裕、农村稳定，关系着社会主义新农村建设和乡村振兴。动植物检疫强调"进口与出口并重"，就是既要重视进境动植物检疫，又要重视出境动植物检疫；既要严密防范外来有害生物传入及控制安全风险物质，又要防范有害生物传出、努力保障出口农产品质量安全，以促进国内优质农产品扩大出口。动植物检疫充分发挥国家技术贸易措施部际联席会议的作用，既遵循规则，主动防范并及时打破国际贸易技术壁垒，又因势利导，妥善处理好引进资源和产业发展的关系，服务"优进优出"，促进提质增

---

① 数据来源于中国政府网。

效，防范经济安全问题，有效降低国外技术性贸易措施对中国农产品出口产业的影响。中国加入 WTO 后，面对动植物检疫中的新问题，动植物检疫机构加强了 SPS 措施的研究和国际合作，设立 SPS 措施咨询点，与 WTO 的 SPS 秘书处建立了联系制度，向国内外有关部门及 WTO 通报中国 SPS 措施。根据贸易需求和国内外检疫政策，通过专家考察、评估和论证，与潜在贸易国家达成了多项出口农产品协议。如针对俄罗斯、哈萨克斯坦对中国柑橘、核果和仁果类水果采取不合理的暂停措施，积极交涉，敦请外方尽早恢复对中国相关水果的进口；协调日本简化对中国荔枝出口预检要求，助力中国荔枝出口等。

（4）保障经济安全，维护生态平衡

生态平衡是经济长期稳定发展的基本条件。破坏了生态环境，往往就会失去资源优势，影响经济发展方向和特色。1992 年，由联合国环境规划署（United Nations Environment Programme，UNEP）发起的政府间谈判委员会第七次会议在内罗毕通过《生物多样性公约》（Convention on Biological Diversity，CBD），这是一项保护地球生物资源、构建生物安全体系的国际性公约。该公约涵盖了所有的生态系统、物种和遗传资源，把传统的保护努力和可持续利用生物资源的经济目标联系起来。为了防止外来物种入侵，该公约规定"必须预防和控制外来入侵物种对生物多样性的影响"。

我国动植物检疫在防止外来物种入侵、保护生态平衡和农业生产安全方面的做法主要有三个方面：一是严格履行相关国际公约，依法对公约禁止或限制贸易的动植物种及其产品实施监管，严厉打击非法贩卖、走私濒危物种等违法行为，加强国际科研合作，推动濒危野生动植物种人工繁育发展；二是严防外来生物入侵，开展动植物进境生态安全风险分析，严防非评估准入生物以任何途径入境，破坏本土生态环境稳定；三是履行进出境动植物检疫法定职责，开展进境动植物及其产品准入境外体系评估，严格口岸查验，加强与农林部门沟通合作，严防动植物疫病疫情传入，保护国内动植物安全。2018 年机构改革之后，出入境检验检疫管理职责和队伍划入海关总署，中国海关成为当前进出境动植物检疫的口岸执法部门，并于近年连续开展了"国门绿盾"、"国门利剑"、打击违法寄递"异宠"等系列专项行动，重点打击非法输入禁止进境的动植物及其产品的行为，更加有力地维护了国门生物安全。

动植物检疫工作在助力国家高水平全面开放、推动贸易创新发展方面具有重要作用。其中，深化与"一带一路"沿线国家和地区多双边动植物检疫合作、加强信息共享与技术交流、探索建立国际动植物疫情和外来入侵物种联合监测预警机制、解决彼此农产品贸易关注等工作发挥的作用尤为显著。在构建新发展格局中，海关动植物检疫职能作用更加重要，就是坚持扩大内需这个战略支点，统筹国际农产品供给与国内市场需求关系，服务培育完整内需体系，适当加快国内市场急需的农产品准入进程，积极促进国内优势农产品扩大出口，保持农产品市场主体稳定，畅通产业链和供应链，推动和服务形成农产品领域以国内大循环为主体、国内国际双循环相互促进的新发展格局。

（二）进出境动物检疫与动物防疫

1. 进出境动物检疫与动物防疫的联系

按照《进出境动植物检疫法》及其实施条例，进出境动物检疫是指国家行政机关根据法律赋予的权力，对可能传播动物疫病风险的进出境（过境）动物及其产品、其他检疫物、装载动物及其产品的容器和包装物，以及来自动物疫区的运输工具实行监管的过程。进出境动物检疫的核心内容有三个方面：一是检疫的主体是法律授权的国家行政机关，或者是依法以国家名义实施检疫的机关；二是检疫的范围是进出境的动物、动物产品、其他检疫物、装载上述物品的装载容器和包装物，以及来自动物疫区的运输工具；三是核心任务是防止动物疫病传入、传出国境，保护农林牧渔业生产和人民身体健康，促进对外贸易顺利发展。

按照《中华人民共和国动物防疫法》（简称《动物防疫法》），动物防疫是指动物疫病的预防、控制、诊疗、净化、消灭和动物、动物产品检疫，以及病死动物、病害动物产品的无害化处理。动物防疫是一项与农业、商业、外贸、卫生、交通等部门都有密切关系的重要工作。动物防疫贯彻"预防为主"的方针，通过采取检疫、免疫、药物预防、加强饲养卫生管理、消毒、隔离、封锁、治疗等各种措施，控制和防止动物疫病传播扩散，将动物疫病排除于一个未受感染的动物群之外。可以说，动物防疫是从源头防控疫情风险、筑牢公共卫生安全防线的"重要关卡"。

从上述可以看出，进出境动物检疫和动物防疫都是我国兽医卫生管理的重要组成部分，二者之间存在着密切联系，相互补充和促进。第一，进出境动物检疫和动物防疫的技术基础都是兽医诊断，也就是兽医人员采取各种诊断技术对动物进行健康检查，为动物疫病预防、治疗、控制、净化和扑灭提供技术依据。如产地检疫、屠宰检疫、运输检疫监督和市场检疫监督，进境检疫、出境检疫、过境检疫、携带及邮寄检疫和运输工具检疫等都会涉及动物检疫。第二，两者相辅相成，都是致力于保护农业和生态安全、保障和促进经济发展。动物防疫直接影响着动物检疫工作的开展，因此要想确保检疫工作的有序进行，就必须要认真做好动物防疫工作，在彼此的共同作用下，降低动物疫病发病概率，保障动物产品质量安全，促进畜牧行业健康发展。如进境动物检疫是为做好动物防疫工作提供安全的外部环境，通过防止境外动物疫病传入，为控制、净化和扑灭国内流行的动物疫病发挥作用，保障并提升动物防疫的效果，维护动物防疫的目标；动物防疫是出境检疫提供管理基础，为国内畜牧产品出口提供良好的安全卫生环境，为出境动物、动物产品和其他检疫物的健康卫生提供基本保障。第三，通过风险评估，建立名单和清单机制。如在动物防疫中，依据我国《动物防疫法》的规定，根据动物疫病对养殖业生产和人体健康的危害程度，将动物疫病分为三类，制定了《一、二、三类动物疫病病种名录》。在进出境动物检疫中，依据相关法律法规，制定了《中华人民共和国进境动物检疫疫病名录》（简称《进境动物检疫疫病名录》），将211种动物传染病、寄生虫病归类为一类、二类和其他类传染病、寄生虫病。这些名录为动物防疫和进出境动物检疫有针对性地采取措施，防止疫病疫情扩散和传播提供了执法依据。

2. 进出境动物检疫与动物防疫的区别

动物防疫与进出境动物检疫的主要区别，更多的还是要从政府管理的角度来讲。

（1）法律法规依据和标准不同

动物防疫主要依据《动物防疫法》、地方动物防疫法规和国内动物疫病诊断标准，进出境动物检疫主要依据《进出境动植物检疫法》《生物安全法》以及相关国际协议、协定、标准，以及我国与贸易国家和地区主管部门签订的双边或者多边检疫协定。

（2）执行政府主管机构不同

现阶段，动物防疫的国家管理机关是农业农村部，具体执行机构是各地的动物防疫或兽医卫生监督机构；进出境动物检疫的国家管理机关是海关总署，具体执行机构是全国各地的直属海关和隶属海关。

（3）管理对象不同

动物防疫管理的对象主要是国内流动的动物、动物产品和其他具有传播动物疫病风险的产品、物品；进出境动物检疫管理的对象是进出境的动物、动物产品、其他检疫物和装载上述货物的运输工具、包装容器。根据这个特点，行业内口语习惯上一般称前者为"内检"，后者为"外检"。

（三）进出境植物检疫与植物保护

1. 进出境植物检疫与植物保护的联系

植物保护是综合利用多学科知识，以经济、科学的方法，保护植物免受生物危害，提高植物生产投入的回报，维护人类的物质利益和环境利益的实用科学。植物保护的广义对象是在特定时间和地域范围内人类认定有价值的植物，狭义对象仅指人类的栽培作物。农业上所说的植物保护一般是指狭义的栽培作物保护。

植物保护的目的是采取适宜的策略和措施，控制植物有害生物的危害，避免生物灾害，最终提高植物生产的回报，获得最大的经济利益、生态效益和社会效益。控制有害生物对植物的危害有防与治两类方式。所谓防，就是阻止有害生物与植物的接触和侵害。所谓治，就是当有害生物发生流行达到危害社会经济的水平时，采取措施阻止有害生物的危害或减轻危害造成的损失。农业上的植物保护并非保护植物不受任何损害，而是将损害控制在一定程度，以致不影响人类的物质利益和环境利益。广义上讲，植物保护包含了植物检疫。

进出境植物检疫包含在植物保护措施之中，是与农业防治、生物防治、化学防治和物理防治等措施相并列的一类预防控制措施，是植物保护措施之一。植物保护的原理包括预防、杜绝或铲除、免疫、保护和治疗五个方面，植物检疫的内容主要是涉及植物保护中最能体现预防、杜绝或铲除植物有害生物的措施，也是最有效、最经济、最值得提倡的措施，有时甚至是某一有害生物综合治理（IPM）计划中的唯一措施。我国曾有植物病理学家指出，"植物检疫是植物保护系统工程中的一个极其重要的子系统，是植物保护的边防线，必须严防密守。新的危险性有害生物一旦侵入，往往后患无穷，没有检疫的防治永远是被动挨打的防治"。

2. 进出境植物检疫与植物保护的区别

植物保护的工作目标主要是国内，而植物检疫具有保障和服务国际贸易的内容。植物检疫虽然从属于广义的植物保护，但植物检疫的特点却不同于植物保护，通常采用的化学防治、物理防治、生物防治和农业防治等措施。植物检疫与植物保护的区别主要表现在三个方面。

（1）管理性质不同

植物检疫是一项技术执法的综合管理工作，包括法规设置、行政手段和技术措施，是强制性的技术执法工作。植物检疫依靠法律约束一定区域内所有法人和自然人遵守法令的责任义务，以防止该区域尚未发生或分布未广、可能人为传播、造成危害的植物有害生物的传播扩散，是以法律法规为依据，以行政管理为手段，采取防止有害生物传入或扩散的预防性措施。植物检疫不仅具有政策性的一面，更重要的是法律的强制性，对贸易各相关方（包括贸易国家或地区的官方机构、法人和自然人）具有普遍约束力。而植物保护，是对一定区域内发生分布已广、造成现实危害的植物有害生物进行的综合防治，以控制植物有害生物的危害低于经济允许受害水平（或称经济阈值以下）。植物保护虽然也有政策性和技术性，但单纯从技术的角度考量，是建立在生产者经济基础之上的防治与技术推广工作，不具备普遍的约束力和强制性，只具有一般的号召性和指导性。

（2）管理对象不同

自然环境下，农田和森林里都存在各种各样、有益有害或益害各半的生物。随着人类社会生活的多元化，尤其是国际活动的频繁、国际贸易量的增加，农产品的交换日益频繁快捷，如葡萄根瘤蚜、马铃薯甲虫、马铃薯晚疫病菌等植物有害生物跨境传入或传出，都是随着植物及其产品的运输而传播扩散的。为了防止外来有害生物随着国际活动而传播蔓延，逐渐产生了植物检疫。但是，植物检疫并不是禁止所有的外来生物入境，也不是任何国家随意决定禁止的，否则将对国际贸易产生影响。因此，植物检疫关注的是法律法规限定的有害生物。植物检疫管理对象需要国际组织或者相关国家来协商一致，并制定相关的国际规则、协议共同遵守。1945年成立的 FAO 是目前公认的制定植物检疫国际规则和标准的国际组织，IPPC 是植物检疫的国际规则。

IPPC 将有害生物（Pest）定义为危害或可能危害植物及其产品的任何有生命的有机体。"Pest"一词在国内外的使用曾经比较混乱，有的与 IPPC 的定义相近，有的侧重于病虫害，也有专指有害的昆虫。"Pest"片面地译为害虫不妥，应该泛指所有的病（病原生物）、虫（害虫）、草（害草）及其他动物（如蜗牛等软体动物）等危害植物健康的生物。

根据有害生物的发生、分布、危害性和经济重要性，以及在植物检疫中的重要性和其他特殊需要，按照 IPPC 的定义，有害生物可以区分为"限定的有害生物"和"非限定的有害生物"。限定的有害生物（Regulated pest）是指"一种检疫性有害生物或限定的非检疫性有害生物"，其中，限定的非检疫性有害生物（Regulated non-quarantine pest）是指"一种非检疫性有害生物，但它在供种植用植物中存在危及这些植物的原定用途而产生无法接受的经济影响，因而在输入的缔约方领土内受到限制"。非限定的有害生物（Non-regulated pest，NRP），是已经广泛发生或普遍分布的有害生物，有些是日常生活中常见的，它们在植物检疫中没有特殊的重要性，一旦发现，也不必采取检疫措施来处理，因此，也称为"一般性有害生物"。尽管有些病虫害的危害有时也十分严重，如柑橘青霉病、稻瘟病、蝗虫等，但不属于检疫控制的范围。

我国的教材和文献使用最多的术语是"危险性有害生物"（Dangerous pest，DP），它包括已经被列入检疫性有害生物名单和可能将被列入检疫性有害生物名单的危害性大且可随着植物及植物产品传播的多种有害生物，尤其是通过风险分析确认风险高的有害生物，更能引起人们的重视。所以，一些不在检疫性有害生物名单上，但可通过植物及植物产品或包装物传带的有害生物仍然是植物检疫所关注的。本书中，多沿用"危险性有害生物"这一术语。

植物检疫针对的是国内未发生或虽有发生但分布未广的，且一旦传入可能引起重大经济损失的危险性有害生物，如梨火疫病、小麦矮腥黑穗病、松材线虫、马铃薯甲虫、红火蚁、假高粱等。因此，对于法定的应检物在某一特定区域（国家或地区）流通时都需接受植物检疫，只有经植物检疫合格，或经检疫发现有害生物但经有效的检疫处理合格后，应检物方可运输。关于种子和苗木等种植用植物中可能携带限定的非检疫性有害生物，是否应采取相应的检疫措施需要国际组织、贸易双方根据风险分析确定。

植物保护的对象是当地普遍发生且危害较重的有害生物。在农林业生产中虽然也有一些危害很大的植物病、虫、草，如蝗虫、黏虫、稻飞虱、稻瘟病、麦类锈病等，需要实行群防群治，但是检疫措施效果不显著，故不属于检疫对象。对于白菜软腐病、茄青枯病等地方流行或土传病害，虽然防治难度很大，但也不属于检疫的范畴，控制它们的危害程度是植物保护工作的目标。

（3）处理要求不同

经检疫发现有"限定的有害生物"后，除要求货物退运或销毁处理外，也可采取化学或物理的方法来处理受感染或受害的应检物。在这一点，植物检疫和植物保护之间有一定的共性，但二者的最终要求不同。

植物检疫所针对的是国家限定的有害生物，一般都是本国、本地区尚未发生或分布未广的危险性有害生物。植物检疫的重点是及时掌握国内外危险性有害生物的分布范围、发生特点、危害情况等资料，还要对这些危险性有害生物进行风险评估，并在此基础上作出决策，确定并公布应实施检疫的有害生物名单，同时有针对性地研究这些有害生物的生物学特性、检测技术与处理方法。植物检疫所要求的是经检疫处理后应检物不再携带活的有害生物，即检疫处理的效果要求是彻底杀灭目标有害生物，或检疫处理后至少达到不育状态以防后患。

植物保护关注的重点是本地区植物上重要有害生物的发生和防治，尤其是主要作物经常发生的有害生物（包括危险性有害生物）的发生流行规律和防治对策，在此基础上制订本地区主要作物有害生物的全面、综合性的防治计划。植物保护中所用的化学防治、物理防治或农业防治等的效果，通常只要求将有害生物的危害程度控制在经济允许的阈值或防治指标以下。

二、历史回顾

（一）国际起源

14世纪中叶，欧洲先后有黑死病（肺鼠疫）、霍乱、黄热病等传染病流行，严重威胁人类的生命安全。意大利的威尼斯城为防止这些可怕的疾病传染给本地居民，规定外来船舶在进港前必须在锚地滞留、停泊40天，以便观察船上人员是否带有传染病。在此期间未发现感染疫病的人员，方可允许船舶进港和人员下船上岸。带有强制性的隔离措施，在当时对阻止黑死病的传播蔓延起到了重要作用。此后，这种措施在国际上被普遍采用，"Quarantine"就成为隔离40天的专有名词，并逐渐演绎形成了"检疫"的概念。这种始于人类传染病防范隔离40天的检疫手段，给人类以启迪，被逐步运用到阻止动植物疫病传播的控制和管理上来。

检疫的产生和实践，是人类抗拒外来疫病思想观念的突破和飞跃，人类在经历了重大损失和付出沉痛代价的实践后认识到，只有运用预防与法律法规相结合的检疫手段，才能有效地实现预防保护的目的。这开创了人类主动与动植物疫病作斗争的时代。检疫所包含的主动预防思想和法规的形成是人类社会实践的发展，是宏观防疫战略思想的体现。

1. 动物检疫起源

如上所述，动物检疫的思想源自防止人类传染病而采取的强制性隔离措施，其核心是防止动物疫病传播扩散。在人类与动物疫病的长期斗争中，检疫的预防性思想逐渐发展成为人类控制各类动物疫病的策略。早在春秋战国时期，秦国颁布的秦律《睡虎地秦墓竹简·法律答问》中，就有为防止马病传播而以火燎烧其马车衡轭和马具的记载，这是中国最早记录的带有动物检疫色彩的活动。

　　15世纪以后，航海技术和远洋运输的发展促进了生活资料和生产资料在世界范围的流动，削弱了地域间生物物种向外扩散的地理屏障，进而带来动物疫病的跨境传播和扩散。1866年，英国颁布一项法令，批准采取紧急措施，扑杀由于进口种牛带进的牛瘟所传染的全部病牛。为了预防这一疫病的再发生，英国于1869年制定了《动物传染病法》，以控制牛的进口。1871年，日本政府采取措施，防止西伯利亚地区流行的牛瘟传入，并于1886年制定了《兽疫传染病预防法规》。1879年，由于在进口的美国肉类制品中发现旋毛虫、绦虫，意大利下令禁止进口美国的肉制品。1881年，奥地利、德国和法国也相继颁布禁止美国肉类进口的法令。1882年，英国发现美国东部有牛传染性胸膜肺炎（牛肺疫），下令禁止进口美国活牛，其后丹麦等国采取了同样的措施。这即为初始的动物检疫。1920年，巴西自印度进口的瘤牛途经比利时安特卫普时，牛瘟随着动物运输而传入比利时，引起了国际社会广泛重视，促成了1924年国际兽疫局（Office International des Epizooties，OIE，世界动物卫生组织的前身）在法国巴黎成立，标志着进出境动物检疫成为国际通行做法，促进了进出境动物检疫的发展。美国在1935年颁布了《动植物检疫法》，新西兰于1960年到1969年先后颁布了《动物保护法》《动物法》《家禽法》和《动物医药法》等。目前，世界上绝大多数国家都制定了动物检疫的法律和进出口动物检疫法规，以防止动物疫病的传入。

　　2. 植物检疫起源

　　1660年，法国的鲁昂地区通过法令，由于小蘗是小麦秆锈病的中间寄主，规定铲除小蘗并禁止其传入。这是文献记载植物检疫的最早范例，也是人类首次运用法律手段防止植物有害生物传播、实施植物检疫的最早范例。

　　1872年，法国颁布了禁止从国外输入葡萄枝条的法令，其颁布与葡萄根瘤蚜从美国传入欧洲的事件密切相关。葡萄根瘤蚜原产于美国，是一种严重危害葡萄根部并影响植株生长的害虫。1858 年，葡萄根瘤蚜随输出到欧洲的葡萄枝条传入欧洲，并于 1865 年传入法国，并在随后的 25 年时间里危害并毁坏了法国近三分之一的葡萄园，使法国的支柱产业——葡萄酒业受到了沉重的打击。为了防止葡萄根瘤蚜在欧洲的进一步扩散，1881 年，法国等少数国家在瑞士伯尔尼签署《国际葡萄根瘤蚜防治公约》，1889 年又签订了《国际葡萄根瘤蚜防治补充公约》，进而促进 IPPC 的诞生。

19 世纪 70 年代，马铃薯甲虫在美国的传播及危害促使欧洲许多国家先后颁布法令。例如，俄国在 1875 年颁布的法令中，不但禁止美国的马铃薯进口，也不允许做包装材料用的马铃薯茎叶进口。英国 1877 年在利物浦码头发现一头活的马铃薯甲虫，立即引起了政府的重视，随即制定和颁布了《毁灭性昆虫法令》，以防止马铃薯甲虫的传入和扩散。德国 1874 年开始对携带马铃薯甲虫的马铃薯作进口地区限制，并在进口时采用化学药品进行灭虫处理，这被视为进出境植物检疫处理的开端。

正是在历史实践中付出了无数代价之后，人们逐渐认识到防范外来危险性植物有害生物的传播也需要效法卫生检疫，运用植物检疫来预防外来有害生物的入侵，远比传入后进行防治更为有效和经济。19 世纪末到 20 世纪初，植物检疫预防保护的思想观念日益为世界所接受，各国政府为阻止植物危险性有害生物的传播蔓延而先后立法。澳大利亚（1909 年）、美国（1912 年）、日本（1914 年）、中国（1928 年）都相继颁布法令，禁止某些农产品入境，运用法律手段来保护本国农业生产，使其免受外来病虫害的危害。

（二）中国动植物检疫的发展

1. 萌芽与雏形

中国畜牧业发展较早。考古挖掘得到的新石器时代文物证明，在公元前六七千年间，已有原始畜牧业。从殷墟甲骨文考证可以得知，早在商朝就有了对"六畜"，即马、牛、羊、鸡、犬、豕（猪）的饲养。有了动物的人工饲养，就要面对动物疫病、死亡问题，因此，中国也是兽医工作起源较早的国家之一。罗弘鑫等编写的《中国进出境动植物检疫简史》指出，早在周朝的官制上就有"兽医"这一职位。

中国是个农业大国，自东周以来农业技术就相当发达。在长期实践过程中，为尽可能减少农业病虫害、天气变化等自然灾害对农业生产的影响，中国古代先民们形成并总结了很多防治农业害虫的方式和方法。《中国进出境动植物检疫简史》指出，伴随着农业生产的发展，我国自奴隶社会后就对昆虫逐渐有所认识，在殷墟甲骨文中就有"蚕""蝉"等字出现。西周时期，人们已根据害虫对农作物不同为害部位，对害虫进行了初步分类。比如，为害作物心部的害虫称为"螟"，为害作物叶部的害虫称为"螣"，为害作物根部的害虫称为"蟊"，为害作物茎节的害虫称为"贼"。在《周礼》中，记载着用嘉草除虫、莽草熏蛊、焚石除水虫的防治方法。《吕氏春秋》的《任地》《审时》篇记载，作物如果能适时种植，就能使大麻"不蝗"，大豆"不虫"，麦黏虫"不蛆"，其防治思想已从"治"向"防"发展，同时也体现了将农业栽培技术用于病虫防治的理念。

近现代中国的动物检疫发端于清朝末年，官方行为起始于 1903 年，由中东铁路管理局建立的铁路兽医检疫处对来自俄国的各种肉类食品进行检疫。植物检疫工作始于 1912 年，中国开始向西方学习有关商品检验的知识。1914 年，当时的北洋政府发布《农商部关于附送征集植物病害及虫害等规则令》（179 号训令），这是中国第一个有关植物病虫害的法规，北洋政府农商部请求在口岸设立农产物检查所，但未获准。早期向国内介绍国外有关植物检疫的是农科学者邹秉文、邹树文和朱凤美三位先生。1916 年，中国植物病理学先驱邹秉文先生撰写《植物病理学概要》，文章列举了美国因植物病害所造成的损失，论述了植物病理学的范围、病原菌及其生活史和病害防治方法，特别强调植物检疫的重要性，呼吁尽快建立检疫机构。1922 年，蔡邦华先生撰文《改良农业当建植物检查所》；1926 年张延年发表文章介绍《各国植物检查所大纲》。1928 年 12 月，国民政府农矿部公布《农产物检查条例》。1929 年，国民政府工商部在上海、青岛、汉口、天津和广州等地设立了商品检验局。1929 年，上海在日本蜂群中发现蜜蜂幼虫腐臭病，因其危害蜜蜂幼虫，使蜂蜜减产，幼蜂死亡，为了防止其传入中国，财政部通令全国禁止蜂群进口，这是中国最早的有关动植物检疫的禁止进口令。

1930年，工商部颁布《商品检验暂行条例》，将进出口农畜产品列为应执行病虫害检疫的有害危险的商品。1932年，国民政府颁布《商品检验法》，蔡无忌接任上海商品检验局局长，筹备植物检疫工作，起草《国内尚未发现和分布未广的害虫病菌种类表》，编制了《各国禁止中国植物进口种类表》《植物病虫害检验实施细则》，这是中国最早涉及植物检疫的技术法规。

2. 基础建设期

1949年中华人民共和国的成立，揭开了动植物检疫的崭新一页。

当时，国内的植物保护和植物检疫工作由农业部负责。1950年，农业部成立植物病虫害防治司，开始探索国内植物检疫工作。1954年，农业部植物病虫害防治司更名为植物保护局，专设植物检疫处。1960年，中国开始对进口大麦、小麦等原粮开展植物检疫工作。

1949年10月，中央贸易部国外贸易司设立了商品检验处，并在天津、上海、广州、青岛、汉口、重庆等地恢复设立了商品检验局，负责口岸检疫工作。1952年，中国对外贸易部成立，设立了商品检验总局，内设畜产品检验处和农产品检验处，分别负责动物检疫和植物检疫。1954年，政务院公布了《输出输入商品检验暂行条例》，以国家法规的形式将进出口商品（包括动植物检疫）纳入了国家行政管理的轨道。

1964年2月，国务院批转农业部、对外贸易部《关于由农业部接管对外植物检疫工作的请示报告》，商品检验局承担的动植物检疫工作移交农业部兽医局和植保局负责。至此，动植物的"内检"和"外检"进入由农业统一管理的体制。1970年成立农林部，在农业局内设植物保护处，负责农作物病虫害防治和对内、对外植物检疫工作。1964年，国务院批准成立农业部植物检疫实验所，农业部在18个国境口岸设立动植物检疫机构，以中华人民共和国动植物检疫所的名义履行职责。

在国民经济恢复期，动植物检疫为中国出口动物及其产品对外贸易发挥了重要的支撑作用。1950—1952年，中国年出口活猪分别为58万头、

76.3 万头和 77.9 万头，年出口冻猪肉分别为 0.79 万吨、0.61 万吨和 2.88 万吨。此外，中国出口的传统商品猪鬃始终保持在每年 8 万箱左右，出口的其他动物及畜产品还包括活家禽、鲜蛋、冻兔肉、水海产品、马鬃尾、猪肠衣、绵羊肠衣、绵羊毛、羊绒、驼毛、兔毛、山羊板皮、羽毛等。根据当时的生产发展情况和对外贸易需要，中国制定了《输出入农、畜产品检验暂行标准》，在对外贸易中发挥了重要的作用。1966 年，农业部对《进口植物检疫对象名单》进行了及时调整。1972 年，上海、大连、广州等动植物检疫所先后从四艘货轮载小麦（均为巴黎某公司转口的美国白小麦）中检出小麦矮腥黑穗病菌，中国动植物检疫机关就此事对外出证，供外贸部门索赔。1974 年制定了《对外植物检疫操作规程》。这些措施对当时的动植物检疫工作起到了一定的指导、统一和规范的作用。

3. 改革发展期

1978 年十一届三中全会后，全国工作的重点转移到经济建设，中国动植物检疫进入了快速发展的时期。1980 年，口岸动植物检疫工作恢复，归口农业部统一领导，全国 36 个口岸动植物检疫所改为农业部直属单位，实行农业部与地方双重领导、以部为主的管理体制。1981 年，农业部成立"中华人民共和国动植物检疫总所"（后更名为"中华人民共和国动植物检疫局"），管理全国口岸动植物检疫。1982 年 6 月 4 日，国务院发布《中华人民共和国进出口动植物检疫条例》。1991 年颁布并于 1992 年 4 月 1 日起施行的《进出境动植物检疫法》，标志着中国动植物检疫进入法治轨道。1997 年，《进出境动植物检疫法实施条例》（简称实施条例）施行。

1980—1997 年，中国进出境动植物及其产品贸易呈现快速增长态势，各口岸动植物检疫机关每年在进口的动植物、动植物产品和其他检疫物中检疫发现和截获大量的动物疫病和危险性病虫害。例如，检疫发现的动物传染病达 20 余种，包括新城疫、蓝舌病、结核病等，检出的植物检疫性有害生物有小麦矮腥黑穗病菌、小麦印度腥黑穗病菌、烟草霜霉病菌、地中海实蝇、谷斑皮蠹、大家白蚁、假高粱等。

针对改革开放和中国申请加入 WTO 的形势需要，国家对动植物检疫工作及机构进行了调整。1998 年，由国家进出口商品检验局、农业部动植物检疫局、卫生部卫生检疫局合并为国家出入境检验检疫局（简称"三检合一"），归属海关总署，内设动植物监管司负责动植物检疫工作。同年 7 月，农业部种植业管理司内设种子与植物检疫处，负责国内植物检疫方面的行政管理工作，内检、外检从此分属不同部门管理。2001 年，国家质量技术监督局与国家出入境检验检疫局合并为国家质量监督检验检疫总局（正部级，简称国家质检总局），动植物检疫工作仍由动植物监管司负责。同年，中国加入 WTO。2002 年中国国际贸易总量跃居世界第 5 位，占世界贸易总量的 3.5%。2018 年 4 月，出入境检验检疫管理职责和队伍划入海关总署，有关动植物检疫由海关总署动植物检疫司管理，WTO/TBT-SPS 国家通报咨询中心和国际检验检疫标准与技术法规研究中心也划入海关总署，中国动植物检疫进入新时代。

2020 年 10 月 17 日，第十三届全国人民代表大会常务委员会第二十二次会议通过《中华人民共和国生物安全法》，于 2021 年 4 月 15 日起施行。《生物安全法》是国家生物安全体系建设的一个新的里程碑，为健全我国生物安全法律保障体系提供了基本遵循，为维护和塑造国家生物安全筑牢了法治基础，对于海关有力维护国门生物安全也具有重大意义。海关动植物检疫工作，是国家主权在国门生物安全领域的重要体现，是维护国门生物安全的重要职责和手段。

三、动植物检疫的特性

动植物检疫是国家安全、经济发展和社会稳定的基础，被国际社会高度重视，形成了许多国际通行规则。在世界范围内，从工作目标、程序和内容看，动植物检疫具有法治性、强制性、预防性、技术性、国际性和综合性的特点。

（一）法治性

法治性是动植物检疫的基本属性，动植物检疫应依法实施。法治性是指运用法制手段管理或行政措施控制动植物及其产品、包装物、运输工具等的流动，以防止动植物疫病的传播。各国动植物检疫的法律法规通常规定了动植物检疫的政府管理部门、适用范围、工作程序、各相关方的责任义务和法律责任，同时，动植物检疫相关的国际组织规则标准、国际协定、贸易协定、规范标准和指南，对各国都具有法律效力，必须严格遵守。

(二) 强制性

无论从动植物检疫的起源，还是动植物检疫立法，动植物检疫从产生伊始就伴有强制执行的色彩，是国家意志的体现，具有法律强制的属性。强制性决定了动植物检疫是政府管理部门的行政执法行为，受法律保护，有以国家强制力为后盾的特性。动植物检疫产生于人类对动植物疫病的控制而采取的措施，这些措施是与控制动植物疫病有关的人类活动，不是可做可不做而是必须做的工作，只有通过强制手段才能有效实施，凡拒绝、阻挠、逃避、抗拒动植物检疫的，都属违法行为，将受到法律制裁。

(三) 预防性

动植物检疫产生于预防和控制动植物疫情疫病在不同地域间人为传播所造成的巨大灾害的斗争，它的基本思想是运用强制的预防性保护措施来阻止域外动物疫病和植物有害生物的传入，远比其进入后再进行治理更为经济、安全和有效。动植物检疫的着眼点是宏观的，是根据全局与长远的利益来规划的，是对一个国家或较大生态地理区域内所有动植物所采取的长远性的安全措施，不只局限于小范围或眼前的经济利益，而是首先必须从长远的社会效益或生态效益来考虑，即从全民的、长远的利益来权衡，动植物疫病的发生、分布有其自身的生物学和生态学特点，亦有复杂性、隐蔽性和突发性，采取动植物检疫措施往往需要在较大的行政区域或生态地理区域内，甚至在一个国家或几个国家的范围内实施。

(四) 技术性

动植物检疫是以兽医诊断、植物保护等科学为依据，离不开检测技术和预防处理技术的支持。任何检疫政策、措施都必须有相应的科学理论和技术支持作为依托，在动物疫病的兽医诊断、植物有害生物的检疫鉴定、生物学特性、侵染循环、流行病学等基础理论上进行风险分析，以此确定需要实施动植物检疫的政策、措施，通过运用基础理论和处理技术来发现并防止动植物疫病传入传出，必要时，要通过实验室检测技术来确认疫病或有害生物，检测技术水平直接关系到检疫结果，也关系到动植物检疫执法把关水平和履职能力。

（五）国际性

动植物检疫针对的是国际贸易的货物和国际往来人员等跨境活动，其工作具有国际性。从生态系统角度来看，只有在某一个较大范围的生物地理区域预防、控制或扑灭动植物疫病，才能使该区域农林牧渔业生产得到有效的保护。人们通过实践逐步认识到动植物检疫工作中区域性合作的必要性和紧迫性，进而形成了一些区域性国际组织，这些组织制定、实施了一些相关的动植物检疫国际法典、公约、标准等，指导并协调各国的动植物检疫工作。

（六）综合性

动植物检疫是一个综合管理体系。动植物检疫的管理对象复杂，管理措施多样，针对的货物来自全世界且种类繁多，约束的是从事国际贸易的法人和国际往来人员，实施动植物检疫必须统筹兼顾，综合考虑贸易发展、社会需求、科学技术、行政手段、国际形象、法律法规"立改废"、人员交流等方方面面，即要兼顾平衡各方利益诉求，又要把方方面面的情况有机结合，达到法律法规规定有效实施和促进国际贸易及人员往来的目标。

四、动植物检疫范围

按照法律规定，动植物检疫范围包括进境、出境、过境的动植物及其产品、来自动植物疫区的运输工具、装载容器、包装物及铺垫材料和其他检疫物，以及进出境人员的携带物、邮寄物。

（一）动植物及其产品

1. 动物及其产品

动物是指饲养、野生的活动物，如畜、禽、兽、蛇、龟、鱼、虾、蟹、贝、蚕、蜂等。动物产品是指来源于动物未经加工或者虽经加工但仍有可能传播疫病的产品，如生皮张、毛类、肉类、脏器、油脂、动物水产品、奶制品、蛋类、血液、精液、胚胎、骨、蹄、角等。

依法实施动物检疫的主要包括四种情形：（1）通过贸易、科技合作、赠送、援助等方式进出境的动物及其产品，其中以种用或饲养的家畜家禽（如牛、马、猪、羊、鸡、鸭、鹅、兔、鸽等）为多；（2）出入境人员携带的动物及其产品，动物主要是伴侣动物（如猫、犬等）和其他动物及产品；（3）寄递进境的动物及其产品，主要是蜂（王）、蚕（卵）、"异宠"等；（4）过境动物及其产品，动物主要是演艺动物、竞技动物和展览及观赏动物（如狮、象、熊、犬等），动物产品是某个国际组织或者国家援助另一个国家的肉类、奶类等动物产品。

2. 植物及其产品

依法检疫的植物是指栽培植物、野生植物及其种子、种苗或其他繁殖材料等。植物产品指来源于植物未经加工或虽经加工但仍有可能传播植物有害生物的产品。

依法实施植物检疫的主要包括三种情形：（1）通过贸易、科技合作、赠送、援助等方式进出境的植物及其产品，其中进境较多的植物是中国农业科研单位和生产单位引进的种子、种苗（如水稻、小麦、玉米、棉花、花卉、林木种苗等），植物产品主要有粮谷（小麦、玉米、高粱、大豆）、木材和水果（如车厘子、香蕉、芒果等）；（2）出入境人员携带的植物及其产品，如盆栽花卉、绿化和观赏树苗、蔬菜种子以及果树苗木、接穗、插条等，产品主要包括水果、蔬菜、干果、粮食、药材、烟叶等；（3）寄递进境的植物，主要包括蔬菜、瓜果种子、花卉繁殖材料。

3. 装载容器、包装物和铺垫材料

装载容器是指可多次使用、易受动植物疫病污染并用于装载进出境货物的容器，如笼、箱、桶、筐等。目前，集装箱是应用最广的装载容器。此外，在国际运输中，大多数动植物、动植物产品和设施设备需要包装和铺垫，这些包装物和铺垫材料多为植物性产品，且多未经加工处理，极易感染和传播植物病虫害。

装载容器、包装物和铺垫材料已经成为动植物检疫范围中非常重要的内容，主要可分为三类：（1）装载进出境动植物、动植物产品和其他检疫物的装载容器、包装物、铺垫材料；（2）装载过境动物的装载容器；（3）装载过境植物、动植物产品和其他检疫物的包装物、装载容器。

4. 运输工具

运输工具是指用以载运人员、货物、物品进出境的各种船舶、车辆、航空器和驮畜。运输工具装卸进出境货物、物品或者上下进出境旅客，应当接受海关检疫监管。

依法实施动植物检疫的运输工具主要包括四类：（1）来自动植物疫区的运输工具（如船舶、飞机、火车等）；（2）进境的废旧船舶，包括供拆船用的废旧钢船以及中国淘汰的远洋废旧钢船；（3）装载出境动物、动植物产品和其他检疫物的运输工具；（4）装载过境动物的运输工具。

5. 其他检疫物

其他检疫物包括动物疫苗、血清、诊断液以及动植物性废弃物，这些检疫物或者来源于动物，或者直接用于动物生产、兽医诊断。

五、动植物检疫对象及风险分类

（一）动物疫病

动物疫病的危害程度不同，动物疫病自身的特点也不相同，采取的预防、控制和扑灭措施也是不同的，必须对动物疫病实行分类管理。动物疫病的分类管理是动物防疫工作的基础，有利于制定动物疫病总体防治规划，有利于制订某种动物疫病扑灭计划和应急预案，有利于集中人力、物力、财力迅速控制和扑灭动物疫情。

1.《进境动物检疫疫病名录》

《进出境动植物检疫法》第十六条规定："输入动物，经检疫不合格的，由口岸动植物检疫机关签发《检疫处理通知单》，通知货主或者其代理人作如下处理：（一）检出一类传染病、寄生虫病的动物，连同其同群动物全群退回或者全群扑杀并销毁尸体；（二）检出二类传染病、寄生虫病的动物，退回或者扑杀，同群其他动物在隔离场或者其他指定地点隔离观察。"那对于其中的一类、二类传染病、寄生虫病是如何确定的呢？《进出境动植物检疫法》第十八条给出了答案：本法第十六条第一款第一项、第二项所称一类、二类动物传染病、寄生虫病的名录，由国务院农业行政主管部门制定并公布。

2020 年 1 月 15 日，农业农村部会同海关总署发布了《中华人民共和国进境动物检疫疫病名录》（2020 年第 256 号公告），确定了 211 种进境动物检疫疫病。这是在风险评估的基础上对《进境动物检疫疫病名录》的第 5 次修订发布，《进境动物检疫疫病名录》中的疫病种类由 2013 年的 206 种调整为 211 种，新增疫病 14 种，删除疫病 9 种，同时对部分疫病的分类和名称进行了修订。

我国进境动物检疫疫病名录先后共公布了 6 次，前 5 次分别是：1979 年公布的《进口动物检疫对象名单》，包括 54 种疫病，其中一类疫病 32 种，二类疫病 22 种；1982 年公布的《进口动物检疫对象名单》，包括 75 种疫病，其中严重传染病（即一类或 A 类）24 种，一般传染病（即二类或 B 类病）51 种；1986 年公布的《进口动物检疫对象名单》，包括 86 种疫病，其中严重传染病 23 种，一般传染病 63 种；1992 年公布的《进境动物一、二类传染病、寄生虫病名录》，包括 97 种疫病，其中一类传染病、寄生虫病 15 种，二类传染病、寄生虫病 82 种；2013 年公布的《进境动物检疫疫病名录》，包括 206 种疫病，其中一类传染病、寄生虫病 15 种，二类传染病、寄生虫病 147 种，其他传染病、寄生虫病 44 种。

2020 年《进境动物检疫疫病名录》与目前国内外动物疫情形势结合紧密，更具科学性、全面性、合理性，将为海关把好国门生物安全发挥关键作用。《进境动物检疫疫病名录》不断修订也表明了动物疫病的发生发展变化情况和趋势。根据动物疫病的危害程度，《进境动物检疫疫病名录》确定了一类传染病、寄生虫病 16 种，二类传染病、寄生虫病 154 种，其他传染病、寄生虫病 41 种。

2. 一、二、三类动物疫病及其分类原则

《动物防疫法》第四条规定："根据动物疫病对养殖业生产和人体健康

的危害程度，本法规定的动物疫病分为下列三类：（一）一类疫病，是指口蹄疫、非洲猪瘟、高致病性禽流感等对人、动物构成特别严重危害，可能造成重大经济损失和社会影响，需要采取紧急、严厉的强制预防、控制等措施的；（二）二类疫病，是指狂犬病、布鲁氏菌病、草鱼出血病等对人、动物构成严重危害，可能造成较大经济损失和社会影响，需要采取严格预防、控制等措施的；（三）三类疫病，是指大肠杆菌病、禽结核病、鳖腮腺炎病等常见多发，对人、动物构成危害，可能造成一定程度的经济损失和社会影响，需要及时预防、控制的。""前款一、二、三类动物疫病具体病种名录由国务院农业农村主管部门制定并公布。国务院农业农村主管部门应当根据动物疫病发生、流行情况和危害程度，及时增加、减少或者调整一、二、三类动物疫病具体病种并予以公布。"

2022年6月23日，根据《动物防疫法》有关规定，我国农业农村部发布公告（2022年第573号），对原《一、二、三类动物疫病病种名录》进行了修订并予发布。《一、二、三类动物疫病病种名录》包括了11种一类动物疫病，37种二类动物疫病，126种三类动物疫病。《一、二、三类动物疫病病种名录》以"对养殖业生产和人体健康的危害程度"作为动物疫病的分类标准，是非常科学合理的，也是符合我国动物疫病预防、控制和扑灭的实际情况的。以水生动物疫病病种为例，修订前后名录中均为36种，但依据水生动物疫病发生、流行情况和危害程度，对病种进行了调整，将原名录中2种一类水生动物疫病调整为二类水生动物疫病，将原名录中3种二类水生动物疫病调整为三类水生动物疫病，删除原名录中12种水生动物疫病，新增12种二、三类水生动物疫病。

3. 世界动物卫生组织（WOAH）的分类

WOAH作为动物卫生和健康管理的国际组织，根据动物疫病的危害及世界范围内的分布，制定了动物疫病名录，包括须申报的陆生动物疫病和水生动物疫病名录，并对名录定期审查、更新。名录的修改需要WOAH成员大会年度全体会议通过。多年来，WOAH的疫病名录经过多次修订。2020年的疫病名录包括117种动物传染病和寄生虫病。WOAH疫病名录的颁布，明确了全世界动物疫病的主要关注，受到了WOAH成员的重视，列入疫病名录的，各成员应向 WOAH 报告本国的发生情况，形成了有据可依的动物疫病名录的权威指南。

2005 年前，WOAH 将动物疫病划分为 A 类和 B 类，A 类是危害严重的疫病。2005 年，取消 A 类和 B 类划分，修订为须通报疫病名录。最近 10 余年来，WOAH 不断调整完善疫病通报工作，世界动物卫生信息系统（WAHIS）也不断更新升级。2005—2011 年，WOAH 须通报疫病名录中有 93 种疫病，2012 年减少至 90 种，2013 年调整为 91 种，2014 年减少至 89 种，2015 年增加至 117 种，2016 年增加到 118 种，2017—2022 年 7 月调整为 117 种。

列入 WOAH 疫病名录应符合 WOAH 的相关标准。《陆生动物卫生法典》规定，列入 WOAH 疫病名录的，需同时满足以下四条标准：一是证实为国际性的病原传播（通过活体动物、动物产品或污染物）；二是依据《陆生动物卫生法典》有关章节，至少一个国家已经证明无疫或接近无疫；三是已有可靠的检查和诊断技术方法和明确的病例定义，以准确识别和鉴别疾病；四是已证实人可自然感染的动物疫病，且人感染后有严重后果；或在国家或区域范围内已显示对家养动物健康状况有严重影响，如引起较高的患病率、死亡率、临床症状和直接生产损失严重等；或已显示或有科学证据表明对野生动物健康状况有严重影响，如引起较高的患病率、死亡率、临床症状和直接经济损失严重，或者对野生动物群的多样性造成威胁等。

（二）植物有害生物

1. 检疫性有害生物

国际上，"检疫性有害生物"的定义为：对受其威胁的地区具有潜在经济重要性但尚未在该地区发生，或虽已发生但分布不广并进行官方防治的有害生物。该定义包括了国内的检疫性有害生物和国家之间检疫性有害生物的内容。我国《植物检疫条例》将国内检疫性有害生物定义为：局部地区发生，危险性大，能随植物及其产品传播的病、虫、杂草。两者内涵基本一致。《植物检疫条例》的解释更适合对国内检疫性有害生物的理解，更通俗易懂。"检疫性有害生物"也称作"植物检疫对象"，而"检疫性有害生物"的术语更与国际接轨。

自然界动植物病虫害种类成千上万种，科学制定检疫性有害生物名录，有利于检验检疫机构实施针对性查验，有效防止重要的外来有害生物传入。为适应我国农业结构调整、农产品贸易发展，全面而有效地保护我国农林业生产安全、生态环境，2002 年，国家质检总局组织专家对 1992 年农业部制定发布的《中华人民共和国进境植物检疫危险性病、虫、杂草名录》（简称《进境植物检疫危险性病、虫、杂草名录》）进行修订，并按照国际植物检疫措施标准（International Standards for Phytosanitary Measures，ISPM），更名为《中华人民共和国进境植物检疫性有害生物名录》（简称《进境植物检疫性有害生物名录》）。为确保新修订名录的科学性、系统性、准确性及透明度，国家质检总局多次组织检验检疫、农业、林业系统及农林院校、科研院所专家对该名录进行评议审核，在中国进出境动植物检疫风险分析委员会上专题审议，并根据透明度原则向 WTO 通报征求意见。通过 5 年的不断努力，在综合各方意见基础上，国家质检总局最终完成了《进境植物检疫性有害生物名录》的修订并于 2007 年 5 月 28 日联合农业部正式发布公告并实施。《进境植物检疫性有害生物名录》修订严格按照国际植物检疫措施标准（ISPM）和检疫性有害生物定义，通过科学的有害生物风险分析来确定，具有三个主要特点：一是检疫性有害生物种类大幅增加，由原来的 84 种扩大到 435 种，不再分一、二类，有利于植物检疫工作中更好操作与掌握，符合国际相关标准；二是重点突出，保护覆盖面明显扩大，既考虑到粮油、水果等重点作物，又兼顾并增加了花卉、牧草、原木、木质包装、棉麻等作物上有害生物的种类；三是增大有害生物的防范力度，提高进境植物检疫门槛，有利于防控植物检疫性有害生物跨境传播。

《进境植物检疫性有害生物名录》在 2010 年、2011 年、2012 年、2013 年多次修订完善。2021 年 4 月 9 日，农业农村部、海关总署第 413 号联合公告生效，《进境植物检疫性有害生物名录》中增补 5 种有害生物，使涵盖有害生物总数增加到 446 种（属），其中昆虫 153 种、软体动物 9 种、真菌细菌 188 种、线虫 20 种，病毒及类病毒 40 种、杂草 36 种。《进境植物检疫性有害生物名录》的制定和完善是《进出境动植物检疫法》《生物安全法》的具体要求。海关动植物检疫根据《进境植物检疫性有害生物名录》分类原则，可以针对不同有害生物的风险特征采取更有科学和针对性的检疫措施，制定相关植物及其产品在输出国和地区种植、加工、储运、出口等全过程的风险管理措施，将外来有害生物入侵风险挡在国门之外。

2. 非检疫性有害生物

1997 年修订 IPPC 时，有专家提出限定的有害生物概念，并区分为 2 类：基于植物检疫风险评估和适当的植物保护水平的评定、具有潜在经济重要性的有害生物；为保护植物健康而限定的非检疫性有害生物。这样，植物检疫对象及其内涵进一步扩大，拓宽了所采取的植物检疫措施，不仅针对检疫性有害生物，而且针对限定的非检疫性有害生物。同时，《SPS 协定》和国际植物检疫措施标准（ISPM）都强调，有不少有害生物不仅具有潜在的经济重要性，而且具有潜在的环境重要性。因此，在风险分析（PRA）的开始阶段，即限定性有害生物的鉴别阶段，还应考虑有害生物对环境的影响。

按照 IPPC 的《植物检疫术语表》（ISPM 5），"限定的非检疫性有害生物"定义为：一种在供种植用植物上存在，危及这些植物的原定用途而产生不可接受的经济影响，因而在输入国和地区要受到限制的非检疫性有害生物。为正确应用"限定的非检疫性有害生物"的概念，IPPC 颁布了《限定的非检疫性有害生物：概念与应用》标准，该标准描述了限定的非检疫性有害生物的含义，明确了限定的非检疫性有害生物的特性，介绍了这一概念在实践中的应用及在限制体系中应注意的情形。正确理解限定的非检疫性有害生物，需要准确认识"原定用途"及"不可接受的经济影响"两个关键词。比较一致的认识是，"原定用途"主要包括：用来种植直接生产商品（如水果、切花、木材等）、保持被种植状态（盆栽植物等）、增加相同的种植用植物的数量（如块根、块茎、种子等）等用途。非检疫性有害生物的"经济影响"受有害生物种类、商品种类及原定用途的差异而不同，一般可从减产、品质下降、防治有害生物的额外费用、采

收及分级过程的额外支出、由于植物生命力丧失或抗性变化等需再种植的
开支或种植替代植物而带来的损失等因素来加以考察。特殊情形下，有害
生物对生产地点的其他寄主植物的影响也可加以考虑。

　　制定限定的有害生物名单时，政府部门和专家团队主要根据以下三条
标准来确定，即国内尚未分布或分布未广，危害性大，且防治管理工作很
难或难于控制。在对限定的有害生物名单进行有害生物风险分析时，首先
要明确对造成严重经济损失的非检疫性有害生物采取检疫措施的范围，限
制在对用于种植的植物造成不可接受的严重经济损失、影响了原定用途的
有害生物；其次，必须经过风险分析提供科学依据，才能对限定的非检疫
性有害生物加以确定。除考虑是否有分布及其经济重要性外，也要充分考
虑环境因子等因素，使制定的限制性有害生物名录具有更坚实的科学依
据，更符合国际规范。

　　在国内，人们常把与植物检疫有关的有害生物统称为危险性有害生
物，包括国家已经正式公布的检疫性有害生物，也包括具有潜在危险的有
害生物，如限定的非检疫性有害生物和临时突发的有较大风险的有害生
物。所以危险性有害生物的内涵不仅相当于IPPC所限定的有害生物，而
且还可以包括一些不确定的风险因素。如2019年，国家林业和草原局发布
《全国林业有害生物普查情况》，对普查涉及的外来林业有害生物种类（45
种）和发生面积超过100万亩①的林业有害生物种类（58种）共99种有
害生物进行危害性评价，并划分为4个危害等级，包括一级危害性林业有
害生物（1种，松材线虫）、二级危害性林业有害生物（31种）、三级危害
性林业有害生物（37种）、四级危害性林业有害生物（30种）。

---

① 1亩≈66.667平方米。

第二节
动植物与生物安全

◇————

地球上丰富的生物群体构成了自然界的生物多样性（Biodiversity）。其中，动植物以及危害动物健康和植物卫生的病毒、微生物等病原体，一直与人类共享同一个星球，对人类健康、农林牧渔业生产、生态环境和社会经济产生影响。我国于2021年4月15日施行的《生物安全法》，明确规定动物、植物、微生物等是生物因子。

生物安全来自英语"Biosecurity"。生物安全涵盖的内容非常广泛，指一切人类活动和自然因素所造成与生物有关的安全性问题。按照《生物安全法》并从动植物的角度来看，生物安全是指人的生命健康、动植物健康、农林牧渔业生产、生态系统相对处于没有动物疫病（包括人兽共患病）、植物有害生物及外来物种入侵的危险和不受威胁的状态，但生物安全不是绝对的，需要采取措施维护，控制生物安全问题或者受到威胁的生物安全风险。

一、动物疫病及其跨境传播

动物疫病是指动物传染病，包括寄生虫病。动物疫情是指动物疫病发生和流行的情况。动物包括家畜家禽和人工饲养、合法捕获的其他动物，动物疫情涉及动物的饲养、屠宰、经营、隔离、运输等活动。重大动物疫情，是指动物疫病突然发生、迅速传播，从而给养殖业生产安全和自然生存状态下的动物的身体及生存环境造成严重威胁、危害，以及可能对公众身体健康与生命安全造成危害的情形。

按照《动物防疫法》第三十二、三十三条的规定，中国实行动物疫情通报制度。动物疫情由县级以上人民政府农业农村主管部门认定，其中，重大动物疫情由省、自治区、直辖市人民政府农业农村主管部门认定，必要时报国务院农业农村主管部门认定。海关发现进出境动物和动物产品染疫或者疑似染疫的，应当及时处置并向农业农村主管部门通报。国务院农业农村主管部门应当依照中国缔结或者参加的条约、协定，及时向有关国际组织或者贸易方通报动物疫情的发生和处置情况。

（一）动物传染病

病原微生物侵入动物机体，并在一定的部位定居、生长繁殖，从而引起机体一系列的病理反应的过程称为感染。由病原微生物引起，具有一定的潜伏期和临床表现，并具有传染性的疾病，称为传染病。动物传染病是指由特定病原微生物引起的并能在动物之间、动物与人之间传染和流行的疾病，其发生和发展都是从活的病原体侵入（感染）动物机体开始的，是病原微生物与动物机体相互作用的结果，具有一定的潜伏期和临床表现，并具有传染性的特点。动物传染病的病原包括病毒、细菌、真菌、放线菌、螺旋体、支原体、立克次氏体、衣原体、朊蛋白（传染性蛋白）等。有关上述病原在动物传染病、病毒学、微生物学等文献中均有专门的论述。

1. 传染病的特点、流行条件及预防措施

动物传染病与肿瘤、肠梗阻等非传染性动物疾病不同，其主要特性如下：（1）传染病是由病原微生物与机体相互作用所引起的，每一种传染病都有其特异的致病性微生物存在，如猪瘟是由猪瘟病毒引起的，没有猪瘟病毒就不会发生猪瘟。（2）传染病具有传染性和流行性，从患传染病的动物体内排出的病原微生物，侵入另一有易感性的健康动物体内，能引起同样症状的疾病。像这样使疾病从患病动物传染给健康动物的现象，就是传染病与非传染病相区别的一个重要特征。当条件适宜时，在一定时间内，某一地区易感动物群中可能有许多动物被感染，致使传染病蔓延散播，形成流行。（3）被感染的机体发生特异性反应，由于病原微生物的抗原刺激作用，机体发生免疫生物学的改变，产生特异性抗体和变态反应等，这种改变可以用血清学方法等特异性反应检查出来。（4）耐过动物能获得特异性免疫，动物耐过传染病后，在大多数情况下均能产生特异性免疫，使机

体在一定时期内或终生不再感染该种传染病。（5）具有特征性的临床表现，大多数感染传染病的动物都具有该种病特征性的综合症状和一定的潜伏期及病程经过。

传染病在动物中蔓延流行必须具备三个相互连接的条件，即传染源、传播途径及对传染病易感的动物。这三个条件常统称为传染病流行过程的三个基本环节，当三个条件同时存在、相互联系并不断发展时，就会造成传染病的蔓延流行。

传染源是指体内有某种病原体寄居、生长、繁殖，并能排出体外的动物机体，具体就是患病动物、病原携带者和被感染的其他动物。至于被病原体污染的各种外界环境因素（畜舍、饲料、水源、空气、土壤、节肢动物等）仅是传播媒介，而不是传染源。

传播途径是病原体由传染源排出后，通过一定的传播方式再侵入其他易感动物所经过的途径称为传播途径。研究疫病传播途径的目的主要是能够针对不同的传播途径采取相应的措施，防止病原体从传染源向易感动物群中不断扩散和传播。传染病流行时，其传播途径十分复杂。按病原体更换宿主的方法可将传播途径归纳为水平传播和垂直传播两种方式。前者是病原体在动物群体和个体之间横向平行的传播方式，经传播媒介传播和医源性传播均属于此类；后者则是病原体通过母体传给子代之间的传播方式。

易感动物是指某种动物对某种动物疫病的病原体的抵抗力很低，甚至完全没有抵抗力，病原体较容易在其机体内繁殖，致使动物发病或成为病原体携带者。动物的抵抗力低下或没有抵抗力而使动物易被病原体感染的特性称为动物的易感性。动物的易感性因动物的种类不同，同一种类的不同品系，同一种类的不同个体有很大差别。动物能否受到感染还与病原体的毒力大小、动物的健康状况、动物的饲养与环境卫生状况有密切联系。

掌握动物传染病流行过程及其影响因素，并注意它们之间的相关性（如图1-1所示），有助于制订、评价传染病的防治措施，以期控制和扑灭传染病的蔓延和流行。为预防和扑灭动物传染病，应采取综合性防控措施，主要包括以下三方面：查明和消灭传染源，截断病原体的传播途径和提高易感动物对传染病的抵抗力。采取防控措施时，要根据传染病的特点，对各个不同的流行环节，分轻重缓急，找出重点措施，以达到在较短时间内以最少的人力、物力控制传染病的流行。

1   1. 三个环节联结在一起时可发生流行过程

2   2. 传染源被隔离或消灭时，不可能发生传染病

3   3. 当减少传播途径时，流行过程不可能发生

4   4. 当不存在易感性动物时，就不可能发生传染病

图 1-1　动物传染病流行过程中三个基本环节的联系

综合性防控措施可分为平时的预防措施和发生疫病时的扑灭措施两方面。

平时的预防措施有：（1）加强饲养管理，搞好卫生消毒工作，增强动物机体的抗病能力。贯彻自繁自养的原则，减少疫病传播。（2）拟订和执行定期预防接种和补种计划。（3）定期杀虫、灭鼠、防鸟，进行粪便无害化处理。（4）认真贯彻执行国境检疫、交通检疫、市场检疫和屠宰检验会各项工作，以及时发现并消灭传染源。（5）各地兽医机构应调查研究当地疫情分布，组织相邻地区对动物传染病的联防协作，有计划地进行消灭和控制，并防止外来疫病的侵入。

发生疫病时的扑灭措施有：（1）及时发现、诊断和上报疫情，并通知邻近单位做好预防工作。（2）迅速隔离患病动物，污染的地方进行紧急消毒。若发生危害性大的疫病，如口蹄疫、高致病性流感、炭疽等，应采取封锁等综合性措施。（3）实行紧急免疫接种，并对患病动物进行及时合理的治疗。（4）严格处理死亡动物和被淘汰的患病动物。

不可将预防措施和扑灭措施截然分开，两者是互相联系、互相配合和互相补充的。只要认真采用一系列综合性兽医措施，如查明患病动物、选择屠宰、动物群体淘汰、隔离检疫、动物群体集体免疫、集体治疗、环境消毒、控制传播媒介、控制带菌者等，经过长期不懈的努力，在一定的地区范围内消灭某些疫病是完全能够实现的。

2. 传染病的危害和影响

虽然不同的动物传染病危害程度不一样，但是每种动物传染病几乎同时从以下几个方面给社会带来危害。第一是动物本身的健康问题。动物传染病可以在动物（有的甚至在非同种动物）之间传播，引起动物发病，导致不同程度的病理损伤，影响动物健康甚至直接导致动物死亡。第二是影响畜牧业生产。动物传染病会影响动物的生产性能，使产量降低、产品品质下降，造成直接或间接的经济损失，一些烈性传染病甚至会给畜牧业带来毁灭性的打击。第三是引起公共卫生安全问题。动物传染病可以影响动物源性食品的卫生安全，比如毒素残留等，而且人兽共患病可在人和动物之间相互传播，严重威胁人的健康。第四是影响国际贸易。WTO/SPS 允许各成员采用或实施必需的措施来保护人类、动物的生命或健康，因此动物传染病严重影响动物及动物产品的进出口，制约国家的畜牧业发展，由此进一步导致相关产业发展和经济发展，也可能影响就业、收入和社会稳定。

3. 动物传染病的跨境传播

随着全球化进程的加速，动物传染病跨境传播的速度和广度加剧，持续给养殖业、国际贸易、食品安全和人类健康等带来巨大挑战和威胁。近年来，对全球养殖业冲击最大的当属于非洲猪瘟的迅速蔓延，给疫区国家（地区）的养猪业造成了巨大的经济损失，并冲击生猪相关产业的国际贸易。根据 WOAH 网站数据，截至 2022 年 7 月，全球已有 74 个国家和地区报告非洲猪瘟疫情。

非洲猪瘟于 1909 年首次在东非肯尼亚的欧洲移民带来的家猪群中被发现，随后人们在东非森林和草原上生活的野生疣猪体内发现了非洲猪瘟病毒。当时，这种病毒主要在一种非洲野猪和一种软蜱之间传播。有些野猪感染病毒后发病死亡，还有一些野猪没有发病，成为临床表现健康的病毒携带者。然而，当没有发病却带有病毒的野猪把病毒传给了对病毒抵抗力更弱的家猪时，情况开始迅速恶化。由于撒哈拉沙漠的阻隔，在相当长的时期内，疫情都只在撒哈拉以南的非洲地区传播。20 世纪中叶后，航海、航空技术日渐发达，人员和贸易的往来频繁，病毒开始在欧洲、美洲和亚洲蔓延。1957 年，一趟从非洲安哥拉飞往葡萄牙的航班上残余的猪肉制品被当成泔水，送往葡萄牙一家养猪场，引发葡萄牙首次发生非洲猪瘟疫情，也是非洲猪瘟首次登陆欧洲。1960 年，葡萄牙再次暴发疫情。这一次，病毒传播更广，横扫意大利、西班牙。在美洲，古巴 1971 年出现非洲猪瘟疫情。有报道称，当时有旅客携带未经检疫的香肠入境古巴，成为非洲猪瘟在当地暴发的源头。这波疫情让古巴损失惨重，全国共扑杀约 50 万头生猪。随后，巴西、海地等美洲国家也出现了非洲猪瘟疫情。2007 年，基因 II 型非洲猪瘟病毒传入高加索地区。当年 6 月，格鲁吉亚卫生部门首次报告发现非洲猪瘟，源头可能是流入境内被污染的猪肉制品。随后，俄罗斯、乌克兰、波兰等欧洲国家也未能幸免。

研究证实，2018 年中国发生的非洲猪瘟也是属于基因 II 型非洲猪瘟病毒，与格鲁吉亚、俄罗斯、波兰公布的毒株全基因组序列同源性高达 99.95%。

（二）动物寄生虫病

动物寄生虫病是指暂时或永久性地寄生在动物的体内或体表，夺取营养，并给动物造成不同程度损害的动物性寄生物，包括一些多细胞的无脊椎动物和单细胞的原生动物。寄生虫所寄生的动物，称为宿主。

1. 寄生虫的分类

（1）内寄生虫与外寄生虫。从寄生部位来分，寄生在宿主体内的寄生虫称之为内寄生虫，如寄生于消化道的线虫、绦虫、吸虫等；寄生在宿主体表的寄生虫称之为外寄生虫，如寄生于皮肤表面的蜱、螨、虱等。

（2）单宿主寄生虫与多宿主寄生虫。从寄生虫的发育过程来分，发育过程中仅需要一个宿主的寄生虫叫单宿主寄生虫（土源性寄生虫），如蛔虫、钩虫等；发育过程中需要多个宿主的寄生虫，称为多宿主寄生虫（生物源性寄生虫），如多种绦虫和吸虫等。

（3）长久性寄生虫与暂时性寄生虫。从寄生时间来分，长久性寄生虫指寄生虫的某一个生活阶段不能离开宿主体，否则难以存活的寄生虫，如蛔虫、绦虫。暂时性寄生虫（间歇性寄生虫）指只在采食时才与宿主接触的寄生虫种类，如蚊子等。

（4）专一宿主寄生虫与非专一宿主寄生虫，从寄生虫寄生的宿主范围来分,有些寄生虫只寄生于一种特定的宿主,对宿主有严格的选择性,这种寄生虫称为专一宿主寄生虫,如鸡球虫只感染鸡等。有些寄生虫能够寄生于多种宿主,这种寄生虫称为非专一宿主寄生虫,如肝片形吸虫可以寄生于牛、羊等多种动物和人。一般来说对宿主最缺乏选择性的寄生虫,是最具有流动性的,危害性也最为广泛,其防治难度也大为增加。在非专一宿主寄生虫中包括一类既能寄生于动物,也能寄生于人的寄生虫——人兽共患寄生虫,如日本血吸虫、弓形虫、旋毛虫。

2. 寄生虫的危害

寄生虫的危害主要体现在以下几方面。

(1)造成动物死亡。在畜禽养殖中,有些寄生虫可以引起畜禽的大批死亡,如不采取防治措施,可以给养殖业造成毁灭性打击。如鸡球虫病,鸡球虫的发病率一般为 50% ~ 70%,死亡率为 20% ~ 30%,严重时高达 80%。在规模化养鸡业中,如不对鸡球虫病进行防治,则规模化养鸡业是难以维系的。

(2)影响养殖业的经济效益。大多数寄生虫虽然不能引起畜禽的大批死亡,但会严重影响畜禽的饲料转化率、影响其生产性能、降低畜禽产品的品质,造成重大经济损失。如猪蛔虫,猪蛔虫呈世界性分布,美国猪场蛔虫的感染率在 70%左右,我国猪群的感染强度为 17% ~ 80%。蛔虫可使仔猪发育不良,生长速度下降 30%,猪蛔虫每年给美国养猪业造成的直接经济损失在 3.85 亿美元左右,猪蛔虫轻度感染使饲料转化率降低,造成的经济损失高达 1.55 亿美元。

(3)感染人,危害人类健康。有些寄生虫不仅能感染动物,还可以感染人,如日本血吸虫、弓形虫、猪囊尾蚴、棘球蚴等,这些寄生虫感染人,可危害人类健康。

(4)传播疾病,危害人类和动物健康。有些寄生虫是人兽共患病的传播者,通过传播人兽共患病危害人类健康,如蜱能传播上百种人兽共患病(如红斑狼疮、布鲁氏菌病等)。有些寄生虫是动物其他疾病的传播媒介,可通过传播其他疾病危害动物健康,如蜱是焦虫的传播媒介,而焦虫病可以造成动物的死亡。

寄生虫种类不同，其危害也不同，有的寄生虫可能存在多种危害。动物寄生虫病的防治是一件复杂的事情，应遵循"预防为主，防重于治"的方针，要根据寄生虫病的种类、生活史和流行特点，有所侧重地采取控制传染源、切断传播途径和保护易感动物的综合性防治措施，主要手段为加强饲养卫生、药物预防、杀灭中间宿主、控制并杀灭传播媒介、加强免疫接种和生物防治等方法。

（三）人兽共患病

1. 概念

人兽共患病，指在人和脊椎动物之间自然传播的疾病和感染，即由共同的病原体引起的，在流行病学上又有关联的人类和脊椎动物的疾病。相关传染病的感染可源于家畜、家禽和野生的动物。共同的病原体主要包括细菌、病毒、寄生虫、立克次氏体和真菌等，其中以细菌、病毒和寄生虫三种病原生物引起的人兽共患病最为多见。目前，全世界已证实的人兽共患病有 250 多种，其中较为严重的有 90 种左右。进入 21 世纪以来，一些新的人兽共患病以空前的速度在世界各地频繁出现，177 种新发现和再出现的病原体中，130 种属人兽共患性疾病，部分病原体引起人们的恐慌并导致了严重的后果，跨越物种的病原体致病率增高（如图 1-2 所示）。

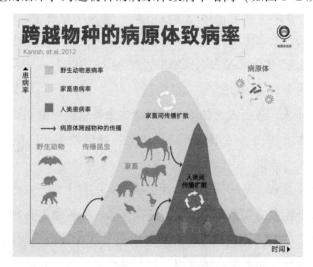

图 1-2　跨越物种的病原体致病率

2. 人兽共患病的特点

人兽共患病的特点主要为分布广泛，是世界性疾病，尤其在发展中国家多见。人兽共患病病原体的宿主广泛，如炭疽和狂犬病几乎可以感染所有的哺乳动物。人的患病与职业密切相关，畜牧生产、动物产品加工的从业人员易患炭疽病、布鲁氏菌病等，稻农易患血吸虫病和钩端螺旋体病，家禽饲养、屠宰人员易患流感等。食源性疾病多，例如猪囊虫。人兽共患病由共同的病原体引起，人兽的发病及流行病学特征相似，生物特性、临床症状和体征也相似，有密切相关的流行病学特点。

3. 人兽共患病的危害

人兽共患病严重威胁着人类的健康乃至生命，历史上曾造成重大社会灾难和恐慌。如古罗马帝国因鼠疫大流行，人口死亡过半。中世纪欧洲多次发生鼠疫，人的死亡率达 40%～60%。

人兽共患病能造成巨大的经济损失。人兽共患病不仅危害人兽的生命和健康，还严重冲击旅游、畜牧、贸易、餐饮、服务等行业的发展，影响国民经济，甚至使经济倒退。据亚洲开发银行评估，2003 年非典（SARS）给全球造成 300 亿美元的经济损失，其中亚洲高达 280 亿美元。据世界银行 2006 年 1 月 13 日报告，世界银行在与世界卫生组织（WHO）和 FAO 等机构沟通后估算，若全球禽流感疫情持续 1 年，造成的经济损失可达 8 000 亿美元。另外，人兽共患病的广泛流行，可明显降低动物的生产性能，繁殖率下降，动物产品产量减少。为控制疯牛病、禽流感等，人们已销毁了无法计数的畜禽，其直接或间接的经济损失惊人。

4. 人兽共患病的跨境传播

（1）禽流感的跨境传播

历史上最早记录禽流感是 1878 年，当时意大利发生鸡群大量死亡，随后传播到其他欧洲国家，并在中欧流行近半个世纪。到 20 世纪中期，欧洲、南美、非洲和亚洲也相继发生禽流感。1959 年首次确证苏格兰暴发禽流感疫情的病原是 H5N1 亚型病毒。1961 年南非 1 300 只普通燕鸥感染 H5N3 死亡。1963 年苏格兰火鸡感染 H7N3，近 3 000 只火鸡被扑杀。1966 年北美安大略湖区域暴发火鸡感染 H5N9 疫情。1976—1979 年，德国、英格兰报道了 H7N7 疫情。1983 年，美国宾夕法尼亚州的鸡群流行低致病性 H5N2，随后突变为高致病性禽流感病毒，大约 1 700 万只禽类被扑杀。1994 年，一株低致病性 H5N2 从墨西哥鸡群中分离出来，后又突变为高致病性，致使超过 100 万只家禽被扑杀。至此，禽流感疫情已经传播至欧美大部分区域。1997 年，H5N1 首次传入中国香港，随后数月迅速蔓延，导致巨大经济损失，更为严重的是，病毒发生变异后能传染给哺乳动物包括人类。1999 年 12 月全球禽流感大流行，意大利、法国、卢森堡相继暴发高致病性禽流感。到 20 世纪末，高致病性禽流感已在全球存在。21 世纪初，中国香港发现高致病性禽流感，中国澳门从鹅身上分离到 H5N1。2003 年 3 月，荷兰发现 H7N7。2003 年 12 月东南亚发生禽流感，泰国、印度尼西亚、越南较为严重，越南和泰国还发生病毒感染人并造成死亡的情况。2004 年后，禽流感在亚洲大规模蔓延，日本、韩国、柬埔寨、巴基斯坦、老挝相继出现疫情。2004 年在中国湖北出现疑似疫情。2005 年高致病性禽流感由亚洲向欧洲和非洲扩散。2006—2008 年是高致病性 H5N1 暴发高峰期，全球 63 个国家和地区报道了 600 多起 H5 亚型禽流感疫情。2009—2010 年，疫情进入稳定期，但每年仍暴发 60 多起。2011—2012 年高致病性 H5 亚型禽流感疫情报道次数较前两年翻倍，但疫情得到了有效控制。2014—2016 年有 77 个国家发生禽流感，检测到 13 个病毒亚型，导致野生鸟类和大量养殖禽类死亡。

截至 2023 年 2 月 25 日，全球共报告了人感染高致病性 H5N1 禽流感 873 例，其中死亡 458 例，病例分布于 21 个国家。2013 年 3 月，中国首次发现人感染 H7N9 禽流感病例，随后每年都有散发性病例。2017 年 12 月 7 日，世界卫生组织（WHO）报告累计有 1 565 人感染 H7N9，约有五分之一的确诊患者死亡。人感染 H7N9 亚型禽流感的死亡风险低于人感染 H5N1 亚型禽流感，但高于季节性流感和甲型 H1N1 亚型流感。

（2）牛海绵状脑病

牛海绵状脑病（BSE），通常称疯牛病，是牛的致命性神经变性疾病。BSE 可跨种属传播，人的新型克雅氏病（nvCJD）可能与食用感染肉有关，无有效治疗方法，病死率可达 100%。

BSE 最早的临床病例于 1985 年发生在英国，1987 年第一次被公开报道，1992 年达到暴发高峰。1989 年首次出现在英国以外的国家冰岛，随后欧洲十几个国家报道了 BSE。2001 年第一次出现在非欧洲国家日本，2003 年在加拿大和美国发现病牛。至 2014 年，全球共有 26 个国家和地区发生 BSE，超过 1 500 万头牛遭到扑杀。根据 WOAH 统计，截至 2015 年全球共确诊 BSE 病牛 187 469 头，其中英国 181 667 头，占全球发病总数的 96.91%。在此期间，受 BSE 病原潜在感染的牛超过 100 万头。

1995 年英国出现 nvCJD 病例，2000 年达到峰值（28 例），大多数患者都有消费过 BSE 污染牛肉的证据。截至 2015 年年末，共有 12 个国家和地区（英国、法国、爱尔兰、意大利、荷兰、西班牙、葡萄牙、加拿大、美国、日本、沙特阿拉伯、中国台湾）报告了确诊 nvCJD，感染者全部死亡，其中英国 177 人、其他国家和地区 52 人（主要是西欧）。

BSE 危机导致欧盟从 1996 年 3 月起禁止英国牛肉出口，禁令持续了 10 年。这项禁令导致了英国和其他欧盟国家之间的贸易争端，被媒体称为"牛肉大战"。1988 年，英国研究证实 BSE 是由于牛饲喂了污染痒病因子的肉骨粉而引起，为此各国陆续发布了反刍动物源性肉骨粉不得饲喂反刍动物的禁令，以及剔除特定风险物质等综合性控制措施。

二、植物有害生物及其跨境传播

植物为人类提供了 80% 的食物，产生可供人类呼吸的 98% 的氧气，植物对我们来说非常重要。与人类一样，植物涉及健康问题。植物健康即保护植物免受有害生物的侵害，并确保植物在自然栖息地持续生长繁衍。为呼吁全球重视植物健康，2021 年 12 月，联合国第 75 届大会将每年的 5 月 12 日确定为"国际植物健康日"。

从植物和植物产品上，常可检查到多种多样的生物，包括病、虫、杂草等，其中大多数是腐生性的，是有害生物，如青霉菌、曲霉菌、镰刀菌、交链孢等。有的广泛存在、普遍分布，官方未采取控制措施，属于非限定的有害生物；少数危险性很大，虽有分布，但官方已采取控制措施，属于控制范围的有害生物，称为限定性有害生物，其中又区分为检疫性有害生物和限定的非检疫性有害生物。

（一）有害生物的危害

有害生物种类多，对植物的危害主要包括以下几个方面。

（1）破坏花蕾、花朵、果实、种子，影响开花、结果、授粉和繁衍。削弱甚至使其完全失去观赏价值，如杜鹃花腐病等。

（2）破坏叶片、嫩枝各部，造成枝叶局部或大部细胞坏死。形成叶斑、枯梢、变色、变形、造成大量焦叶、枯叶、缺叶、残叶、落叶、卷叶、洞孔，影响植物光合作用和枝叶观赏价值，如桃树细菌性褐斑穿孔病等。

（3）破坏并毒化植物组织，造成植株畸形。影响植物生长、观赏和经济价值，如泡桐丛枝病，松材线虫病，唐菖蒲、菊花、美人蕉等花卉病毒病。

（4）破坏根、茎（干）皮层和韧皮部，导致腐烂或形成肿瘤，破坏水分的吸收和养分的输送，造成整枝整株干枯死亡，如杨柳榆槐的腐烂溃疡病，樱花、毛白杨根癌病。

（5）破坏植物根、茎维管束，造成植物枯黄萎蔫，进而死亡，导致绿化无效、经济无益、观赏无景的后果，如合欢枯萎病，黄栌白粉病、槭树黄萎病等，造成合欢、元宝枫、黄栌、翠菊等成片枯黄、萎蔫。

（6）破坏木材木质部，造成木材腐朽，失去利用价值。一般多发生在老龄树、古树上，如柳树、松树、合欢等树木的腐朽病。

（二）植物有害生物的跨境传播

气候变化和人类活动改变了生态系统，减少了生物多样性，给有害生物传播扩散创造了新的机会，植物健康面临的威胁日趋严重。植物及其产品上的有害生物的跨境传播对人类社会发展影响巨大。

1. 马铃薯晚疫病菌及马铃薯甲虫

19 世纪 30 年代，欧洲从秘鲁引进马铃薯种植，与此同时，马铃薯晚疫病菌也随之带入。在适宜的气候条件下，该病菌生出大量菌丝体，造成马铃薯腐烂，生成的孢子可再次侵染。当时，人们并没有认识到这一潜在危险，而是被马铃薯产量高、营养价值好等诸多优点所吸引，进行大量种植，特别是在爱尔兰，由于当地的气候和土壤条件适合马铃薯生长，几乎成为唯一的粮食作物。1845 年的气候条件非常适合马铃薯晚疫病菌的繁殖，马铃薯还没等到收获就全部枯死，造成了震惊世界的爱尔兰大饥荒，死于饥荒者达 100 万人，另有 100 多万人移民海外。

马铃薯甲虫，也称马铃薯叶甲，原产于墨西哥北部落基山东麓，以野生茄科植物的叶片为食，该虫可自然传播（每年可飞行 135 千米），并借助人为因素加快传播。1817 年，北美地区从智利引入栽培用马铃薯，这使马铃薯甲虫找到了更可口的食粮，从此放弃野生茄科植物，转而以栽培的马铃薯为食。1855 年，在美国的科罗拉多州发现该虫严重危害马铃薯；1874 年，该虫扩散到美国东海岸。鉴于马铃薯甲虫的危害，欧洲一直禁止从美国引入马铃薯种子。但是，由于第一次世界大战将德国的马铃薯供种基地摧毁，法国迫不得已从美国引进种薯。1921 年，马铃薯甲虫在法国西南部立足、定殖，至 1939 年，法国全境发生马铃薯甲虫疫情，1975 年时已经遍及欧洲大陆的主要地区。

2. 葡萄根瘤蚜

葡萄根瘤蚜是中国公布的《进境植物检疫性有害生物名录》中的二类危险害虫，广泛分布于 6 大洲约 40 个国家和地区，是一种毁灭性害虫。1854 年发现于美洲，在纽约、得克萨斯等地的野生美洲葡萄上广泛存在。1863 年首先在英国温室中栽培的葡萄上发现了根瘤蚜（叶瘿型），1865 年在法国南方 Gard 地区也发现了根瘤蚜，1868 年给予了正式命名。至 1884 年，法国被毁灭的葡萄园达到 100 万公顷，遭受侵染的 66.45 公顷。到 1900 年，根瘤蚜侵染遍布法国，仅产业损失就高达 5 000 亿法郎。

葡萄根瘤蚜在欧洲种葡萄上只危害根部，而在美洲种葡萄和野生葡萄上根系和叶片都可被侵害。被侵染的葡萄叶片在叶背面形成大量的红黄色虫瘿，阻碍叶片正常生长和光合作用。新根被刺吸为害后发生肿胀，形成菱形或鸟头状根瘤。粗根被侵害后形成结节状的肿瘤，蚜虫多在肿瘤缝隙处。根瘤蚜不但直接危害根系，削弱根系的吸收、输送水分和营养功能，而且刺吸后的伤口为病原菌微生物的繁衍和侵入提供了条件，导致被害根系进一步腐烂、死亡，从而严重破坏根系对水和养分的吸收、运输，逐步造成树势衰弱，影响产量和品质，最终毁灭葡萄园。

葡萄根瘤蚜的跨境传播促成了法国等国家于 1881 年在瑞士伯尔尼签署《国际葡萄根瘤蚜防治公约》，1889 年又签订了《国际葡萄根瘤蚜防治补充公约》。

3. 番茄褐色皱纹果病毒

番茄褐色皱纹果病毒（Tomato brown rugose fruit virus，ToBRFV）是烟草花叶病毒属的新成员，主要为害番茄、辣椒等茄科作物。该病毒既能机械传播，也能通过熊蜂、鸟和病果进行传播。2014 年该病毒首次在番茄上被发现。目前所有的市售番茄品种对 ToBRFV 都是易感品种。ToBRFV 非常稳定且容易侵染，它能在水中、物体表面以及没有植物材料的情况下存活很长时间并且仍具有侵染活力。辨别该病毒主要依靠番茄嫩叶和顶芽上的花叶症状；果实上会有斑点和黄色斑块，或者是出现果实、叶片畸形的现象；严重时也会出现果实变褐，茎秆或萼片出现坏死条斑的症状。

ToBRFV 于 2014 年在以色列首次被发现后，短短数年已扩散至欧洲、美洲、亚洲、非洲、大洋洲的 28 个国家和地区。欧洲和地中海植物保护组织（European and Mediterranean Plant Protection Organization，EPPO）已将 ToBRFV 添加到警报列表中。2021 年 4 月 9 日，农业农村部、海关总署第 413 号联合公告生效，在《进境植物检疫性有害生物名录》中增补包括 ToBRFV 在内的 5 种有害生物，使名录涵盖有害生物总数增加到 446 种（属）。

三、外来入侵物种与生态环境

（一）基本概念

1. 生物的概念

简单说，生物（Organism）就是有生命的物体。一般情况下，将生物定义为一个物种的集合，指在自然条件下通过化学反应生成的具有生存能力和繁殖能力的有生命的物体，以及由它（或它们）通过繁殖产生的有生命的后代。

生物一般具有以下共同特征：有共同的物质和结构基础；有新陈代谢现象；有应激性；有生长、发育、生殖的现象；有遗传变异的特征；能够适应一定的环境并改变环境。

生物体的主要成分是带有遗传信息的核酸，以及在结构与功能上有重要作用的蛋白质。生物包括动物、植物、真菌、原生生物和原核生物。病毒不具备代谢所必需的酶系统，或者酶系统不完全，是一种专性寄生物，不能独立完成生命过程，一般认为病毒不是原始的生命形态，但病毒能通过一定的途径侵入细胞，复制自己，又具有一些生物的特征，所以也列入生物中。

随着对病毒研究的深入，还相继发现了一些与病毒类似，但个体更小、特性稍有差异的病毒类似物，主要有卫星（Satellite）、类病毒（Viroid）、拟病毒（Virusoid）及朊病毒（Prion）。卫星是指一些依赖于其他病毒才能存在的小病毒或核酸，它们的核酸与辅助病毒很少有同源性，而且影响病毒的增殖。其中，能自身编码衣壳蛋白质的为卫星病毒；不能编码的为卫星核酸。一些 RNA 具双链结构但无衣壳蛋白质的为类病毒，含有线状和环状两种 RNA 的为拟病毒，无核酸只有蛋白质的侵染因子为朊病毒，例如疯牛病的病原就属于朊病毒。这些也与病毒一样，被纳入生物概念之中。

2. 生物分类的阶元系统

地球上生物数以百万计，对生物进行分类有助于人们认识物种。自古以来，人们就一直在探索对生物的分类。《尔雅》把动物分成虫、鱼、鸟、兽四大类，中国民间许多地方仍沿用至今。

近代分类学诞生于 18 世纪，它的奠基人是瑞典植物学者林奈，他为分类学解决了两大关键问题。一是建立了双名制，每一物种都给以一个学名，由两个拉丁化名词所组成，第一个代表属名，第二个代表种加词。二是确立了阶元系统。林奈把自然界分为植物、动物和矿物三界，在动、植物界下，又设有纲、目、属、种四个级别，从而确立了分类的阶元系统。每个物种都隶属一定的分类系统，占有一定的分类地位，可以按阶元查对检索。林奈的生物分类方法和分类原则，推动了生物学的发展，奠定了生物分类学的科学基础。

现行的生物分类学对分类作了统一的规定，即阶元系统，用七个等级将生物逐级分类，列入阶元系统中的各级单元都有一个科学名称。这个等级由高到低分别是界（Kingdom）、门（Phylum）、纲（Class）、目（Order）、科（Family）、属（Genus）、种（Species）。种（物种）是基本单元，每种生物在分类系统中都有自己固定的位置。近缘的种归为同一属，近缘的属归为同一科，科隶属于目，目隶属于纲，纲隶属于门，门隶属于界。界是生物阶元系统的最高等级。生物分界先后有两界系统、三界系统、四界系统、五界系统、六界系统和八界系统等多种分类方法。目前大家普遍接受的是把生物分成五个界，但是随着分子生物学研究的迅速发展，近年来将细胞生物划分为八界的分类体系正逐渐被承认。一个界含有多个门，一个门含有多个纲，以此类推。随着研究的进展，分类层次不断增加，单元上下可以附加次生单元，如总界、总纲（超纲）、亚纲、次纲、总目（超目）、亚目、次目、总科（超科）、亚科等。此外，还可增设新的单元，如股、群、族、组等，其中最常设的是族，介于亚科和属之间。

（二）物种、种群、生物群落、生态系统与生物圈

1. 物种

现代遗传学把物种定义为：物种是一个具有共同基因库的、与其他类群有生殖隔离的类群。物种的形成是至少千万年的生物地理演化和进化的结果。林奈认为，物种是形态相似的生物的集合，并指出同种生物个体可自由交配，能产生可育的后代，而不同物种之间的杂交则不育。为区分不同的物种，林奈创立了物种的双命名法，根据林奈的五界系统生物分类方法，目前地球上现存的物种包括动物、植物、真菌、原生生物和原核生物。

任何生物在分类学上都归属于一个物种（Species）。物种是繁殖单元和进化单元，是生物世界发展的连续性与间断性的统一的形式，是作为具生命物体的统称（即生物）在分类学上最基本的分类单元。生物世界通过物种的形式而发展，以物种的形式为发展的一定阶段。在有性别的动物

中，物种呈现为统一的繁殖群体，由占有一定空间、交替分布的种群所组成，而与其他的物种群体在生殖上是隔离的。

生物的生存、活动、繁殖需要一定的空间、物质与能量。生物在长期进化过程中，逐渐形成对某些物理条件和化学成分，如空气、光照、水分、热量和无机盐等周围环境的特殊需要。各种生物所需要的物质、能量以及它们所适应的理化条件各不相同，这种特性就是物种的生态特性。不同的生物有不同的生态特性，形成了其独特的"生态位"。这些生态特性为外来生物适生区的预测提供了依据。

2. 种群

物种不是孤立存在的，它们往往与现实世界存在着各种各样的联系与交流，并且常常以一定的规模出现在现实世界中。生态学上将"特定时间内一定空间中同种个体的集合"称为"种群"（Population）。在一定的地理区域内，生活着各种微生物、动物、植物的种群。种群是物种存在的基本单位，也是生物进化的基本单位，更是生命系统更高组织层次——生物群落的基本组成单位。有害生物风险分析需要考虑定殖种群的规模及发展动态，因此种群也是开展有害生物风险分析的切入点。

3. 生物群落

生物群落（Community）是在相同时间聚集在同一地理范围的各个物种种群的集合。换句话说，在一定的地理区域内，生活在同一环境下的各种动物、植物和微生物等彼此相互作用，组成一个具有独特的成分、结构和功能的集合体，这就是群落。

正是由于生物群落在地貌类型繁多的地球表面上有规律地分布，才使人们赖以生存的地球生机盎然，花鸟鱼虫各享其乐。在这个集合体内，它们相互作用、彼此影响，构成了独特的生物群落。生物群落具有自己独有的特征，比如具有一定的种类组成、群落中各物种之间相互联系、群落具有自己的内部环境、具有一定的结构、一定的动态特征、一定的分布范围和边界特征等。生物群落结构总体上是对环境条件的生态适应，但在其形成过程中，生物因素起着重要作用，其中作用最大的是竞争与捕食。

4. 生态系统

生物群落和它的非生物环境成分（如气候、河流、山脉等），通过物质的循环和能量的流动而相互作用，形成一个复杂的统一的系统，这就是生态系统（Ecosystem）。生态系统是经过长期进化形成的，系统中的生物物种经过数千年的竞争、排斥、适应和互利互助，形成了相互依赖又互相制约的密切关系。

生态系统包括生产者、消费者、分解者和非生物环境四个基本成分。组成生物群落的物种，按其营养方式分为植物、食草动物、食肉动物、顶级食肉动物和分解者生物。在生态系统中，自然生态系统属于开放系统，并且具有负反馈调节机制。受地理位置、气候、地形、土壤等因素的影响，地球上的生态系统多种多样，大致可分为水生生态系统和陆地生态系统。自然生态系统又可以叫作生态环境，是"由生态关系组成的环境"的简称，是指与人类密切相关的、影响人类生活和生产活动的水资源、土地资源、生物资源以及气候资源的数量与质量（包括人工干预下形成的第二自然）、力量（物质和能量）或相互作用的总和，是包括人类在内的所有生物赖以生存的物质基础，关系到社会和经济持续发展的复合生态系统。生态系统中的动物、植物、微生物等物种不仅适应了当地的自然条件，更为重要的是各种生物相互依存、相互制约，形成了错综复杂、不断变化的相互作用的关系，这些关系使得生态系统成为一个相对稳定和能够自我维持的体系，处于动态平衡的相对稳定状态。

5. 生物圈

地球上存在生命的地方统称为生物圈（Biosphere）。生物圈是指地球上所有生态系统的统合整体，是地球的一个外层圈，其范围大约为海平面上下垂直约 10 千米，包括地球上有生命存在和生命过程变化、转变的空气、陆地、岩石圈和水。从地质学的广义角度，生物圈是结合所有生物以及它们之间的关系的全球性的生态系统，包括生物与岩石圈、水圈和空气的相互作用，是一个封闭且能自我调控的系统。

人是生物圈中的一个成员，无论在历史上，还是在高度文明的现代社会，都脱离不开生物圈这一最大范围的生态系统。一方面，生态系统中的自然变化如地震，以及细菌、病毒等的危害可造成人类社会的灾害；另一方面，人类的生活和生产活动也在不断干涉、改变生态系统。

(三) 本地物种与外来物种

1. 本地物种

根据世界自然保护联盟（International Union for Conservation of Nature，IUCN）的定义，本地物种（Native species）是"指出现在其过去或现在的自然分布范围及扩散潜力以内（即在其自然分布范围内，或在没有人类直接或间接引入或照顾的情况下而可以出现的范围内）的物种、亚种或以下的分类单元"。

本地物种有多个名称，如土著种（Indigenous species）或原生种（Original species），一般指自然分布于原产地的物种。本地物种构成当地的生物区系、生物群落和生态系统，对当地生物多样性和生态平衡的维护起到重要作用。《牛津生态学词典》（2001）中将本地物种简单定义为"物种自然出现于一地，因而既非随意也不是有意引入的"，《韦氏词典》（1991）则从物种分布的时空范围出发，把本地物种定义为"自然起源于一特定的地域或地区的物种"。

2. 外来物种

"外来"仅指生物体与其自然范围相对而言的地点和分布，并非意味着该生物体有害。在生态学中，按照物种在本地区（或生态区域）或本国是否存在的地理标准，将物种划分为本地物种（Native species）及外来物种（Alien species），但"外来"并不完全绝对以国界划分，而是以生态系统来划分。

在众多文献中，"外来"有多个词可以表达，如外来的（Exotic）、异源的（Alien）、引进的（Introduced）、迁入的（Immigrant）、非本地的（Non-native）、非本土的（Non-indigenous）、外国的（Foreign）等。对上述名词及其解释，学术界有不同观点，如引进种（Introduced species），有的学者强调"人类有意识"引进，认为是"某一地区由人类有意识从外地引入的其历史上未曾有分布的物种"，关键点是"人类有意识"引入。对于外来物种，相关国际组织从自己的角度给出了不同定义。CBD认为，外来物种是"指那些出现在其过去或现在的自然分布以外的物种、亚种或以下的分类单元，包括其所有可能存活、继而繁殖的部分、配子、种子、卵或繁殖体"。IUCN 认为，外来物种是"指那些出现在其过去或现在的自然分布范围及扩展潜力以外，即在其自然分布范围或在没有直接或间接引入或人类照顾之下而不能存在的物种、亚种或以下的分类单位，包括所有可能存活、继而繁殖的部分、配子或繁殖体"。联合国环境规划署世界保护监测中心（UNEP-WCMC）认为，外来物种是出现在其历史已知的自然分布范围以外的物种，是由人类活动造成国际的、偶然的扩散结果。

对于外来物种的定义，虽然目前尚未达成共识，但对于一个生态系统而言，原来天然存在的区域性生态系统中并没有某个物种存在，该物种主要借助于人类活动越过不能逾越的空间障碍而进入，强调的是外来物种是自然状态下正常分布区以外的物种，可以来自国外，也可以来自同一国家或地区的不同生态区域，但通常是指前者。

（四）生态平衡与外来物种入侵

1. 生态平衡

生态平衡是指在一定时期内生态系统中的生物和环境之间、生物种群之间，通过能量流动、物质循环和信息传递，使它们相互之间达到高度适应、协调和统一的状态。也就是说，当生态系统处于平衡状态时，系统内各组成成分之间保持一定的比例关系，能量、物质的输入与输出在较长时期内趋于相等，结构和功能处于相对稳定状态；在受到外来干扰时，能通过自我调节恢复到初始的稳定状态。在生态系统内部，生产者、消费者、分解者和非生物环境之间，在一定时间内保持能量与物质输入、输出动态的相对稳定状态。

2. 生物入侵

生物入侵是指生物离开其原生地，由原来生存地，如国家、地区、区域、生态系统等，经自然（气流、风暴和海流等）或人为的途径迁移到另一个生态环境中，损害入侵地的生态系统、生物多样性、农林牧渔业生产以及人类的健康，从而造成经济损失和生态灾难的过程。生物生存依赖于环境，需要与环境不断交换物质和能量；生物又影响环境，可以改变环境的自然条件。

学术界对生物入侵的定义仍有不同的见解。在环境保护和资源管理实践中广泛应用的生物入侵定义是非本地物种在一个生态系统中已达到某种程度的优势，换句话说，不仅是定居而且处于扩张趋势。

生物入侵历史悠久，但生物入侵引起的负面效应开始受到关注是在 20 世纪 80 年代中期以后，20 世纪 90 年代进一步认识到生物入侵是全球环境变化的重要因素，进入 21 世纪后，生物入侵在生态学中频繁使用。

3. 外来入侵物种

国际上曾经对外来入侵物种一词发生过争议，有的认为应叫"IAS"（Invasive Alien Species），有的认为应叫"AIS"（Alien Invasive Species），二者都曾用作外来入侵物种的缩写。AIS 最初是由 IUCN 提出并使用，其 2000 年出版的《外来入侵物种法律及机构框架设置指南》中使用的便是 AIS，但越来越多的学者趋向于用 IAS 作为外来入侵物种的缩写，CBD、IPPC 及全球入侵物种计划（Global Invasive Species Programme，GISP）均采用 IAS。

CBD 对 IAS 的定义是一个外来物种的传入和/或扩散威胁到生物多样性。IUCN 认为，IAS 是指已经在自然或半自然生态系统或生境中建立了种群，成为改变和威胁本地生物多样性的外来物种。欧盟对 IAS 定义为其引入或传播已被发现威胁生物多样性，或对生物多样性和相关生态系统服务产生不利影响的外来物种。外来物种是任何在自然范围以外引入的动物、植物、微生物的种类、亚种或较低分类群的活体标本，包括这些物种的任何部分、配子、种子、卵或繁殖体，以及可能存活并随后繁殖的任何杂交种变种或品种。IAS 不适用于引起动物疾病的病原体和欧盟特别条例及指令所涵盖的某些其他生物体，以及遗传修饰生物、对植物有害的生物体、水产养殖中使用的物种与用于植物保护和生物农药产品的微生物。

综上，IAS 可理解为从自然分布区域通过有意或无意的人类活动而被引入当地，在当地的自然或人造生态系统中形成了自我再生能力，给当地的生态系统或景观造成了明显的损害或影响。也就是说，IAS 是生物物种由原产地通过自然或人为的途径迁移到新的生态环境的过程。它包含两层意思：第一，物种必须是外来的、非本土的；第二，该外来物种能在当地的自然或人工生态系统中定居、自行繁殖和扩散，最终明显影响当地生态环境、损害当地生物多样性。入侵的外来物种可能会破坏生态环境的自然性和完整性，摧毁生态系统，危害动植物多样性。一个外来物种进入后，有可能因不能适应新环境而被排斥在系统之外，也有可能因新的环境中没有与之相抗衡或制约它的生物，新物种可能成为真正的入侵者，打破平衡，改变或破坏当地的生态环境和生物多样性，此种意义上的物种即被称为外来入侵物种。

外来物种入侵情况在历史上已发生多次，随着全球一体化，已经成为21世纪的生态难题。1859年，英国人 Thomas Austin 将24只欧洲兔带到澳大利亚。到20世纪20年代，澳大利亚的兔子数量已经达到100亿只。由于兔子泛滥成灾，澳大利亚的农业和畜牧业遭受了巨大损失。20世纪50年代，澳大利亚政府从美洲引进了一种依靠蚊子传播的病毒——黏液瘤病毒，其天然宿主是美洲兔，能在美洲兔体内产生不致命的黏液瘤，对于人、家畜及其他野生动物完全无害，但对于欧洲兔却是致命的。1950年春天，澳大利亚科学家在墨累达令盆地，将这种病毒释放到了蚊子身上，然后经蚊子再传染给兔子，黏液瘤病毒很快便在整个兔群中传播开来，兔子的死亡率达到了99.9%。到1952年，澳大利亚有80%~95%的兔子种群被消灭。然而，随着免疫能力的逐渐增强，澳大利亚兔子感染黏液瘤病毒的死亡率下降到40%，这种现象被称为群体免疫，兔子的数量也随之逐年回升，1990年时已恢复到6亿只左右。1991年，澳大利亚政府决定引入兔出血症病毒（RHDV），使用的毒株是 RHDV 捷克参考毒株（CzechV351），起初的防控试验仅在南部的沃当岛进行。尽管有着严格的隔离防疫措施，1995年 RHDV 还是通过昆虫或者气流传播扩散到澳大利亚本土，在随后不到两年时间内，RHDV 在整个澳大利亚南部地区定殖下来，导致兔子数量锐减，有些地方兔子种群的数量甚至减少了95%。现在欧洲兔是澳大利亚分布最广、数量最多的哺乳动物之一，也是最昂贵的有害脊椎动物，政府依然在寻找各种综合措施来控制欧洲兔的种群数量。仅黏液瘤病毒和兔出血症病毒每年可杀死约85%当年出生的兔子，可挽回11.9亿澳元的损失。

2016 年，澳大利亚环境和能源部再次推出新的欧洲兔威胁消除计划。澳大利亚这场持续了百余年的人兔之战，被公认为人类历史上最严重的生物入侵事件。

4. 潜在入侵物种

随着人们对生物入侵的不断重视，对生物入侵的管理逐渐偏向于对外来物种的防范上，于是产生一个"潜在入侵物种"（Potential Invasive Species）的新概念，即：目前尚未传入某一新地区，但经过风险评估确定具有传入这个新地区进行繁殖并造成可能影响的物种。这一概念的出现，反映了国际上对外来生物入侵的管理理念和趋势，也对管理机构提出了新的课题。

（五）生物入侵的危害

外来入侵物种的繁殖、扩散严重威胁着森林、草原、农田、水系等生态系统的平衡，造成的生态和经济后果相当严重，危害着生态环境和生产生活。危害主要有三类：一是通过破坏自然环境和破坏生物多样性来破坏生态环境；二是导致较大的经济损失；三是直接或间接地危害人类健康及社会安定。IUCN 指出，生物入侵每年给世界造成的经济损失在 4 000 亿美元左右。在以生物科技为主题的 21 世纪，生物入侵问题成为社会普遍关注的问题。在导致全球生物多样性丧失的重要因素中，生物入侵是仅次于栖息地破坏的第二位因素。生物多样性是地球生命持续的根本，是生态系统稳定的基石。生物多样性的丧失将会引发地球生命丧失的多米诺骨牌效应，并最终导致地球生命系统的瓦解。在国际贸易和人员往来日益频繁的情况下，防范外来生物入侵、保护生物多样性成为国际社会的重要战略任务。

1. 生物入侵对生态环境的破坏

成功入侵的外来物种，常常直接或间接地改变当地生态系统的结构与功能，降低被入侵地的生物多样性，造成本地物种的丧失或灭绝，并最终导致生态系统的退化、生态系统功能和服务的丧失。

（1）直接破坏自然环境

①改变土壤化学循环。外来物种的入侵，会改变土壤的水分及其他营

养成分。某些外来植物在营养代谢过程中沉积某些物质，从而改变了入侵地土壤的化学成分，使本地的植物难以正常生长而失去竞争能力。如引自澳大利亚而入侵中国海南岛和雷州半岛许多林场的外来物种薇甘菊，由于这种植物能大量吸收土壤水分从而造成土壤极其干燥，对水土保持十分不利。

②改变水文循环。入侵的外来植物主要通过比本土植物多用或少用降水，从而影响当地水文循环，破坏原有的水分平衡。

③改变地表覆盖。由于植食性动物的采食和践踏而加速土壤流失的情况在世界各地均有发生，尤其是岛屿等环境。有的入侵物种，特别是藤本植物，可以完全破坏发育良好、层次丰富的森林。禾草或灌木入侵种占据空间后，其他的乔木就无法生长。

（2）严重破坏生物多样性

生物的多样性是包括所有的动物、植物、微生物和它们的遗传信息以及生物体与生存环境一起集合形成的不同等级的复杂系统。虽然一个国家或区域的生物多样性是大自然所赋予的，但任何一个国家都是投入大量的人力、物力尽力维护本国生物的多样性。生物入侵会破坏生物的多样性。

①竞争、占据本地物种生态位。在广东，薇甘菊往往大片覆盖香蕉、荔枝、龙眼、野生橘及一些灌木和乔木，致使这些植物难以进行正常的光合作用而死亡。20世纪60年代在滇池草海曾经有16种高等植物，但随着水葫芦的大肆疯长，使大多数本地水生植物（如海菜花等）失去生存空间而灭亡，到20世纪90年代草海只剩下3种高等植物。雀鳝产于北美或中美等地，是大型肉食性凶猛鱼类，会攻击遇见的所有其他鱼类，在中国上海、重庆、韶关等地，雀鳝作为外来入侵物种，对当地鱼类构成极大威胁，有可能会破坏当地的生态系统。

②抑制本地物种生长。入侵植物中的一些恶性杂草，如紫茎泽兰、飞机草、薇甘菊、豚草属、小白酒草、反枝苋等，可分泌有化感作用的化合物抑制其他植物发芽和生长，排挤本土植物并阻碍植被的自然恢复。普通豚草和三裂叶豚草等豚草属原产于北美，20世纪30年代传入中国，现广泛分布于东北、华北、华中、华东、华南的15个省、市，并形成了沈阳、

南京、南昌和武汉 4 个扩散中心。豚草可释放酚酸类、聚乙炔、倍半萜内脂及甾醇等化感物质，对禾本科、菊科等一年生草本植物有明显的抑制、排斥作用。

③成为病原微生物的载体。外来物种入侵会因其可能携带的病原微生物而威胁其他生物的生存。如起源于东亚的荷兰榆树病曾入侵欧洲，并于1910 年和 1970 年两次引起大多数欧洲国家的榆树死亡。

④干扰本地物种生命周期。以 20 世纪 30 年代和 60 年代中国两次大量引进和发展西方蜜蜂为例。由于西方蜜蜂的品种优良，中国陆续引进意大利蜂、喀尼阿兰蜂、高加索蜂和欧洲黑蜂等用于生产蜂蜜，导致中国蜜蜂分布区域及数量锐减，降低了森林植物的授粉总量，使低温环境中开花植物的授粉受到影响，从而导致山林中原有植物群落发生变化。

⑤阻止本土物种的自然更新。外来物种可以阻止本土物种的自然更新，从而使生态系统结构和功能发生长期无法恢复的变化。入侵物种进入后，由于其新生环境缺乏能制约其繁殖的自然天敌及其他制约因素，其后果便是迅速蔓延，大量扩张，形成优势种群，并与当地物种竞争有限的食物资源和空间资源，直接导致当地物种的退化。加拿大一枝黄花于 1935 年作为观赏植物引入中国，引种后逸生成恶性杂草，它繁殖力强，生态适应性广，与周围植物争阳光、争肥料，直至其他植物死亡，从而严重威胁生物多样性，被称为生态杀手、霸王花。20 世纪 50 年代传入中国的紫茎泽兰扩散蔓延于中国西南省区，侵占林地、荒山，阻碍森林生长和更新。

⑥改变本土群落基因库结构。外来物种与本土近缘物种杂交，从而改变本土物种基因型在生物群落基因库中的比例，使群落基因库结构发生变化。与此同时，由于这种杂交后代更强的抗逆能力，使本土物种面临更大的压力。这种情况不但发生在植物中，在鱼类、两栖和无脊椎动物中也时有发生。外来物种中的动植物与本地种杂交，改变了当地的遗传多样性与完整性。随着生境片段化，残存的次生植被常被入侵物种分割、包围和渗透，使本土生物种群进一步破碎化，造成一些植被的近亲繁殖及遗传漂变。有些入侵种，如加拿大一枝黄花，可与同属近缘种甚至不同属的种杂交，导致后者的遗传侵蚀。在植被恢复中将外来种与近缘本地种混植，如

在华北和东北本地种落叶松产区种植日本落叶松，在海南本地的海桑属产区混植孟加拉国的无瓣海桑，都存在相关问题。从美国引进的红鲍和绿鲍，在一定条件下能和中国本地种皱纹盘鲍杂交，在实验室条件下已经获得了杂交后代，表明存在自然条件下杂交的可能，对本土固有的遗传资源保护造成一定的风险。

⑦加速局部和全球物种灭绝。据 Macdonald 等对全球脊椎动物的统计，941 种濒危动物中的 18.4%受到外来物种的威胁，但分布格局差异很大，岛屿上的比例明显高于陆地，达到 31%。但澳大利亚可以达到 51.7%。欧亚斑马贝入侵北美成为美国和加拿大最主要的淡水附着生物，引起深刻的生态变化。尼罗河河鲈被引入非洲维多利亚湖，导致该湖鱼类中的 70%消失，是 20 世纪物种保护的严重事件之一。在关岛，外来的棕树蛇引起了关岛本地 10 种森林鸟类、6 种蜥蜴和 2 种蝙蝠的灭绝，并打断了当地食物链。另有估计，美国 958 种濒危物种中，约 400 种面临外来物种的竞争和捕食而处境危险。在世界其他某些地方，多达 80%的濒危物种面临外来物种的压力。

2. 生物入侵导致经济损失

外来入侵物种给人类带来的危害是巨大的，造成的经济损失也是显而易见的。杂草使作物减产造成直接经济损失，同时增加了控制成本；有些入侵物种可造成水源涵养区和淡水水源生态体系质量下降，进而会减少水的供应；旅游者无意中带入公园的外来植物，破坏了公园的生态体系，增加了管理成本。

任何一个国家要根治已入侵成功的外来物种相当困难。实际上，仅仅是用于控制其蔓延的治理费用就相当昂贵。1989—1992 年，英国为了控制 12 种最具危险性的外来入侵物种，光除草剂就花费了 3.44 亿美元，而美国每年为控制凤眼莲（水葫芦）的繁殖蔓延要花掉 300 万美元。据 IUCN 报告，外来物种在非洲迅速地蔓延严重影响了经济发展，每年造成的经济损失多达数十亿美元，且报告时所了解到的外来物种给非洲造成的破坏可能只是冰山一角，其对非洲生态和经济发展的影响可能要比估计的更大。中国外来物种入侵数量也呈上升趋势，成为世界上遭受外来物种入侵危害

最严重的国家之一。根据《2020 中国生态环境状况公报》，中国已发现
660 多种外来入侵物种。其中，71 种对自然生态系统已造成或具有潜在威
胁，并被列入《中国外来入侵物种名单》，219 种已入侵国家级自然保
护区。

（1）直接危害农林牧渔业

外来入侵植物对我国农林牧渔业带来直接经济损失。

原产于中美洲的紫茎泽兰，20 世纪 40 年代从中缅边境传入云南省，
现已蔓延到四川、贵州等地。紫茎泽兰侵入农田、山林，抢占农作物、牧
草以及林木的生长空间，抑制其生长，造成粮食大面积减产，林木生长缓
慢，甚至致使有些物种濒临灭绝。紫茎泽兰含有的毒素易引起马匹的气喘
病，仅 1979 年云南省的 52 个县 179 个乡，发病马 5 015 匹，死亡 3 486
匹，甚至造成“无马县”，牛羊也因无可食饲料而导致种群数量锐减。松
材线虫病于 1982 年在江苏南京中山陵首次发现，随后在全国迅速传播扩
散，截至 2020 年 12 月 31 日，全国共有 17 省（自治区、直辖市）、718 个
县级行政区、5 479 个乡镇级行政区发生松材线虫病疫情，疫情发生面积 2
713.82 万亩，病死松树数量 1 947.03 万株，严重威胁我国松林生态系统，
对我国生态安全造成了严重影响[①]。水葫芦带来的农业灌溉、粮食运输、
水产养殖、旅游等方面的经济损失更大，广东、云南、江苏、浙江、福
建、上海等地每年都要人工打捞水葫芦，全国每年因打捞水葫芦的费用高
达 5 亿~10 亿元，直接经济损失接近 100 亿元。

（2）严重影响对外贸易

国际贸易中，外来生物也常常引起国家间的贸易摩擦，成为贸易限制
的重要借口或手段。日本曾以水稻疫情禁止中国北方稻草及稻草制品出口
日本；美国曾以中国发生橘小实蝇疫情，禁止中国鸭梨出口美国；菲律宾
曾以中国发生苹果蠹蛾疫情，禁止中国水果出口菲律宾。为了防止光肩星
天牛和其他树木害虫进入美国，1998 年 12 月美国农业部（USDA）开始实
施一项法规，要求证明运到美国的货物所使用的所有木质包装材料必须经

---

① 数据来源于国家林业和草原局官方网站。

过适当的处理（如热处理、熏蒸消毒或美国官方认可的防腐剂处理），以确保杀死所有活的害虫，该法规的实施使得每年约有170亿~320亿美元的中国出口物品受到影响。不少科学家将外来生物入侵比作"生态系统的癌变"。

（3）产生间接经济损失

与直接的经济损失相比，外来入侵生物对社会、生态、环境、资源造成的间接损失更难以估计，例如为控制外来入侵生物，杀虫剂、农药等有害物质的大量使用，造成了较严重的环境污染；外来有害生物入侵还影响航运、交通等公共安全问题。刺桐姬小蜂分布于毛里求斯、新加坡、美国（夏威夷）等国家和地区，主要危害具有重要观赏价值的刺桐属植物，影响城市绿化和生态景观。

外来入侵物种通过改变生态系统所带来的一系列水土、气候等不良影响，从而产生的间接经济损失更为巨大。大量的水葫芦植株死亡后与泥沙混合沉积水底，抬高河床，使很多河道、池塘、湖泊逐渐出现了沼泽化，有的因此被废弃使用，由此对周围气候和自然景观产生不利影响，并加剧了旱灾、水灾的危害程度；同时，水葫芦植株大量吸附重金属等有害物质，死亡后沉入水底，构成对水质的二次污染，加剧了污染程度。

中国一直是深受外来入侵物种危害的国家。1995年，中国首先在北京市的室内观赏花卉巴西木（香龙血树）上发现蔗扁蛾幼虫，至今已经相继在海南、广东、广西、福建、上海、江苏、浙江、山东、河北、新疆、吉林、甘肃、江西和湖北等地发现，并有进一步扩散蔓延的趋势，对中国巴西木、鱼尾葵、散尾葵、棕竹、橡皮树、海芋等众多观赏植物造成严重危害。2012年7月，广西柳州柳江内，一起食人鱼伤人事件引发社会对外来物种入侵的强烈关注。专家指出，本次伤人的食人鱼很可能是经走私入境后，被市民放流到柳江所致。

据统计，目前中国除了极少数位于青藏高原的保护区外，各地几乎或多或少都能找到外来入侵物种。外来入侵物种在破坏生态平衡、影响对外贸易、破坏公共基础设施、危害人类健康等方面带来了很大负面作用。2008—2010年，第二次全国性外来入侵物种调查显示，中国共有488种外来入侵物种，据悉这次的数据较十年前增加了三成以上。分析进出口总额与外来入侵动物数量的相关性得知，外来入侵动物数量随着贸易量的不断增加也在迅速增长，至2018年年底已有260种，其中96%是通过贸易有意或无意引入的；外来入侵动物的分布呈现东部和南部地区高，而西部和北部地区低的空间格局。

第三节
国际交往与国门生物安全风险

国门生物安全属于非传统安全，是国家安全体系的重要组成部分，事关国家农林牧渔业生产安全、生态环境安全和人民生命健康安全。随着经济全球化深入发展和对外开放不断扩大，进境动植物及其产品种类和来源地更加广泛，非法携带和邮寄进出境动植物增势明显，全球范围内动植物疫病疫情多发频发，传播渠道更为复杂，不确定性不断增加，给国门生物安全保障工作带来严峻挑战。特别是当前国际地缘政治形势复杂，极端恐怖主义势力猖獗，各种风险因素相互交织，国门生物安全的内涵和外延已经突破传统意义上的疫情疫病防控。

一、国际交往

（一）国际贸易

国际贸易（International Trade）通常称为进出口贸易，曾被称作通商，是指跨越国境的货品和服务交易，一般由进口贸易和出口贸易组成，是国际市场营销进入模式中最简单、传统的一种，尤其是在市场高度开放的当下，国际贸易也成为各个国家参与市场竞争的重要方式。国际贸易可以改善国家或地区的供需关系，调节国家或地区生产要素的利用率，调整、改善国家或地区经济结构、产业结构，可增加财政收入。

随着中国改革开放，国内市场价格与国际市场价格逐渐整合，促进了劳动与资金密集型农产品的出口，增加了土地密集型农产品的进口，对中国经济结构宏观管理产生了积极影响。加入 WTO 后，中国经济发展势头迅猛，目前已经成为全球货物贸易第一大国、世界第二大经济体，在多边贸易体系建设、全球经济复苏等方面发挥出极其重要的作用。近年来，中国在维护开放公平的全球贸易环境，减少各国贸易政策的不确定性等方面起了极大推动作用，进一步促进了国际贸易的发展，在国际贸易治理中逐渐占据了主动地位。

"十三五"时期，中国进出口总值达 146.37 万亿元，增长 17.2%。其间，中国实现了 295 种农产品对 190 个国家（地区）出口，共对外推荐注册 17 811 家出口农产品生产企业；同时，扩大了优质农产品进口，维护产业链、供应链安全稳定，178 个国家（地区）的 1 507 种农产品获得对中国出口的检疫准入资格。

（二）非贸物流

相对于"贸易"性质的"货物"而言，"物品"在《海关法》意义上通常具有"非贸易"属性，是由以自用合理数量为限的个人携带进出境行李物品、寄递进出境物品和其他物品组成，在海关、边防检查等口岸执法领域，通常被称为"行邮物品"。海关对于行邮物品采用的是非贸渠道监管方式，其通关和赋税均与货物有所不同。为规避海关监管，一些不法分子以行李物品或邮递物品形式伪装入境，绕开海关监管，使得许多原本具有潜在生物安全风险的"货物"（如动植物种质资源、生物制品等）借助行邮物品方式蒙混过关入境，对国内经济环境和生态安全带来严重影响。

近年来，随着跨境电商这一新业态在全球范围内的迅猛发展，以及中国一系列新政的出台，传统披着"行邮"外衣的个人代购与海淘逐渐被相对规范的运行模式所取代，但真正意义的"行邮物品"并没有淡出历史的舞台。首先，随着出入境人员数量的逐年增长，旅客以自带或与同一交通工具以托运方式携带物品进出境的次数增加；其次，虽然跨境电商的模式流程相对规范，运作相对成熟，但这些模式下的许多金额较小、进出频率较高的碎片化订单也会采用快件或邮寄方式进出境，并最终汇入行李邮递物品的洪流之中，加大了口岸生物安全风险；再次，尽管跨境电商使得传统代购和海淘的发展空间受到挤压，但其价格优势依然存在，具有生物安全风险的物品通过携带和邮递方式进境的渠道仍不容忽视。根据统计数据，目前中国跨境电商综合试验区基本覆盖全国，形成了陆海内外联动、东西双向互济的发展格局，仅2020年通过海关跨境电子商务管理平台验放的进出口清单达到24.5亿票，同比增长63.3%，进出口额达1.7万亿元，同比增长31.1%，与2015年相比增长了10倍。

二、国门生物安全风险

国门生物安全作为非传统安全，是世界各国共同面临的一种综合性的风险管理课题，与生态安全、资源安全、经济安全等传统国家安全息息相关，是国家生态安全的第一道防线，其威胁在一定时期内、一定条件下也会成为国家安全的主要课题。

（一）生物安全的含义

生物安全是指外来有害生物物种的入侵和暴发，由人类活动引发的自然灾害、生物多样性的侵蚀、生态环境污染、转基因技术及其遗传改良有机体，以及跨国界人兽共患病（如疯牛病、口蹄疫）的传播、扩散和流行等所带来的不安全因素和不利影响。

一般来说，生物安全的外来威胁可以分为三类：一是人类和农业生物的各种外来有害生物，包括各种传染病、病害（细菌、真菌、病毒）、昆虫、杂草、线虫等；二是外来生物入侵，一般是指非本地的定殖导致生物多样性的下降甚至丧失，严重危害环境生物安全的现象；三是转基因生物，存在一定的风险，既可以造福人类，也可能对人类健康、农业生物和环境生物的安全造成威胁。

（二）国门生物安全的概念

国门生物安全（Port biosecurity）是世界各国共同面临的课题。它是指一个国家农林牧渔业生产、生态环境和公民身体健康相对处于不受境外动物疫病（含人兽共患病）和植物有害生物威胁，国家生物物种资源得到有效保护的状态，以及持续保持安全状态的能力。国门生物安全是生态安全的重要屏障，也是其核心任务。保障国门生物安全，核心措施是实施进出境动植物检疫，防范动植物疫病疫情和有害生物跨境传播，防止外来物种入侵。

对于国际交往中伴随的国门生物安全风险，世界各国家和地区都非常重视，实施了一系列的国门生物安全法律法规，如新西兰、澳大利亚分别在1993年和2015年颁布实施《生物安全法》，将动物疫病和有害生物作为主要管理对象。同时，不少国家和地区还建立了专门的执行机构，管理国门生物安全工作，如美国由海关与边境保护局（CBP）、疾病控制预防中心（CDC）、动植物卫生检验局（APHIS）、食品安全检验局（FSIS）、食品和药品管理局（FDA）、鱼类及野生生物管理局（FWS）等部门协同管理。一般来说，世界各国的国门生物安全管理措施具体执行层面可以分为入境前、入境时和入境后三类。其中，入境前的管理措施主要是准入、预检和监测预警；入境时的现场检疫查验，除了抽样送实验室检测，不少国家还使用工作犬，来帮助检查旅客携带物和邮寄物等；入境后的管理措施有动植物入境后的隔离检疫等。

（三）我国的国门生物安全风险管理

总体国家安全观，为新形势下维护和塑造中国特色大国安全提供了强大思想武器，也为新形势下加强进出境动植物检疫、维护国门生物安全提供了强大思想武器。总体国家安全观强调，既重视传统安全，又重视非传统安全，构建集政治安全、国土安全、军事安全、经济安全、文化安全、社会安全、科技安全、信息安全、生态安全、资源安全、核安全等于一体的国家安全体系。国门生物安全作为重要的非传统安全，必须着眼于总体国家安全，不断增强风险防控意识，提高安全保障能力。加强动植物检疫工作，不仅是实现国门生物安全的第一道防线和屏障，也是国家主权在国门生物安全领域的重要体现。

中华人民共和国成立特别是改革开放以来，随着对外贸易的蓬勃发展，国际交流合作日益密切，人员往来日趋频繁，国门生物安全进一步引起了党和国家的高度重视，动植物检疫工作不断加强。我国动植物检疫部门着力建立健全法律法规制度，逐步形成了以《进出境动植物检疫法》及其实施条例为主干，涵盖 10 余部法律法规、400 多个部门规章的进出境动植物检疫制度体系；着力建立健全体制机制，建立了海关、农林、商务等多部门密切协作，覆盖海陆空口岸，囊括进出口货物、出入境人员、国际邮件快件、国际交通工具的立体式国门生物安全管理体制；着力加强顶层规划设计，加强进出境动植物检验检疫、健全国门生物安全查验机制、严防并治理外来物种入侵和遗传资源丧失、口岸动植物检疫规范化建设等内容，分别写入中央政策文件或国家发展规划。

我国农产品进出口贸易、非贸物流连年增长，如何有效防止动植物疫情疫病传入、传出国境越发重要。按照《海关法》《进出境动植物检疫法》《生物安全法》等法律法规，我国动植物检疫部门通过构建从风险评估、检疫准入、境外预检、风险监控到口岸查验、隔离检疫、风险预警及应急处置的完整制度体系，筑牢国门生物安全防护网，有力防范了高致病性禽流感、疯牛病、施马伦贝格病、非洲马瘟、地中海实蝇、小麦矮腥黑穗病、舞毒蛾等重大疫情疫病传入。"十三五"以来，我国动植物检疫部门切实严格执法把关，检疫淘汰进境动物 47.5 万头，截获植物有害生物 13 106 种、483 万次，有力保障了国内农业生产安全、生态环境安全和人民生命健康安全①。

国门生物安全防控是一个综合管理模式，需要全方位的能力提升、技术支撑以及合作交流。我国动植物检疫部门还启动了"全国动植物保护能力提升工程"，将资源更多向口岸一线执法倾斜，加大对保护国门生物安全所需的物资、技术、装备、人才、法律、机制等保障方面的能力建设。与此同时，我国动植物检疫部门不断加强技术能力建设，制定技术标准，建立国家、区域重点生物安全实验室；不断加强人才队伍建设，先后成立了进出境动植物风险分析委员会、进出境生物安全研究会、进出境动植物检疫科技专业委员会和 24 个专家组；不断加强国际交流合作，与主要贸易国家或地区建立多双边合作机制，积极参与 WTO、CAC、WOAH、IPPC 及

---

① 数据来源于海关总署官方网站。

相关区域组织的活动，认真开展《濒危野生动植物种国际贸易公约》(The Convention on International Trade in Endangered Species of Wild Fauna and Flora, CITES) 和 CBD 履约执法工作，促进国际生物安全全球治理。

国门生物安全防控还需要社会力量的广泛参与。我国动植物检疫部门通过完善立法、加强普法、强化执法，不断提升国门生物安全的社会认知度和影响力，加强对外来有害生物和动植物疫情疫病人为跨境传播的法制约束力。积极利用"4·15"全民国家安全教育日，组织开展形式多样、内容丰富的国门生物安全"进校园、进社区、进机关、进手机、进客舱、进车厢"主题活动等，提升公众维护国门生物安全的法律意识和行为自觉，志愿参与涉及国门生物安全的相关研究、决策和保护行动，逐步形成"人人关心国门生物安全、人人维护国门生物安全"的社会氛围。

第二章
法律法规和机构

CHAPTER 2

第一节
中国动植物检疫法律法规

◇

一、动植物检疫法及其配套法规

（一）发展

1951 年 11 月 22 日，中央人民政府财政经济委员会公布《商品检验暂行条例》，同日，中央贸易部公布与《商品检验暂行条例》配套的《商品检验实施细则》。这是中华人民共和国成立后，首次以国家法规的形式，加强了对进出口商品（包括动植物检疫）的检验管理，将动植物检疫纳入法治轨道。为进一步规范动植物检疫工作，在《商品检验暂行条例》框架下，国家有关部门相继出台了一些综合性管理和针对具体产品的部门规章、规定。先后公布的《输出入动物及其产品检疫办法》（1950 年）、《输出输入植物病虫害检验暂行办法》（1951 年）、《输出输入植物检疫暂行办法》（1954 年）等一系列法规、规章、文件、检验检疫标准和方法，为指导中国动植物检疫工作发挥了重要作用。

十一届三中全会以后，随着中国对外开放的不断深入，对外经济贸易事业迅猛发展，动植物检疫事业也得以蓬勃发展。1982 年 6 月国务院发布了《中华人民共和国进出口动植物检疫条例》，次年又颁布了《中华人民共和国进出口动植物检疫条例实施细则》，对推动中国动植物检疫工作，保护农林牧渔业的生产发挥了积极作用。

1991 年 10 月 30 日，第七届全国人民代表大会常务委员会第二十二次会议通过《中华人民共和国进出境动植物检疫法》，自 1992 年 4 月 1 日起施行。《进出境动植物检疫法》是中国第一部动植物检疫的法律和动植物检疫的基本法，它的颁布施行标志着中国动植物检疫进入法治轨道。1996

年 12 月 2 日，中国颁布了《中华人民共和国进出境动植物检疫法实施条例》，自 1997 年 1 月 1 日起施行，这是《进出境动植物检疫法》的完善和细化，更具有可操作性，自此中国动植物检疫走向了法治化、规范化，向系统性管理迈出了坚实的一步。

（二）主要内容

《进出境动植物检疫法》对动植物检疫的目的、任务、制度、工作范围、工作方式以及动植物检疫机关的设置和法律责任等作了明确的规定，共八章五十条，分为总则、进境检疫、出境检疫、过境检疫、携带和邮寄物检疫、运输工具检疫、法律责任和附则。按照《进出境动植物检疫法》规定，中国对进出境的动植物、动植物产品和其他检疫物，装载动植物、动植物产品和其他检疫物的装载容器、包装物，以及来自动植物疫区的运输工具都必须实施检疫。

1. 进境检疫

中国对输入的动物、动物产品、植物种子、种苗及其他繁殖材料，必须事先提出申请，办理检疫审批手续。通过贸易、科技合作、交换、赠送、援助等方式输入的动植物、动植物产品和其他检疫物，应在合同或协议订明中国法定的检疫要求，并必须附有输出国家或地区动植物检疫机关出具的检疫证书。进境检疫程序主要包括报检、现场检疫、出具检疫证书以及检疫不合格处理四个步骤。

2. 出境检疫

在动植物、动植物产品和其他检疫物出境前，应向动植物检疫机关报检。出境前需经隔离检疫的动物，应在动植物检疫机关指定的隔离检疫场所检疫。输出的动植物、动植物产品和其他检疫物，由动植物检疫机关实施检疫，经检疫合格或者经检疫处理合格的才准予出境；检疫不合格且又无有效方法作检疫除害处理的不准出境。

3. 过境检疫

要求运输动植物、动植物产品和其他检疫物过境的，必须事先经中国动植物检疫机关同意，过境应报检，并按照指定的口岸和路线过境。装载过境动植物、动植物产品和其他检疫物的运输工具、装载容器等，必须符合中国动植物检疫的有关规定。

4. 携带和邮寄物检疫

携带动植物、动植物产品和其他检疫物进境的，进境时应申报并接受动植物检疫机关检疫，携带动物进境的还必须持有输出国家或地区动植物检疫机关出具的检疫证书；邮寄动植物、动植物产品和其他检疫物进境的，由口岸动植物检疫机关在国际邮件互换局实施检疫，必要时可以取回动植物检疫机关检疫；未经检疫不得运递。

携带、邮寄出境的动植物、动植物产品和其他检疫物，物主有检疫要求的，由动植物检疫机关实施检疫。

5. 运输工具检疫

来自动植物疫区的船舶、飞机、火车抵达口岸时，由动植物检疫机关实施检疫。进境的车辆，由动植物检疫机关作防疫消毒处理。进出境运输工具上的泔水、动植物性废弃物，依照动植物检疫机关的规定处理，不得擅自抛弃。装载出境的动植物、动植物产品和其他检疫物的运输工具，应当符合动植物检疫和防疫的规定。

6. 检疫监督

动植物检疫机关对进出境动植物、动植物产品的生产、加工和存放过程实行检疫监督制度。

7. 法律责任

《进出境动植物检疫法》规定了对违反法律的各种行为的处理和处罚。

（三）配套规章制度

根据改革开放形势的需要、国际动植物疫情变化情况和检疫技术的发展等，在《进出境动植物检疫法》及其实施条例的基础上，针对动植物检疫的具体工作，动植物检疫主管部门制定并发布了一系列行政命令、文件和公告等配套规章制度，作为《进出境动植物检疫法》及其实施条例的补充和完善，构成了中国动植物检疫法律法规体系框架。主要的配套规章制度涉及：《进境动物一、二类传染病、寄生虫病名录》《进境植物检疫危险性病、虫、杂草名录》《进境植物检疫禁止进境物名录》《禁止携带、邮寄进境的动物、动物产品及其他检疫物名录》，检疫审批管理、检疫采样管理、动物病害的检疫操作方法、木质包装检疫管理、工业用土进境检疫要求、熏蒸处理管理；进出境动植物及其产品生产、加工、存放单位注册登记和备案；动植物及其产品检疫操作规程；旅客携带物检疫等。同时，针对改革开放以后涌现出的新产业、新运输方式、新贸易形势等，还逐步产生了一些综合性的动植物检疫规章，如进口废旧船舶的动植物检疫、进出口集装箱运输动植物检疫、保税区（厂、仓）动植物检疫的管理办法。这些配套规章制度完善和丰富了动植物检疫的法律法规体系，覆盖了动植物检疫的各个方面。

为了适应中国加入 WTO 的形势，中国海关更加重视法制化建设，注重法律法规的系统性，注重检疫制度与国际规则的接轨，动植物检疫法律法规建设迎来了一个新阶段。1999—2018 年，国家质检总局先后以局令的形式发布和修改了 80 多部涉及进出口动植物检疫及综合业务管理的部门规章，其中既有具体动植物及其产品的检验检疫管理办法，如《出境水果检验检疫监督管理办法》等，也有各类主要业务的管理规定，如《出入境人员携带物检疫管理办法》《出境货物木质包装检疫处理管理办法》等，还有动植物检疫制度的细化和规范化要求，如《进境动植物检疫审批管理办法》《进境动物和动物产品风险分析管理规定》等。这些规章的制定不但适应了不断拓展的动植物检疫任务，同时也体现了《进出境动植物检疫法》及其实施条例未包含的先进理念，如风险分析、分类管理、质量控制等，保证了中国动植物检疫法律制度体系的国际性和先进性。

随着进出境动植物检疫职责划入海关和《生物安全法》的实施，中国海关正在根据《生物安全法》和《进出境动植物检疫法》等法律的相关规定，结合职责，发挥职能优势，积极研究生物安全风险监测预警制度、风险调查评估制度、信息共享制度、信息发布制度、名录和清单制度、标准制度、生物安全审查制度、应急制度、调查溯源制度等，在相关领域发挥动植物检疫作用，使动植物检疫适应新形势和对外开放新格局的要求。

（四）双（多）边协议

在中国改革开放的同时，世界经济与贸易高速发展，全球贸易自由化进程加快。特别是中国自加入 WTO 以来，经济高速发展，已发展成为世界第二大经济体和贸易国，不断繁荣的中外农产品国际贸易对中国动植物检疫工作提出了新的严峻挑战。既要方便国际流通，又要阻止和防范有害生物跨境传播，单在本国范围内强制采取检疫措施已不能保证目标的实现，必须积极参与和加强与国际组织、区域组织和贸易伙伴的合作。在实施动植物检疫国际规则标准、多边协定（议）的同时，还与多个贸易伙伴缔结双边动植物检疫协议。通过与贸易伙伴签订动植物检疫协定（含协议、备忘录等）、会议纪要等形式缔结双边协议，把贸易双方国家应当采取的检疫措施确定下来。

缔结动植物检疫双边协议在以国际规则标准、《进出境动植物检疫法》及其实施条例为基础和依据的同时，还要充分考虑双方动植物检疫的实际情况和保护水平。由于为了达到同一保护水平可能有一系列 SPS 措施可供选用，为达到同一保护水平而采取的措施可能有所不同，但措施要符合 SPS 措施的等效性原则。

双边动植物检疫协定（含协议、备忘录等）属于国际条约。根据《中华人民共和国缔结条约程序法》，缔结协定属于国家的主权行为，中国的缔约权由国务院行使，并通过对协议的起草、磋商、签署、生效、修改、延长、终止等审核程序来体现。两国政府部门签订的动植物检疫协定（含协议、备忘录）和会议纪要由海关总署代表中国检疫部门签订，通常使用"双边议定书"一词。政府间协定的内容比较全面原则，而政府检疫部门签订的动植物及其产品的议定书则常会规定详细的检验检疫条件和要求，针对性更强、内容也更为具体。双边议定书不属于国内法范畴，但对中国国家机关、公务人员、公民、法人和其他组织同样具有约束力，可以看成是国内法律法规的国际延伸，也是动植物检疫的重要依据。

二、相关法律法规

动植物检疫工作得以正常运行和发展并发挥其应有的作用，是以《进出境动植物检疫法》及其实施条例为法治保障与法律依据的。同时，实施动植物检疫还要符合与动植物检疫有关的法律，包括《生物安全法》、《动物防疫法》、《中华人民共和国野生动物保护法》（简称《野生动物保护法》)、《植物检疫条例》、《中华人民共和国野生植物保护条例》等，这些法律也是实施动植物检疫的法律依据。

(一)《生物安全法》

《中华人民共和国生物安全法》于 2020 年 10 月 17 日第十三届全国人民代表大会常务委员会第二十二次会议通过，并于 2021 年 4 月 15 日生效实施。该法是生物安全领域的基础性、综合性、系统性、统领性法律，具有十分重要的意义。

《生物安全法》为《进出境动植物检疫法》的修订完善指明了方向，提供了基础和依据，为动植物检疫工作的科学执法、精确执法提供了依据，从法律上为维护国门生物安全的动植物检疫工作提供了根本遵循。

《生物安全法》的颁布实施赋予海关建立和实施生物安全国家准入、进境指定口岸、国际航行船舶压舱水监管、建立和完善进出境疫情监测和防控体系等新职能，为拓展海关职能，实现科学执法、精准执法提供了依据，必将为更好地维护国门生物安全发挥更大作用。

(二)《动物防疫法》

《中华人民共和国动物防疫法》于 1997 年 7 月 3 日第八届全国人民代表大会常务委员会第二十六次会议通过，2007 年 8 月 30 日第十届全国人民代表大会常务委员会第二十九次会议修订，2021 年 1 月 22 日第十三届全国人民代表大会常务委员会第二十五次会议再次修订。《进出境动植物检疫法》和《动物防疫法》都是为了预防、控制和消灭动物传染病、寄生虫病，保护畜牧业生产和人民身体健康而制定。《动物防疫法》是立足国内动物防疫，在依法预防、控制和扑灭动物疫病，加强动植物检疫等方面取得明显成效。《动物防疫法》第一章总则第二条规定：本法适用于在中华人民共和国领域内的动物检疫及其监督管理活动。进出境动物、动物产品的检疫，适用《进出境动植物检疫法》。上述规定再次明确了《进出境动植物检疫法》在进出境动物检疫工作中的基础法律地位。

(三)《野生动物保护法》

中国现有涉及野生动物保护的法律法规主要有《野生动物保护法》

《中华人民共和国陆生野生动物保护实施条例》《中华人民共和国水生野生动物保护实施条例》，以及《中华人民共和国渔业法》《动物防疫法》《进出境动植物检疫法》等，已经形成以《野生动物保护法》为主导，包括国际条约、法律、刑法及地方法规相关规定在内的保护野生动物的法律体系。

《野生动物保护法》于 1988 年通过，2022 年底进行了第二次修订，其立法宗旨是为了保护野生动物，拯救珍贵、濒危野生动物，维护生物多样性和生态平衡，推进生态文明建设，促进人与自然和谐共生。该法为野生动物保护工作提供法治保障，《野生动物保护法》及其两部相关条例对野生动物的界定、野生动物的权属制度、监督管理体制、野生动物及其栖息地保护制度、野生动物管理制度、法律责任等作了比较全面的规定。

在统筹野生动物保护与国门生物安全方面，《野生动物保护法》《动植物检疫法》《濒危野生动植物种国际贸易公约》（CITES）共同发挥作用。进出口贸易应符合《野生动物保护法》和 CITES 的规定，特别是，列入 CITES 附录的野生动物物种，因科学研究、驯养繁殖、人工培育、文化交流等特殊情况需要进出口的，应当经国务院野生动植物部门批准。此外，中国公布了《进出口野生动植物种商品目录》，该目录包含了 CITES 所有物种，进出口该目录中的物种，国家根据《中华人民共和国濒危野生动物进出口管理条例》《野生动植物进出口证书管理办法》，实行野生动植物进出口证书管理。海关凭进口批准文件或者允许进出口证明书办理检疫等海关手续。

三、标准

动植物检疫工作的技术性决定了需要有一定的标准来解决动植物检疫执法工作的操作性问题。动植物检疫标准是动植物检疫工作的主要技术依据，是法律法规的重要支撑，是提高动植物检疫工作科学规范性和权威性的技术保障。没有统一的操作规程、检测方法、评价方法和标准、处理方法，就很难对进出境动植物及其产品，或某项动植物检疫活动作出科学、客观、公正的判断；没有与国际接轨的技术要求和方法，就无法在农产品贸易中与其他国家动植物检疫机构和贸易商对等交流。动植物检疫标准是在法律法规基础上建立的具体执行程序或方法，是科学、经验和技术的综合成果，因此，动植物检疫标准是法律法规在技术层面上的细化和延伸，保障了动植物检疫的科学性、规范性和权威性。

进入 21 世纪后，中国已经基本建成一套行之有效、科学合理、操作性强、与国际接轨、符合国情的，由国家标准（GB）和出入境检验检疫行业标准（SN）两部分构成的动植物检疫标准体系，该体系已经成为中国动植物检疫工作的重要技术依据，为动植物检疫履行职责提供强有力的法律、法规保障和标准技术支撑。

（一）动植物检疫国家标准

动植物检疫国家标准是在长期的动植物检疫工作过程中，结合 WOAH、《国际植物保护公约》（IPPC）和国际食品法典委员会（CAC）等国际组织颁布的国际标准、规则，借鉴国外先进的动植物检测技术标准，结合中国实情，总结中国多年来动植物检疫中积累的经验而制定的。国家标准具有强制性，动植物检疫必须按照标准实施。

动植物检疫国家标准由国家标准化管理委员会发布，由全国动物卫生标准化技术委员会和全国植物检疫标准化技术委员会分别归口管理。

国家标准制（修）订应依据《中华人民共和国标准化法》《中华人民共和国标准化法实施条例》《国家标准管理办法》等法律法规文件以及《国家标准制定程序的阶段划分及代码》（GB/T 16733—1997）。

国家标准的制定与修订需通过全国专业标准化技术委员会工作管理平台/国家标准化业务管理平台来完成。中国国家标准制定程序划分为九个阶段：预阶段、立项阶段、起草阶段、征求意见阶段、审查阶段、批准阶段、出版阶段、复审阶段、废止阶段。

对下列情况，制定国家标准可以采用快速程序：对等同采用、等效（修改）采用国际标准或国外先进标准的标准制、修订项目，可直接由立项阶段进入征求意见阶段，省略起草阶段；对现有国家标准的修订项目或中国其他各级标准的转化项目，可直接由立项阶段进入审查阶段，省略起草阶段和征求意见阶段。

（二）动植物检疫行业标准

出入境检验检疫行业标准（SN）涉及动植物检疫业务的具体技术性要求及管理要求。进出境动物检疫专业方面的标准一般又可分为四大类：第一类是行业通用标准；第二类是专业通用标准，包括出入境检验检疫标准体系和规程标准编写规则；第三类是门类通用标准；每一项类下有若干个性标准，归为第四类。进出境植物检验检疫专业方面的标准可分为五大类：第一类是行业通用标准；第二类是专业通用标准，包括植物检疫术语、标准编写规则；第三类是门类通用标准，包括检验检疫规程标准、风险评价方法标准、检测方法标准和检疫处理方法标准；第四类是个性标准；第五类是有害生物检测鉴定方法标准，涉及病毒（类病毒）、原核生物、真菌、线虫、昆虫、软体动物等门类。两个专业标准体系的建立和完善，提升了动植物检疫标准的前瞻性和系统性，符合标准的合理和有序管理要求。

2019 年前，出入境检验检疫行业标准（SN）由国家质检总局发布，国家认证认可监督管理委员会提出并归口管理。2018 年机构改革后，根据《海关技术规范管理办法》规定，海关总署综合业务部门是海关技术规范的主管部门，建立统一的信息化平台。各职能管理部门负责本部门业务范围内的相关工作。海关技术规范主管部门会同海关总署各职能管理部门按照各专业领域设立海关技术规范专业技术委员会。各专业技术委员会负责本专业领域内海关技术规范的相关工作，包括提出海关技术规范制修订需求；承担本专业领域海关技术规范的立项评审、草案审查和评估复审；负责本专业领域专家培训和海关技术规范的宣贯和解释。

海关技术规范的制（修）订程序划分为五个阶段：立项阶段、起草阶段、征求意见阶段、审查阶段、发布与实施阶段。

（三）采用国际标准

国家鼓励采用国际标准（简称采标）。《中华人民共和国标准化法》（2017 年修订版）第八条规定："国家积极推动参与国际标准化活动，开展标准化对外合作与交流，参与制定国际标准，结合国情采用国际标准，

推进中国标准与国外标准之间的转化运用。"2001 年 12 月，国家质检总局发布实施了《采用国际标准管理办法》。动植物检疫标准主要依据和参考 WOAH、IPPC 和 CAC 制定的卫生标准和规则，根据中国实际情况，采用国际标准。

根据《采用国际标准管理办法》的规定，中国标准采用国际标准的程度，分为等同采用（代号 IDT）和修改采用（代号 MOD）。等同采用，指与国际标准在技术内容和文本结构上相同，或者与国际标准在技术内容上相同，只存在少量编辑性修改。修改采用，指与国际标准之间存在技术性差异，并清楚地标明这些差异以及解释其产生的原因，允许包含编辑性修改。修改采用不包括只保留国际标准中少量或者不重要的条款的情况。修改采用时，中国标准与国际标准在文本结构上应当对应，只有在不影响与国际标准的内容和文本结构进行比较的情况下才允许改变文本结构。

中国标准与国际标准的对应关系除等同、修改外，还包括非等效（代号 NEQ）。非等效不属于采用国际标准，只表明中国标准与相应国际标准有对应关系。非等效指与相应国际标准在技术内容和文本结构上不同，它们之间的差异没有被清楚地标明。非等效还包括在中国标准中只保留了少量或者不重要的国际标准条款的情况。

第二节
中国进出境动植物检疫机构

一、管理机构

（一）总体回顾

中华人民共和国成立后，中国进出境动植物检疫管理体制大体上经历了五个阶段：1952—1964 年，实行国家商品检验总局领导的体制；1964—

1980 年，实行农业部、地方双重领导，以地方为主的体制；1980—1998
年，实行农业部门、地方双重领导，以农业部为主的体制；1998—2018
年，实行国家质检总局领导的管理体制；2018 年机构改革后，实行海关总
署领导的管理体制。

虽然经历了多次机构改革，动植物检疫的管理部门相应发生了变更，
但垂直管理的体制一直保留下来。如前文所述，动植物检疫往往需要在全
国甚至更大的行政区域内采取强制性检疫措施，而且有涉外性质，地方政
府难以协调。垂直管理体制的建立，使动植物检疫工作能够有效地落实全
国一盘棋的执法要求，为保证政策措施的落实、口岸防控工作的协调一致
等起到了积极的作用，是与动植物检疫工作性质相适应的一种管理体制。

（二）现行管理体制

2018 年 2 月 26—28 日，党的十九届三中全会审议通过了《中共中央
关于深化党和国家机构改革的决定》和《深化党和国家机构改革方案》。
2018 年 3 月 17 日，第十三届全国人民代表大会第一次会议表决通过了关
于国务院机构改革方案的决定，其中明确将国家质检总局的出入境检验检
疫管理职责和队伍划入海关总署。2018 年 4 月 20 日，出入境检验检疫管
理机构、队伍完成转隶海关。至此，中国动植物检疫管理体制形成三部分
组成的格局：海关总署负责进出境动植物检疫，农业农村部与国家林业和
草原局负责国内动物防疫和植物检疫。

1. 主要职责

海关总署垂直管理全国海关，负责动植物检疫工作，与农业农村部在
动植物检疫管理工作方面的分工与合作是：农业农村部会同海关总署起草
动植物检疫法律法规草案，农业农村部、海关总署负责确定和调整禁止入
境动植物名录并联合发布，海关总署会同农业农村部制定并发布动植物及
其产品出入境禁令、解禁令；在国际合作方面，农业农村部负责签署政府
间动植物检疫协定，海关总署负责签署与实施政府间动植物检疫协定，以
及动植物检疫部门间的协议等。

2. 机构设置

中华人民共和国海关总署是国务院直属机构，为正部级。负责全国海

关工作、组织推动口岸"大通关"建设、海关监管工作、进出口关税及其他税费征收管理、出入境卫生检疫和出入境动植物及其产品检验检疫、进出口商品法定检验、海关风险管理、国家进出口货物贸易等海关统计、全国打击走私综合治理工作、制定并组织实施海关科技发展规划以及实验室建设和技术保障规划、海关领域国际合作与交流、垂直管理全国海关、完成党中央国务院交办的其他任务。中国海关实行垂直管理体制，总署机关设有办公厅（国家口岸管理办公室）、政策法规司、动植物检疫司、国际合作司（港澳台办公室）、缉私局（全国打击走私综合治理办公室）等21个司局部门，中央纪委国家监委驻海关总署纪检监察组派驻机构，以及全国海关教育培训中心、中国海关博物馆、海关总署国际检验检疫标准与技术法规研究中心、中国海关科学技术研究中心、上海海关学院等13个企事业单位，以及广东分署，天津、上海特派员办事处和42个直属海关，各直属海关下辖742个隶属海关机构。此外，中国海关设置了驻欧洲联盟使团海关处、驻港联络办公室警务联络部海关联络处，并设置有中国海关学会、中国进出境生物安全研究会2个社会团体。

在海关总署内部，动植物检疫管理工作主要由内设的动植物检疫司和口岸监管司负责。其中，动植物检疫司负责拟订出入境动植物及其产品检验检疫的工作制度，承担出入境动植物及其产品的检验检疫、监督管理工作，按分工组织实施风险分析和紧急预防措施，承担出入境转基因生物及其产品、生物物种资源的检验检疫工作。口岸监管司与动植物检疫有关的工作主要是拟订进出境运输工具、货物、物品、动植物、食品、化妆品和人员的海关检查、检验、检疫工作制度并组织实施，承担国家禁止或限制进出境货物、物品的监管工作。

在直属海关层面，基本都设立了动物检疫处、植物检疫处或动植物检疫处以及口岸监管处等机构，与海关总署的动植物检疫司和口岸监管司对应，以承接和落实相关动植物检疫管理职能。在隶属海关层面，一般不专门设置与直属海关相对应的科（处）室，而是采取查验与监管相分离的海关管理模式，形成权力制约机制，业务管理的不同环节由不同的部门分别承担，如进境口岸的查验科（处）、属地的查检科（处）等，这些一般都称为海关一线执法科（处）部门。

3. 人员管理

动植物检疫属于技术执法，需要运用专业技术，兼顾考虑动物疫病和植物有害生物的临床诊断、生物学特性、侵染循环、流行病学等专业知识，按规定的程序与标准进行查验和监管。动植物检疫工作专业性强，专业知识和技术能力要求高，因此，在人员招录和干部选拔任用方面需要突出其专业特点。2002年以前，动植检系统一般从全国各农业大专院校的植物保护、农学、兽医、畜牧、生物相关专业的毕业生中招录工作人员。2002年开始，检验检疫系统每年参加中央国家机关公务员招考工作，采用公开招考的方式招录公务员，其中动植物检疫相关职位都会设置明确的专业要求和教育背景要求，并在招考的面试和专业笔试环节对考生的专业素养进行考察，确保新进人员的专业水平。

从专业构成考虑，动植物检疫的队伍应包括以下专业：开展动物检疫工作需要兽医、水产、动物卫生等专业；开展植物检疫工作需要植物保护、农学、森林保护、生物安全等专业；开展生物物种资源查验工作需要动物分类、植物分类、昆虫分类等专业；开展农兽药残、卫生控制工作需要化学分析、微生物检验等专业；开展法规研究、国际交流工作需要法律、外语等专业。从职能上来看，动植物检疫的人员队伍还要根据机构设置进行科学配置，如在海关总署、直属海关层面更侧重于管理型人才，而在隶属海关层面更侧重于执行型团队。根据职能分工不同，知识结构、专业水平、学术背景有所侧重，但对职业素养、职业道德的要求基本相同，都应通过自我完善，努力提升动植物检疫的综合业务水平。

近年来，立足动植物检疫的特点，海关坚持国际规则、国际标准与中国动植物检疫相结合，坚持强化自身建设与促进动植物检疫事业健康发展相结合，创新动植物检疫管理机制，不断完善中国特色动植物检疫工作体系，强化专业队伍建设，建立了"动植物检疫岗位资质"管理制度。该制度设置了三个岗位资质类别，即现场查验岗位、授权检疫签证岗位和高级检疫签证岗位。根据动物、植物检疫的专业性要求，相关岗位资质可以细化为动物检疫现场普通查验岗、植物检疫现场普通查验岗、动物检疫现场专家查验岗、植物检疫现场专家查验岗、签证兽医官、签证植物检疫官、高级签证兽医官、高级签证植物检疫官八种类别。这些动植物检疫岗位资质的获取都有一定的专业背景、工作经历要求，同时还要经过培训、考核、认定等系列程序。动植物检疫岗位资质管理，推进了海关动植物检疫管理机制创新，促进动植物检疫人才队伍素质、能力持续提升，对推动构建高质量国门生物安全把关体系起到重要支撑作用。

二、实验室机构

动植物检疫是技术执法，凭数据说话，其技术属性的特点决定了其国门生物安全把关职责中离不开科学技术的支持。动植物检疫实验室检测能力和水平的高低，直接体现动植物检疫执法把关水平，反映了动植物检疫保障国门安全的履职能力。改革开放以来，无论是在归口农业部管理期间，还是"三检合一"，以及2018年机构改革后，动植物检疫的实验室体系和检疫技术都取得了长足的发展。

"三检合一"之后，特别是中国加入WTO后，应对国外技术措施的压力倍增。面对扩大农产品出口，特别是向欧、美、日等高端市场出口的机遇与挑战，为了保证相关出口产品达到发达国家对农兽药残、转基因、疫病、有害生物等的要求，海关总署和原国家质检总局持续加大投入，加强动植物检疫实验室建设。

经过多年的努力，中国海关在总署层级，建设有中国海关科学技术研究中心，在直属海关层面大都建设有技术中心，在隶属海关层面基本都建设有综合服务技术中心，已逐步形成相对独立、门类齐全的实验室体系。实验室体系中区分国家级重点实验室（第一级）、区域性实验室（第二级）、常规实验室（第三级），其中国家级重点实验室在全国实验室检测系统中发挥领头羊作用，区域性实验室对地区范围内检疫检测业务和科研起到示范作用，常规实验室负责辖区范围内的日常实验室检疫检测工作。

动植物检疫实验室大多按照《检测和校准实验室能力的通用要求》（ISO/IEC 17025），建立了良好的实验室质量管理体系并有效运行，注重应用性技术研究，紧紧围绕动植物检疫一线执法工作需求，全面开展了昆虫、杂草、真核生物（真菌）、原核生物（细菌、植原体、类细菌）、病毒（包括类病毒、朊病毒）、线虫等各类动物病原微生物检测和植物有害生物鉴定工作，以及农兽药残留、生物毒素、转基因成分、牛羊源性成分等检测工作，涉及形态学、血清学、分子生物学、生理生化等各类检测技术。先进的实验室仪器设备和质量管理，不仅满足了口岸检验检疫工作的需要，不断填补检验检疫技术方面的空白，还支持开展了一些高水平研究工作，为检疫的快速、准确以及制定检疫操作规程和标准奠定了良好的基础。

第三节
国际组织和国际规则

一、世界贸易组织（WTO）与相关协议

世界贸易组织（WTO），简称世贸组织，是一个独立于联合国的国际组织，其总部位于瑞士日内瓦。

（一）历史发展

WTO 前身是 1947 年 10 月 30 日签订的《关税与贸易总协定》（General Agreement on Tariffs and Trade，GATT）。1929 年经济危机后，以美国 1930 年通过的《斯穆特—霍利关税法》为开端，各国纷纷大幅度提高关税。保护主义的恶性循环也恶化了世界经济，各国为此付出了沉重的代价。第二次世界大战期间，美国认识到了贸易大战的恶果，在战争结束前就着手建立战后的自由贸易体制。凭借其政治、经济和军事上的优势，美国掌握了建立战后国际经济新秩序的主导权。

1944 年 7 月，44 个国家代表在美国召开了布雷顿森林会议，决定成立国际货币基金组织（International Monetary Fund，IMF）和国际复兴开发银

行 (International Bank for Reconstruction and Development, IBRD), 建立了在战后二十多年中主导世界货币体系的布雷顿森林体系, 它保障了战后世界货币体系的稳定, 为世界贸易的平稳发展打下了坚实的基础。1945 年, 美国向联合国经济和社会理事会建议成立国际贸易组织 (ITO), 并将其活动与布雷顿森林体系联系起来, 使 ITO 与 IMF 和 IBRD 一道成为支撑战后世界经济秩序的三大支柱, 也构成了以美国为核心的世界经济体系。1947 年的联合国贸易与就业会议上通过了《国际贸易组织宪章》, 但美国国会认为该宪章干涉了美国国内法而三次否决了宪章, 因而以临时性的 GATT 代替。该协定于 1948 年 1 月 1 日生效, 有 23 个缔约国。GATT 的核心原则是非歧视原则, 目的是建立以 "自由贸易" 为目标的国际贸易组织, 启动和推进各国贸易自由化进程, 削减各国贸易壁垒, 缓和各国在国际贸易中的矛盾与摩擦。GATT 中最有发言权和最受益的是美国, 但是客观上也促进和推动了国际贸易和其他国家的经济发展。

20 世纪 70 年代以后, 随着欧共体和日本经济的发展、在国际贸易中的地位的提升, 美国的经济霸权地位相对衰落, 布雷顿森林体系在事实上解体, 国际贸易机制不可避免地走向重建。同时由于 GATT 自身是一个临时性产物, 存在许多难以克服的内在缺陷, 在日益加速的经济全球化潮流面前显示出越来越多的局限性。这主要表现在以下四点: (1) 从地位上讲, 只是一个临时性的协定, 不是一个正式的国际组织, 不具有国际法主体资格; (2) 管理范围过于狭窄。该体制是针对货物贸易而建立的, 随着国际经济和贸易的变化, 对服务贸易、知识产权未作任何规定, 已不适应国际经济和贸易现状; (3) 规则很不严格, 存在许多漏洞; (4) 争端解决机制采取 "全体一致同意" 的原则, 容易导致整个多边贸易体制面临崩溃的危险。

进入 20 世纪 70 年代, 西方国家陷入 "滞涨" 之中, 特别是美国的国际经济地位相对衰落, 于是 70 年代中期以后, 在国际贸易领域再次出现了贸易保护主义浪潮。到 80 年代后半期, 贸易保护主义浪潮席卷全球。新贸易保护主义的兴起, 使 GATT 多边贸易机制受到严重侵蚀。1986 年 5 月, GATT 乌拉圭回合谈判正式开始, 谈判内容已远远超出关税的范围, 内容还涉及非关税措施、农产品贸易、服务贸易、保障条款及争端解决问题。1990 年，欧共体和加拿大分别正式提出成立 WTO 的议案。1994 年 4 月 15 日，在摩洛哥的马拉喀什市举行的乌拉圭回合部长会议决定，成立更具全球性的 WTO，以取代 GATT。

1995 年 1 月 1 日，WTO 正式开始运作；1996 年 1 月 1 日，WTO 正式取代 GATT 临时机构。2001 年 12 月 11 日，中国正式加入 WTO。截至 2020 年 5 月，WTO 有 164 个成员，24 个观察员。

（二）宗旨和职能

WTO 的宗旨是提高生活水平，保证充分就业和大幅度、稳步提高实际收入及有效需求；扩大货物和服务的生产与贸易；坚持走可持续发展之路，各成员方应促进对世界资源的最优利用、保护和维护环境，并以符合不同经济发展水平下各成员方需要的方式，加强采取各种相应的措施；积极努力确保发展中国家，尤其是最不发达国家在国际贸易增长中获得与其经济发展水平相适应的份额和利益；建立一体化的多边贸易体制；通过实质性削减关税等措施，建立一个完整的、更具活力的、持久的多边贸易体制；以开放、平等、互惠的原则，逐步调降各成员方关税与非关税贸易障碍，并消除各成员方在国际贸易上的歧视待遇。在处理该组织成员之间的贸易和经济事业的关系方面，以提高生活水平、保证充分就业、保障实际收入和有效需求的巨大持续增长，扩大世界资源的充分利用以及发展商品生产与交换为目的，努力达成互惠互利协议，以大幅度削减关税及其他贸易障碍，并整治国际贸易中的歧视待遇。

WTO 的目标是建立一个完整的包括货物、服务、与贸易有关的投资及知识产权等更具活力、更持久的多边贸易体系，以包括关贸总协定贸易自由化的成果和乌拉圭回合多边贸易谈判的所有成果。

WTO 的职能是调解纷争，是贸易体制的组织基础和法律基础，还是众多贸易协定的管理者、各成员方贸易立法的监督者，以及为贸易提供解决争端和进行谈判的场所。该机构是当代最重要的国际经济组织之一，其成员之间的贸易额占世界的绝大多数，因此被称为"经济联合国"。

(三) 相关协议

随着国际贸易的发展和贸易自由化程度的提高，关税壁垒日渐式微，非关税壁垒大行其道，各国实行动植物检疫制度对贸易的影响越来越大，特别是某些国家为了保护本国农业市场，多有利用非关税措施来阻止国外农产品进入本国市场，其中动植物检疫就成为一种隐蔽性很强的技术措施，成为影响国际贸易正常发展的主要因素。

1. 技术性贸易壁垒及《技术性贸易壁垒协定》(《TBT 协定》)

"技术性贸易壁垒"又称"技术性贸易措施"，是以国家或地区的技术法规协议、标准和认证体系（合格评定程序）等形式出现，涉及内容广泛，涵盖科学技术、卫生、检疫、安全、环保、产品质量和认证等诸多技术性指标体系，运用于国际贸易当中，呈现出灵活多变、名目繁多的规定。由于这类壁垒大量的以技术面目出现，因此常常会披上合法外衣，成为当前国际贸易中最为隐蔽、最难对付的非关税壁垒。WTO 关于技术性贸易壁垒的文件有两个，分别是《技术性贸易壁垒协定》(Agreement on Technical Barriers to Trade，简称《TBT 协定》) 和《SPS 协定》，于 1995 年 1 月 1 日 WTO 正式成立起开始执行。

贸易技术措施涉及贸易的各个领域和环节：农产品、食品、机电产品、纺织服装、信息产业、家电、化工医药，包括它们的初级产品、中间产品和制成品，涉及加工、包装、运输和储存等环节。技术性贸易壁垒的特征包括以下四个方面。

（1）隐蔽性

发达国家设置的准入标准高于世界平均水品，并以高科技手段进行检验，使科技发展水平相对落后的发展中国家难以适应。这种方式表面上是对所有国家一视同仁，不直接体现歧视性，但发展中国家厂商为了获得市场准入资格，不得不改进生产技术、调整原材料、增加了生产成本，降低了产品的竞争力。

（2）复杂性

技术性贸易壁垒因其涉及的技术和适用范围的广泛性，使其比配额、许可证等其他非关税壁垒更为复杂，而 WTO 允许各成员方根据自身特点，如地理及消费习惯等制定与别人不同的技术标准。因此，要证明技术标准是否妨碍正常的国际贸易并不容易。

（3）灵活性

不断发展的技术以及技术性贸易壁垒形式的多样化为灵活运用技术贸易壁垒提供了条件，技术性贸易壁垒也较其他关税壁垒更容易实施。由于技术性贸易壁垒措施具有不确定性和可塑性，因此在具体实施和操作时很容易被发达国家用来对外国产品制定针对性的技术标准，对进口产品随心所欲地刁难和抵制。而且技术性贸易壁垒措施是以建立在高科技水平上的技术标准为基础，科技水平不高的发展中国家对此难以作出判断。一些技术标准还具有不确定性而且涉及面广，令人无法把握，很难全面顾及，从而具备了实施灵活性的特点。

（4）合法性

WTO 设立技术法规、标准及检验程序，主要是为了保护国家安全及消费利益，因而有其合法的一面。WTO 有关技术性贸易壁垒的协议并不否认各成员方技术性贸易壁垒存在的合法性和必要性，只是要求技术性贸易壁垒不应妨碍正常的国际贸易，不得具有歧视性。因此，技术性贸易壁垒的存在具有合法性。20 世纪 60 年代，GATT 成员开始启动非关税壁垒谈判。标准、许可程序、政府采购、反倾销和海关措施是当时确定的五个谈判领域。1979 年达成了 20 多个成员参加的诸边协定，即《技术性贸易壁垒协定》（《TBT 协定》），是 WTO 管辖的一项多边贸易协议，是在 GATT 东京回合同名协议的基础上修改和补充的，由前言和 15 条及 3 个附件组成，主要条款有：总则、技术法规和标准、符合技术法规和标准、信息和援助、机构、磋商和争端解决、最后条款。协定适用于所有产品，管辖范围主要是工业品和农产品的技术性贸易壁垒，不适用政府采购和《SPS 协定》的有关措施。

2.《实施卫生与植物卫生措施协定》（《SPS 协定》）

《SPS 协定》是 WTO 在 1995 年 1 月 1 日成立后实施的，主要涉及应用食品安全和保护动植物健康的法规问题。《SPS 协定》是乌拉圭回合多边贸易谈判的最后条款，与《TBT 协定》一同成为 WTO 成员方的基本协定内容，是 GATT 原则渗透到动植物检疫的产物。《SPS 协定》是 WTO 成员方的行为准则，中国作为 WTO 成员，承担《SPS 协定》的义务和权利。

在《SPS 协定》成为 WTO 法律框架之前，GATT 的第 20 条（b）款是唯一的而且最多也只是原则性地直接涉及卫生与植物卫生措施的关税贸易总条款，但该条内容过于原则、抽象，不能满足国际贸易日益增多的 SPS 纠纷。正是在这种背景下，为了规范动植物检疫措施，《SPS 协定》得以产生。作为 WTO 协议下的重要协定，对动植物检疫提出了比 GATT 和 TBT 更为具体和严格的要求。

《SPS 协定》旨在支持 WTO 成员方实施保护人类、动物、植物的生命或健康所采取的必需措施，以规范动植物卫生检疫的国际规则。《SPS 协定》虽然表明为了动植物的健康和安全，实施动植物检疫制度是必需的，但是更强调动植物检疫对贸易的不利影响要降到最低程度，不应构成对国际贸易的变相限制。

《SPS 协定》有 14 条 42 款及 3 个附件，其基本框架的 14 条包括总则、基本权利和义务、协调性、等同性、危险评估以及合理的卫生与植物检疫保护程度的测定、顺应当地情况、透明度、控制和检验及认可程序、技术援助、特殊和区别处理、磋商与争端解决、管理、执行、最后条款，3 个附件分别是定义、透明度条例的颁布、控制和检验及认可程序。其中与动植物检疫有关的原则主要包括：

（1）协调一致

协调一致是指制定和实施与国际标准、指南及建议相一致的国家卫生与动植物卫生法规。《SPS 协定》明确规定了在 SPS 领域的 3 个制定国际标准的国际组织：CAC、WOAH、IPPC。此外，对于上述组织未涵盖的事项，经 SPS 措施委员会认可的、由面向所有 WTO 成员方开放的其他有关国际组织公布的有关标准、指南和建议也符合规定。

（2）等效性

《SPS 协定》承认在不同的国家可以有多种方法来确保食品安全或保护动植物健康，但同时又规定 WTO 成员方应当相互接受在保护人类或动植物健康方面具有等效水平的措施。这样，可以在双边或区域性的基础上相互承认采用不同方法制定的 SPS 措施具有等效性，并达成相互认可的协定，这有助于避免在没有国际标准可以遵循的情况下出现争端。

对于等效性的举证责任，《SPS 协定》规定，在相互认可协定的谈判中，出口国有责任证明其国内的卫生要求至少与进口国的一样有效，按照这些要求可以达到同样的卫生与动植物卫生保护水平。如此，出口商必须为进口商提供作出这种结论所必需的相关材料，包括利用其卫生与植物卫生专家、设施、设备及措施。如果发现出口商的措施具有相同的卫生与植物卫生保护水平，则其贸易伙伴应接受其为一项等效措施。

等效性要求各国在不危及其本国卫生目标的前提下，增强贸易合作方对其卫生与安全标准的信心。要想在等效协定的谈判中取得成功，双边磋商和信息交流十分重要。例如，如果 A 国关注 B 国的禽流感，B 国必须让来自 A 国的专家考察其农场、屠宰场和加工厂及有关设备的具体情况。

（3）风险评估

《SPS 协定》规定了风险评估程序。各成员必须在对实际风险进行评估的基础上制定 SPS 措施。如果一个国家关注进口禽肉的禽流感风险，它有两个选择方案，可以采用现有的国际标准来证明其制定的措施是正确的；或者自己进行风险评估来评价风险及可能产生的后果。《SPS 协定》鼓励应用系统的方法来进行风险评估。所有考虑到的因素，以及成员进行动植物健康评价所采用的程序和决策，都必须应其他成员的要求提供给对方。风险评估可以是定性或者定量的。

《SPS 协定》规定了风险管理决策的一致性。WTO 成员方有权决定其适当的卫生保护水平。但是，该水平应该反映出其卫生保护水平，而不应出于在竞争情况下保护本国（地区）产品为目的。特别是，在健康风险相似的情况下，可接受的风险保护水平通常也是相似的，如果采用不一致的风险保护水平，将对国际贸易产生歧视或隐蔽的限制。

《SPS 协定》规定了 SPS 措施的选择。采用不同的方法可以达到相同的可接受的风险保护水平。一旦成员政府决定了其适当的卫生及植物卫生保护水平，该成员不应当选择那些比实际保护需要更严厉，并对贸易产生更大限制的措施。进口国在考虑选择禁止措施时，不仅要有卫生和植物卫生保护的概念，还应当考虑到该措施对贸易造成的潜在影响。《SPS 协定》同时规定了例外条款，允许各成员在尚没有足够科学证据证明其措施的合理性的紧急情况下采取预防性措施。但是，这些紧急措施只是临时性的。在一个合理的期限内，要进行更客观的风险分析，并相应地对其措施进行审议。

（4）非疫区

《SPS 协定》规定，非疫区可以是一个国家的部分地区，也可以是涵盖若干个国家的部分地区。例如，口蹄疫等一些动物疫病可能只局限在一个国家的部分地区。来自某个国家非疫区的产品将依据这个地区有害生物疫情进行考虑，而不应考虑这个成员境内其他地区的有害生物疫情。出口国对证明其国内特定地区不存在某种有害生物有举证的责任。出口国必须允许来自进口国的专家对所涉及的地区及其采取措施防止有害生物传播的情况进行考察。WOAH 已经制定一套措施来确定某个国家或地区是否是某种疫病的非疫区。

（5）透明度

WTO 成员方应通报其 SPS 措施的任何变化，并依照《SPS 协定》附件 B 对法规的公布、设立咨询点、通知程序等规定提供有关其 SPS 措施的信息。

（6）争端解决

《SPS 协定》服从统一的 WTO 争端解决程序。某些 SPS 措施可能会在一些情况下受到质疑，例如采用的某一项 SPS 措施限制了贸易，且在科学证据并不支持其实施的情况下。《SPS 协定》鼓励进行双边磋商以使各成员有机会通过讨论来解决彼此间的分歧，并找到一个双方都能接受的解决方案。如果没有得出一个令人满意的结果，争端原告方可以依据 60 天的正式磋商期要求成立专家组。

二、联合国粮农组织（FAO）

（一）简介

联合国粮农组织（FAO），简称粮农组织，1945年10月16日正式成立，是联合国系统内最早的常设专门机构，是成员方间讨论粮食和农业问题的国际组织，其宗旨是提高人民的营养水平和生活标准，改进农产品的生产和分配，改善农村和农民的经济状况，促进世界经济的发展并保证人类免于饥饿。组织总部在意大利罗马，现共有194个成员国、1个成员组织（欧洲联盟）和2个准成员（法罗群岛、托克劳群岛）。

作为世界粮农领域的信息中心，该组织的主要活动包括：搜集和传播世界粮农生产、贸易和技术信息，促进成员方之间的信息交流；向成员方提供技术援助，以帮助其提高农业技术水平；向成员方特别是发展中成员国家提供农业政策支持和咨询服务；商讨国际粮农领域的重大问题，制定有关国际行为准则和法规。

（二）FAO在动物卫生方面的作用

FAO将动物卫生作为提高可持续畜牧生产的必要工具，提倡综合性方法，即"同一个健康"方法，来应对不断变化的复杂疫病形势，认为早期发现和采用措施来提高反应速度至关重要。FAO为应对疾病形势的变化和复杂化，更加重视通过早期发现和采取措施，提高反应速度，来解决有关动物卫生方面的问题。

FAO还通过其国际和区域网络、动物卫生项目和传播实用信息，制订和实施有关重点疾病防治最佳规范的动物卫生计划，避免动物卫生问题给畜牧生产、公众健康和贸易造成威胁。主要有三个方面的服务：（1）食物链危机管理框架，整合紧急预防系统的三个主要领域，通过预防、预警、防范和应对等措施，为防止食物链受到威胁提供有效、多学科和协调一致的方法；（2）动物卫生危机管理中心，是FAO的快速反应单位，与成员方政府合作，防止或遏制重大动物疫病的传播；（3）跨界动植物病虫害紧急预防系统（EMPRES），由FAO总干事于1994年建立，为预防、遏制和控制世界上最严重的牲畜疾病向各国提供信息、培训和紧急援助。

FAO 通过动物生产及卫生司（AGA）下设动物卫生处重点关注跨界疾病、虫媒病、兽医体系和公共卫生四个有关动物健康的问题。AGA 制定实用策略和指南，以应对动物源流行病和新发疾病，确保贸易安全、生产高效和粮食安全。为支持 FAO 成员方，AGA 还编制了许多在全球、区域和国家实施的具体计划和项目，例如在 1994 年建立全球根除牛瘟计划（GREP），1997 年与世界卫生组织（WHO）、国际原子能机构（IAEA）和非洲联盟/非洲动物资源局（AU-IBAR）共同建立的非洲锥虫病防治计划（PAAT），以及 2007 年由 FAO 大会批准实施的动物遗传资源全球行动计划。

FAO 和 WOAH 加强现有协作机制，控制动物疾病，保证动物源食品的安全，促进贸易安全。

（三）FAO 在植物检疫方面的作用

1951 年，FAO 通过了一个有关植物保护的多边国际协议，即：《国际植物保护公约》（IPPC），在植物检疫方面发挥作用。该公约经过多次修订，是世界范围内植物保护多边协议组织和协调机制，《SPS 协定》认为，该公约是唯一的植物检疫国际标准制定机构。

IPPC 为植物保护提供了一个国际框架，建立了国际植物检疫措施标准，引入了 WTO/SPS 概念，重点关注植物和植物产品在国际贸易中的流通，也涉及到研究材料、生物防治物、种质资源库、运输工具、容器和机械，旨在防止植物有害生物的传播和扩散，保护各国栽培植物和自然植物资源。

IPPC 的主要内容包括宗旨和任务、术语、与其他国家国际协定的关系、植物检疫证明、限定的有害生物、国际合作、区域植物保护组织、标准、植物检疫措施委员会（CPM）、秘书处、争端解决等涉及缔约方国内管理和国际交流的内容，提供了国际贸易中植物检疫证书样本。

IPPC 由缔约方通过每年的 CPM 和若干附属机构及监督机构管理。CPM 是 IPPC 的理事机构，年度召开的 CPM 全体代表大会是最高权力机关，其成员是 IPPC 缔约方，每一缔约方可派出一名代表出席委员会会议。

CPM 的附属机构包括 CPM 实施和能力发展委员会、标准委员会，具体负责国际植物保护相关事务的协调。IPPC 的常设机构是秘书处，负责协调 CPM 工作计划、实施 CPM 的政策和活动、发布与 IPPC 有关的信息、促进缔约方与区域植物保护组织之间的信息交换、为缔约方提供技术支持。

三、世界动物卫生组织（WOAH）及相关国际准则

（一）历史与现状

世界动物卫生组织（WOAH）是一个旨在促进和保障全球动物卫生和动物福利的政府间国际组织，总部设在法国巴黎，截至 2023 年 4 月，共有 182 个正式成员。

WOAH 正式成立于 1924 年，而其创建初衷则要追溯到 1920 年，当时巴西自印度进口瘤牛，途经比利时安特卫普，牛瘟随着这批动物传入比利时，引起了国际社会广泛重视。1924 年 1 月，经过漫长的外交谈判，来自 28 个国家的代表达成一致意见，同意成立 OIE。1927 年 3 月，OIE 在巴黎召开了第一次全体成员大会，会上任命了 OIE 第一任总干事。之后的数十年里，OIE 发展迅速，成员不断增加，并先后与 FAO、WHO、WTO、国际标准化组织（ISO）、世界小动物兽医协会（WASVA）、IUCN 等 40 余个组织机构建立了合作关系。2003 年，OIE 更名为世界动物卫生组织，2022 年，将 OIE 缩写修改为 WOAH。

（二）主要任务

WOAH 承担 6 项主要任务：一是通报和管理全球疫情和人兽共患病疫情，促进各国疫情透明化；二是收集、整理和通报最新兽医科学进展和信息；三是协调各国动物疫病防控并提供技术支持；四是在 WTO/SPS 框架下制定动物及其产品国际贸易的卫生标准和规则，促进国际贸易发展；五是提高各国兽医立法和兽医服务水平，提供有关能力建设技术援助；六是促进各国动物产品安全、提高动物福利水平。

（三）组织结构

WOAH 设立了国际委员会、行政委员会、区域委员会、专业委员会和

总部等职能部门；设立了参考中心及动物流行病学、生物工程、兽药认证等常设工作组和研究特定科技问题的专项工作组。

WOAH 由全体代表大会管理和控制，全体代表大会的代表由各成员政府指派。日常运作由总部管理、总干事领导。运行经费主要由各成员每年强制性交纳会费，另有部分成员自愿捐助款项。

1. 全体代表大会

WOAH 最高权力机构，由各成员代表组成，每年至少召开一次，主要职责是：审议通过动物卫生领域的国际标准；审议通过主要动物疫病的防控方案；选举 WOAH 管理层及专业委员会成员；选举任命 WOAH 总干事；审核年度事务报告、财务报告和 WOAH 年度预算。

2. 理事会

由全体代表大会现任主席、副主席、上一届主席及代表所有区域的 6 名代表等 9 人组成，除上一届主席外，其余人员均由选举产生，任期均为 3 年。年度会议休会期间，理事会代表全体代表大会行使职权。理事会每年至少召开 2 次会议，主要讨论技术和行政管理问题，以及将要提交全体代表大会讨论的工作计划和预算。

3. 总部

由 WOAH 总干事负责管理，主要职责是处理 WOAH 日常工作，执行并协调全体代表大会决策的各项行动，作为全体代表大会年度会议的秘书处负责召开理事会、委员会会议和技术会议，负责协助各区域代表会议和专业会议的秘书处履行职责。

4. 区域代办处

WOAH 在非洲、美洲、亚洲、大洋洲、欧洲、中东共设有 6 个代办处，主要职责是为区域内的 WOAH 成员提供服务，以强化区域内的动物疫病监测和控制。

5. 区域委员会

WOAH 在非洲、美洲、亚洲—远东与大洋洲、欧洲、中东共设有 5 个区域委员会，均为完整的区域性实体机构，职责是处理各区域发生的各种具体问题。区域委员会每 2 年在其区域内某成员方召开一次会议，议题主要为动物疫病防控方面的技术议题和区域合作。

6. 专业委员会

专业委员会共 4 个，即陆生动物卫生标准委员会、动物疫病科学委员会、生物标准委员会、水生动物卫生标准委员会。职责为研究动物流行病学、动物疫病预控，制定和修订 WOAH 国际标准，解决成员提出的相关技术问题。专业委员会成员均由全体代表大会选举产生，任期 3 年。

7. 参考中心

参考中心分 2 种，即 WOAH 协作中心和 WOAH 参考实验室。协作中心是在动物卫生、动物福利、兽药等领域作为科研、技术标准化、专业知识传播的世界性参考中心；参考实验室则为指定病原或疫病专业化的世界性参考中心，是解决特定疫病或动物卫生领域相关科技问题的实验室。截至 2017 年，WOAH 在全球共设立了 322 个参考中心，其中协作中心 55 个、参考实验室 267 个。截至 2022 年，中国共有 17 个参考中心，其中协作中心 3 个、参考实验室 14 个。目前，中国海关系统有 2 个 WOAH 参考实验室，均在深圳海关动植物检验检疫技术中心，分别是鲤春病毒血症参考实验室、传染性造血器官坏死病参考实验室。

（四）动物卫生法典和疾病诊断手册

WOAH 通过其相关工作组，收集、整理和通报最新兽医科学进展和信息，定期修订并发布《陆生动物卫生法典》《水生动物卫生法典》《陆生动物诊断试验和疫苗标准手册》《水生动物诊断试验手册》。这些标准和规则作为各成员实施动物及其产品国际贸易的卫生标准和规则的基础。

1. 动物卫生法典

（1）《陆生动物卫生法典》

《陆生动物卫生法典》是为国际动物及其产品的贸易而制定的检疫标准。第一版发布于 1968 年，最初只关注动物卫生和人兽共患病，近些年来其内容逐渐扩展至动物福利、动物源性食品安全等领域。

WOAH 设立有陆生动物卫生标准委员会，该委员会由经选举产生的 6 名委员组成，每年举行 2 次工作会议，并组织国际著名专家根据兽医领域新的进展对《陆生动物卫生法典》进行修订。WOAH 每年向成员方发送两次《陆生动物卫生法典》草案，系统征求成员的意见。而后陆生动物卫生标准委员会与 WOAH 其他委员会的专家们拟定新的《陆生动物卫生法典》，提交 WOAH 全体成员大会审议，表决通过后即可实施。《陆生动物卫生法典》成为各成员方的兽医当局、进出口服务机构、流行病学专家以及所有与国际贸易相关的人员的重要参考资料。WOAH 每年通过 3 种 WOAH 官方语言（英语、法语、西班牙语）和俄语发布纸质的法典。

2022 年版《陆生动物卫生法典》分上、下两卷。上卷主要内容包括动物疫病诊断和监测以及通报、动物疫病风险分析、兽医服务质量、疫情预防控制措施等基本原则、兽医卫生措施和进出口动物检疫规程及证书要求、兽医公共卫生、动物福利等各方面的基本原则和要求等。下卷主要是当成员方发生应通报的陆生动物传染病时对国际贸易产生的影响，以及对开展贸易提出的相关检疫和卫生意见和建议。

《陆生动物卫生法典》制定了在全世界范围内提高动物卫生、动物福利和兽医公共卫生水平的措施及陆生动物及其产品的国际贸易标准，并得到 WTO《SPS 协定》的认可，成为国际陆生动物贸易法律的重要组成部分，为避免不合理卫生贸易壁垒发挥了重要作用。但《陆生动物卫生法典》提出的措施和标准不具备强制性，对各成员方约束力不强，为国际陆生动物及其产品贸易分歧留下隐患。

（2）《水生动物卫生法典》

《水生动物卫生法典》第一版诞生于 1995 年。《水生动物卫生法典》中的各项卫生措施都经 WOAH 全体代表大会正式审核通过。

WOAH 设立有水生动物卫生标准委员会，该委员会由经选举产生的 6 名委员组成，负责对《水生动物卫生法典》进行修订，在广泛征求公众的意见基础上，最终文本内容提交当年成员全体代表大会进行审议。《水生动物卫生法典》成为各成员方兽医当局、进出口服务机构、流行病学家以及所有与国际贸易相关的人员的重要参考资料。WOAH 每年通过 3 种 WOAH 官方语言（英语、法语、西班牙语）发布纸质法典。

2022 年版《水生动物卫生法典》，共计 11 章，内容包括传染病通报、风险分析、卫生证书、区域化、抗生素的使用、养殖鱼福利，并介绍了鱼类、双栖类、贝壳类和软体动物的主要传染病。

《水生动物卫生法典》制定了在全世界范围内提高水生动物卫生、水生动物福利以及兽医公共卫生水平的措施以及水生动物及其产品的国际贸易标准，并得到 WTO《SPS 协定》的认可，成为国际水生动物贸易法律重要组成部分，避免不合理卫生贸易壁垒发挥了重要作用，但《水生动物卫生法典》提出的措施和标准不具备强制性。

2. 疾病诊断手册

（1）《陆生动物诊断试验和疫苗标准手册》（简称《标准手册》）

由 WOAH 标准委员会制定，提供国际上认可的实验室检测方法和疫苗及其他生物制品的生产、管理要求，目标对象是 WOAH 各成员从事兽医诊断试验和监测的实验室、疫苗生产商和兽医管理机构等，旨在促进动物及其产品的国际贸易，提升全球动物卫生水平。

《标准手册》涉及哺乳动物、鸟类和蜜蜂的传染病和寄生虫病。2022 年版《标准手册》共三部分：第一部分包括 11 个介绍性的章节，制定了兽医诊断实验室和疫苗生产企业的一般性管理标准；第二部分专门实验室诊断、诊断试验验证和兽用疫苗；第三部分介绍 WOAH 名录中的疫病及其他对国际贸易有重要意义的疫病的主要诊断方法和疫苗等相关内容。

（2）《水生动物诊断试验手册》（简称《试验手册》）

提供了《水生动物卫生法典》中列出的水生动物疫病的标准化诊断方法，有助于提高实验室效率和能力、提高水生动物卫生水平，便于水生动物及其产品的国际贸易卫生证书出证。

WOAH 水生动物卫生标准委员会负责编写手册并提交 WOAH 成员评议，每 2 年出版发行一个新版本，2022 年版《试验手册》主要分为两个部分：第一部分介绍了兽医检测实验室的质量管理要求、传染性疫病诊断方法的验证原则和方法；第二部分介绍了 WOAH 名录中的水生动物疫病及其他对国际贸易有重要意义的疫病的主要诊断方法。

四、世界粮食计划署与相关公约

(一) 世界粮食计划署

世界粮食计划署由联合国和 FAO 合办，是联合国内负责多边粮食援助的机构，于 1961 年第 16 届联合国大会和第 11 届世界粮农组织大会决定成立，原定于 1963 年开始运作，但因 1962 年多地遭遇粮食危机，提前投入运作，总部设在意大利罗马，出版有《世界粮食计划署新闻》与《世界粮食计划署年度报告》。

该组织的宗旨是以粮食为手段帮助受援国在粮农方面达到生产自救和粮食自给，援助方式分紧急救济、快速开发项目和正常开发项目 3 种，其活动资源主要来自各国政府自愿捐献的物资、现金和劳务。目前主要认捐者有中国、美国、欧盟、加拿大、荷兰、日本、德国、瑞典、英国、丹麦和澳大利亚等。

(二)《生物多样性公约》 (CBD)

1. 基本情况

《生物多样性公约》（CBD）是一项保护地球生物资源的国际性公约，于 1992 年 6 月 1 日由联合国环境规划署（UNEP）发起的政府间谈判委员会第七次会议在内罗毕通过，1992 年 6 月 5 日由缔约方在巴西里约热内卢举行的联合国环境与发展大会上签署，随后在 1993 年 12 月 29 日生效。目前 CBD 已有 196 个缔约方，已经成为全球环境保护领域最重要的多边协定之一。1993 年 1 月，中国加入该公约，成为最早批准公约的缔约方之一。

CBD 常设秘书处设在加拿大的蒙特利尔。缔约方大会（Conference of Parties，COP）是 CBD 的最高决策机构，一切有关履行 CBD 的重大决定都要经过缔约方大会的通过。CBD 自生效以来，已召开了 15 次缔约方大会和 1 次特别大会，通过了 439 项决定，这些决定不仅对缔约方履约义务提出了具体要求，也为全球生物多样性保护指明了方向。特别是，为针对转基因生物越境转移的环境影响和遗传资源获取与惠益分享问题（Access and Benefit-sharing，ABS），2000 年和 2010 年分别通过了《生物多样性公约卡塔赫纳生物安全议定书》（Cartagena Protocol on Bio-safety，BSP）和《生物多样性公约关于获取遗传资源和公正公平分享其利用所产生惠益的名古屋议定书》（Nagoya Protocol on Access to Genetic Resource and the Fair and Equitable Sharing of Benefits Arising from their Utilization to the Convention on Biological Diversity，简称《名古屋议定书》）。

2. 与动植物检疫有关的主要内容

CBD 为世界环境保护领域中的动物、植物和微生物保护工作以及国际合作提供了法律依据和政策指南，CBD 第 8 条（h）款要求所有缔约方尽可能"防止引进、控制或消除那些威胁到生态系统、生境或物种的外来物种"。2002 年 4 月在荷兰海牙召开的 CBD 第六次缔约方大会上，通过了外来入侵物种的决议和预防、控制、消除外来入侵物种的 15 条指导原则。

3. 中国履约情况

为协调 CBD 下 ABS 国际制度的谈判，加强对生物物种资源丧失和流失的管理，国务院于 2003 年成立了由国家环保总局牵头，国家质检总局、海关总署等 17 个部门为成员的"生物物种资源保护部际联席会议制度"，同时还建立了国家生物物种资源保护专家委员会，负责提供科学技术咨询。联席会议制度是指导和协调履行 CBD 的一个有效机制。2011 年 6 月，国务院同意建立"中国生物多样性保护国家委员会"。

近 30 年来，中国外来入侵物种数量呈暴发式增长。为此，中国建立了由原农业部牵头，环保、林业、海洋、科技、商务、海关等部门参加的外来入侵物种防治协作组，在外来入侵物种调查、编目、分布区预测等方面开展了大量工作。2022 年 12 月 20 日，农业农村部、自然资源部、生态环境部、住房和城乡建设部、海关总署、国家林业和草原局联合发布第 567 号公告，在《重点管理外来入侵物种名录》中列出了 59 种。目前，我国已建立了"中国外来入侵物种数据库信息化平台"，包括中国外来入侵物种数据库系统、中国外来入侵物种地理分布信息系统、外来入侵物种野外数据采集系统、外来入侵物种安全性评价系统、中国主要外来入侵昆虫远程监控系统，在线发布外来入侵物种相关数据和研究进展。

4. 补充条约

（1）《生物多样性公约卡塔赫纳生物安全议定书》（BSP）

《生物多样性公约卡塔赫纳生物安全议定书》（BSP）作为 CBD 的补充

条约，是为保护生物多样性与人体健康而控制和管理生物技术改性活生物体越境转移的国际法律文件，也就是国际法上最主要的规定转基因技术的法律文件。BSP 于 2000 年 1 月 29 日通过，2003 年 9 月 11 日生效。截至 2023 年 1 月底，共有 173 个缔约方。

BSP 由 40 个条款和 3 个附件构成，其中风险预防原则、标识制度等是有关转基因农产品安全的重要内容。BSP 第 11 条（3）明确规定，为保护人类健康，即使尚未充分掌握相关科学证据，也不应妨碍进口缔约方酌情对直接用作食物或加工的改性活生物体采取一定措施，以避免或尽最大限度地减少潜在的不利影响。BSP 第 18 条对转基因农产品出口方提出了相当高的标识要求，以确保进口方对相关信息有足够而清晰的了解，其中不仅要求对转基因农产品、含有转基因成分的饲料、原材料附上单据，还要求明确说明其中"可能含有"转基因成分并保证不将它引入环境中，同时提供可进一步获取相关信息的联络方式。

（2）《名古屋议定书》

《名古屋议定书》是在 CBD 框架下，经过 10 多年谈判而达成的一项在规范遗传资源及相关传统知识获取与惠益分享的国际法律文书，2014 年 10 月 12 日生效。截至 2023 年 1 月底，有 139 个缔约方。2016 年 9 月 6 日，中国正式成为《名古屋议定书》缔约方，标志着中国生物产业进入惠益共享时代，生物遗传资源监管工作迈入日趋规范化的法治轨道。

《名古屋议定书》的目标是公正、公平地分享利用生物遗传资源所产生的惠益，包括适当获取遗传资源和适当转让相关技术，同时亦顾及对于这些资源和技术的所有权利，并提供适当的资金，从而对保护生物多样性和可持续地利用其组成部分作出贡献。

遗传资源获取与惠益分享相关国际制度涉及生物多样性保护、粮食安全、公共卫生、知识产权保护及国际贸易等领域，在动植物检疫领域建立名录制度、获取分类管理制度和进出境管理制度。根据生物遗传资源的经济、文化和科研价值及特有性、稀有性，定期制定和公布生物遗传资源及相关传统知识保护名录，对于国内主体以学术和研究为目的的获取实行申报登记制度，以商业为目的的获取和外国主体的任何获取实行事前审批制度，从境外引进或者向国外输出生物遗传资源前，应当向主管部门提出申请，并凭审批许可，办理检疫和出入境手续。

(三)《濒危野生动植物种国际贸易公约》(CITES)

《濒危野生动植物种国际贸易公约》(CITES)是根据 1972 年联合国人类环境会议决议，于 1973 年在美国华盛顿签署的，因此，又称为《华盛顿公约》，于 1975 年 7 月 1 日正式生效。截至 2022 年 12 月，CITES 共有 184 个缔约方。

1. 简介

CITES 的宗旨是通过各缔约方政府间采取有效措施，加强贸易控制来切实保护濒危野生动植物物种，确保野生动植物物种的持续利用不会因国际贸易而受到影响，具体就是对其附录所列的濒危物种的商业性国际贸易进行严格的控制和监督，防止因过度的国际贸易和开发利用而危及物种在自然界的生存，避免其灭绝。其以保护生物多样性和主张持续利用原则为基础，既不主张滥用和过度贸易，也反对绝对保护。

CITES 文本由序言、正文(25 条)和 3 个附录组成。到 2020 年，CITES 已先后召开了 13 次缔约方大会，通过了 500 余项决议。2005 年 3 个新版 CITES 附录中收录物种总数约 33 000 种，其中动物约 5 000 种，植物约 28 000 种，涉及中国动植物 1 999 种，使得全世界范围内60%~65%的野生动植物贸易得到了有效控制，成为控制野生动植物及其产品的国际贸易的一个最为有效的措施，是生物多样性保护领域中一项最具有操作性的国际条约，具有国际社会公认的权威性和广泛影响。

CITES 的精神在于管制而非完全禁止野生物种的国际贸易，通过物种分级与许可证的方式，以达成野生物种市场的永续利用性。该公约管制国际贸易的物种，可归类成三项附录：附录一的物种为若再进行国际贸易会导致灭绝的动植物，明确规定禁止其国际性的交易；附录二的物种则为无灭绝危机，管制其国际贸易的物种，若仍面临贸易压力，族群量继续降低，则将其升级入附录一；附录三是各国视其国内需要，区域性管制国际贸易的物种。

2. 中国 CITES 的管理和科研机构

CITES 要求各缔约方要制定相关的国家法律，设立科学机构和管理机构，通过发放许可证和证明书等一系列制度来保证 CITES 的有效执行。

中国于 1980 年 12 月 25 日加入 CITES，该公约于 1981 年 4 月 8 日对中国正式生效。为履行 CITES，1982 年国务院授权林业部建立了履行 CITES 具体事务的管理机构——中华人民共和国濒危物种进出口管理办公室（简称国家濒管办）。国家濒管办负责监督管理野生动植物及其产品的进出口，组织核发允许进出口证明书，负责进出口证书通关协调，承担贸易和非贸易濒危野生动植物种保护等履约工作。2011 年，国家濒管办在全国设立了 14 个办事处，负责签发公约附录物种进出口许可证。2011 年，授权中国科学院设立 CITES 中国科学机构——中华人民共和国濒危物种科学委员会（简称国家濒科委），由委员会和办公室组成，办公室挂靠在中国科学院动物研究所。国家濒科委负责 CBD 附录物种国际贸易及有关 CITES 技术问题的科学咨询工作。

五、区域性组织和协议

除了全球性的国际组织及其制定的有关协议与动植物检疫有关，一些旨在促进地区贸易发展和经济一体化而成立的区域性国际组织及其制定的规则，或者由某一区域相关国家共同商定和签署的协议，尽管这些规则或协议不是世界范围内遵守和执行的，也与相关国家的进出境动植物检检疫有关，并且与每个国家的经贸发展和生物安全更为紧密。区域性组织及其规则或者协议无一例外会涉及农产品贸易和农业技术合作，而动植物检疫是保障区域农产品贸易安全和农业技术合作的基石。区域性组织的规则和协议在对涉农事务作出规定的同时，也对动植物检疫作出规定，而有关动植物检疫的规定通常会对国际规则进一步具体化。区域性组织及其规则或者协议越来越多，比较典型的例子是欧洲联盟（欧盟）。欧盟制定实施了统一的动植物检疫法律法规，所有成员国必须遵守，非欧盟国家与欧盟成员国开展相关贸易时，也应以欧盟的动植物检疫法律法规为基础。

（一）区域植物保护组织

IPPC 要求各缔约方相互合作，在适当的地方建立区域植物保护组织，以便在较大范围的地理区域内防止植物危险性有害生物传播。根据各自所处的生物地理区域和相互经济往来的情况，自愿组成的区域植物保护专业组织，其主要任务是协调成员间的植物检疫活动，传递植物保护信息，促进区域内国际植物保护的合作。

区域植物保护组织（Regional Plant Protection Organizations，RPPO）是一类政府间组织，是国家植物保护组织（National Plant Protection Organization，NPPO）在区域层面的协调机构。并非所有 IPPC 的缔约方都是区域植物保护组织的成员，区域植物保护组织成员也不都是 IPPC 的缔约方。此外，IPPC 的个别缔约方从属于多个区域植物保护组织。目前有 10 个区域植物保护组织，根据成立的时间早晚，依次是欧洲和地中海植物保护组织（EPPO）、中美洲国际农业卫生组织（Organismo Internacional Regional de Sanidad Agropecuaria，OIRSA）、泛非植物检疫理事会（Inter‐African Phytosanitary Council，IAPSC）、亚太区域植物保护委员会（Asia and Pacific Plant Protection Commission，APPPC）、加勒比海区域植物保护委员会（Caribbean Plant Protection Commissio，CPPC）、中南美洲植物保护组织（Comunidad Andina，CA）、北美植物保护组织（North American Plant Protection Organization，NAPPO）、南锥体区域植物保护委员会（Comite Regional de Sanidad Vegetal Parael ConoSur，COSAVE）、近东植物保护组织（Near‐East Region Plant Protection Organization，NEPPO）和太平洋植物保护组织（Pacific Plant Protection Organization，PPPO）。

IPPC 第Ⅸ条对区域植物保护组织的职能作出规定，包括：协调并参与国家植物保护组织的活动，以促进并实现 IPPC 目标；展开区域间合作，促进植物检疫措施的协调统一；收集并传播信息，特别是与 IPPC 有关的信息；与植物检疫措施委员会和 IPPC 秘书处合作，制定并履行植物检疫措施的国际标准。

每个区域植物保护组织都有自己的活动和计划。每年召开由区域植物保护组织和 IPPC 秘书处代表共同参与的技术磋商会，鼓励有关统一的植物检疫措施的区域间磋商，以控制有害生物并防止其传播和（或）引入，促进相关国际植物检疫措施标准（ISPM）的开发和利用。

区域植物保护组织为与实现 IPPC 目标有关的多种活动作出了贡献，它拓展了区域植物保护组织的职责范围，以阐明其与 IPPC 秘书处和植物检疫措施委员会在制定国际标准方面的合作关系，在履行 IPPC 的工作中发挥着重要作用。

1. 欧洲和地中海植物保护组织（EPPO）

EPPO 成立于 1951 年，是在欧洲和地中海区域负责植物保护合作的政府间组织，总部设在法国巴黎。其目标是通过制定国际标准等来保护植物，防止对农业、林业和环境构成威胁的有害生物的传入和传播。

2. 中美洲国际农业卫生组织（OIRSA）

也有直译为"区域国际植物保护和家畜卫生组织"，成立于 1953 年，总部设在萨尔瓦多，为各成员的农业和畜牧业部门提供技术援助。该组织拥有完善且运行良好的虫害暴发警报和响应系统，由于相关国家最高当局的良好协调及适当沟通程序，这一系统曾协助在发现飞蝗后 18 小时内成功根除飞蝗入侵，还能够应对松树皮甲虫、粉芙蓉粉蚧、柑橘黄龙病、咖啡锈病、地中海果蝇、黄高粱蚜虫和枯萎病热带 4 号等。该组织在整个中美洲的病虫害防治中，通过提高生产能力以及农作物和农产品的安全性来保护和加强与农业、林业和水产养殖发展发挥着重要作用。

3. 泛非植物检疫理事会（IAPSC）

IAPSC 成立于 1954 年，总部设在喀麦隆的雅温得，其宗旨为落实《马普托声明》，寻求防止植物害虫扩散共识并采取合适的相关措施，保护非洲农作物与生物安全。该理事会成员包括所有非洲联盟成员，即除摩洛哥外的所有非洲国家。

4. 亚太区域植物保护委员会（APPPC）

APPPC 成立于 1956 年，其前身是东南亚和太平洋区域植物保护委员会，总部在泰国曼谷。该委员会包括所有成员代表和每两年选举出的一名主席。FAO 总干事指派委员会的秘书负责协调、组织和跟进委员会工作。按照规定，委员会至少每年召开一次成员参加的会议。1983 年在菲律宾召开的第十三届亚洲和太平洋地区植物保护会议上，中国提出申请加入该组织；1990 年 4 月在北京召开的 FAO 第二十届亚太区域大会上正式批准中国加入。

5. 加勒比海区域植物保护委员会（CPPC）

CPPC 成立于 1967 年，总部设在巴巴多斯。

6. 中南美洲植物保护组织（CA）

也称卡塔赫拉协定委员会，有的称之为安第斯共同体，成立于 1969 年，总部设在秘鲁，成员有玻利维亚、哥伦比亚、厄瓜多尔、秘鲁。该组织旨在实现安第斯、南美洲和拉丁美洲区域一体化的全面、平衡和自治发展。

7. 北美植物保护组织（NAPPO）

NAPPO 成立于 1976 年，总部设在加拿大渥太华，旨在保护植物资源与环境、共享科研结果、建立合作关系、有效解决争端及落实管理规范，该组织仅有加拿大、墨西哥、美国 3 个成员。

8. 南锥体区域植物保护委员会（COSAVE）

COSAVE 成立于 1980 年，总部在阿根廷，其宗旨为加强区域植物卫生一体化，采取统一行动以解决成员间共同关注的植物卫生问题。目前成员有阿根廷、巴西、智利、巴拉圭、乌拉圭、玻利维亚、秘鲁。它由各成员的农业部长组成部长理事会，负责制定其政策、战略和优先事项。

9. 近东植物保护组织（NEPPO）

1993 年在摩洛哥拉巴特举行的全权代表会议，通过了关于建立近东植物保护组织的协定。该组织于 2009 年正式运行。目前成员有阿尔及利亚、埃及、伊拉克、约旦、利比亚、马耳他、摩洛哥、巴基斯坦、苏丹、叙利亚和突尼斯，还有 2 个国家（毛里塔尼亚、也门）已签署协议但尚未得到批准。该组织是在 IPPC 框架下的区域植物保护组织，是成员制定和实施区域植物保护策略和标准的平台。

10. 太平洋植物保护组织（PPPO）

PPPO 成立于 1994 年，现有 27 个成员，旨在协调植物检疫措施，建立与太平洋区域内外国家的植物保护合作，为所有太平洋共同体成员提供植物保护和植物检疫方面的援助。

(二)《区域全面经济伙伴关系协定》（RCEP）

《区域全面经济伙伴关系协定》（Regional Comprehensive Economic Partnership，RCEP），即由东盟 10 国发起，邀请中国、日本、韩国、澳大利亚、新西兰共同参加（"10+5"），通过削减关税及非关税壁垒，建立 15 国统一市场的自由贸易协定。2020 年 11 月 15 日，东盟 10 国以及中国、日本、韩国、澳大利亚、新西兰 15 个国家正式签署《区域全面经济伙伴关系协定》（RCEP），标志着全球规模最大的自由贸易协定正式达成。根据协定，RCEP 将在至少 6 个东盟成员国和 3 个非东盟签署国将它们的核准书、接受书或批准书交存协定保存人后生效。该协定旨在通过削减关税及非关税壁垒，达成开放、包容、基于规则的贸易和投资安排，建立统一市场的自由贸易协定。

RCEP 共计 20 章和 4 个市场准入承诺表，第 5 章为"卫生与植物卫生措施"，专门就动植物检疫作出规定。该章节以《SPS 协定》为原则，明确"增强《SPS 协定》的实际实施"是本章的目标之一，对《SPS 协定》有关动植物卫生检疫措施的等效性、病虫害无疫区和低度流行区、透明度、风险分析、技术磋商等原则规定，或给予了进一步明确，或进行了具体化，或进行了补充完善，并增加了审核、认证、进口检查、紧急措施等规则，操作性更强。例如，关于等效性，协议第 5 章第 5 条在《SPS 协定》的基础上，进一步明确了等效性承认磋商的方式、不承认等效性的处理原则等内容。关于认证，第 5 章第 9 条对证书语言、证书内容和证书认可等相关事务作出规定。

RCEP 在促进地区贸易的同时，对每个签约国的动植物检疫提出了新课题。东盟成员国的社会经济发展不平衡，成员国区域内及周边地区的动植物疫病疫情形势比较复杂，而 RCEP 项下有关农产品关税减让安排、区域原产地累积规则等，会激励动植物生产原料在协议各国的流动，这就需要各国在动植物检疫和病虫害防治方面加强合作，商定有利于贸易发展的动植物检疫具体措施。

（三）《美墨加协定》（USMCA）

1994 年 1 月 1 日，由美国、墨西哥、加拿大三国签署的《北美自由贸易协定》（North American Free Trade Agreement，NAFTA）正式生效，并宣告北美自由贸易区正式成立。2018 年，上述三国对 NAFTA 进行了更新，新的协定命名为《美国—墨西哥—加拿大协定》（简称《美墨加协定》，Untited States-Mexico-Canda Agreement，USMCA），于 2020 年 7 月生效。

USMCA 包括前言、34 章正文和若干附件。前言中明确了该协定的目的包括巩固强大的经济合作、促进中小企业发展、便利货物和服务贸易、促进更加自由市场、保护劳工权利等，也明确在便利贸易的同时，要保护人类健康、动植物卫生健康，促进科学决策，为此，协议的第 9 章专门就卫生和植物卫生措施作出规定。第 9 章共计 20 条，该章的目标包括强化《SPS 协定》实施、确保卫生和植物卫生措施不对贸易产生不必要的障碍、鼓励采纳以科学为依据的国际准则、标准和建议、促进科学决策等，并对《SPS 协定》的风险分析、病虫害无疫区和低度流行区、等效性等原则作了非常详细的规定。在明确科学的风险分析非常重要的基础上，明确规定本章不阻止各方确定适当的保护水平、建立或实施既定的某一产品市场准入前的风险评估程序、相关科学证据不足时采取或保持临时性的卫生和植物卫生措施，同时规定，对科学证据不足时采取的临时性卫生和植物卫生措施，应在合理的时间段内，查询相关信息、开展风险评估，并依据风险评估审核或者修订临时性措施。关于病虫害无疫区和低度流行区，明确了地区认可规则，引入区域化和生物安全隔离区划的风险管理理念，详细规定了地区认可的程序和工作内容。关于等效性，规定了等效性请求、评估、认可、未认可协商等程序和各方责任义务。

纵观 USMCA 关于卫生和植物卫生措施的协议内容，既有原则规定，也有具体程序和工作要求，在充分尊重《SPS 协定》的同时，也为各方制定和采取卫生和植物卫生措施留足了空间，体现了三个国家保护本国农业不受外来动植物疫病疫情危害，从而健康发展的目的。USMCA 关于卫生和植物卫生措施的协议内容非常值得各农业大国参考借鉴。

第四节
主要贸易国家和地区动植物检疫管理

◇

一、动植物检疫立法概况

随着各国之间动植物及其产品贸易的增加，世界上不少地区发生了一系列的病虫害，如马铃薯甲虫、非洲猪瘟、牛海绵状脑病等，为农林牧渔业带来了严重的灾害，造成了巨大的损失。如在美国的加利福尼亚，1769年时只有3种外来植物，但过了一个世纪，外来植物就达到91种，欧洲植物占到了当地植被数量的一半。刺梨是1839年被引入澳大利亚的，但很快就在昆士兰和新南威尔士疯长，形成了超过1.8米高的障碍。到1925年，有6 000万英亩①的土地受到影响，这些地区有一半的土地除刺梨外其他植物都无法生长。最后，靠着引进南美的毛虫——它们以刺梨为食，刺梨才在一定的区域内得到了控制。由于动植物病虫害在国际的传播蔓延，促使一些国家纷纷采取对策，先是针对某一种病虫害而颁布禁止从该病虫害发生地区进口动植物及其产品的禁令。如1875年俄国和德国为防止马铃薯甲虫由美国传入本国而颁布禁止从美国进口马铃薯的禁令，而后又制定了既有针对性又有灵活性的综合性法规，建立动植物检疫制度。

到目前为止，世界上大多数国家和地区都制定了有关动植物修订，检疫方面的法律，特别是一些经济发达的国家，立法时间早，又几经修订，法律体系比较完整。例如英国制定了《危险性昆虫法》（1877年）、《危险性病虫法案》（1907年）、《植物保健法》（1967年）、《进出口植物保健条

---

① 1英亩≈4046.86平方米。

例》（1980年），澳大利亚制定了《检疫法》（1908年）、《动物法令》（1975年）、《出口控制法》（1982年）、《生物控制法》（1984年），美国制定了《植物检疫法》（1912年）、《动物检疫法》（1930年），法国制定了《动物检疫法令》（1971年），日本制定了《进出口植物检疫取缔法》（1914年）、《狂犬病预防法》（1914年），新西兰制定了《野生动物控制法》（1977年）、《生物安全法》（1993年）、《动物产品法》（1999年）、《动物福利法》（1999年）等。

二、动植物检疫机构及职能

（一）机构

各国家和地区的动植物检疫法律一般都规定了动植物检疫机构及其职权，但各国家和地区的中央机构和地方机构的名称各有不同。

俄罗斯农业部负责拟定与动物健康检疫相关的法律，其内设的兽医局负责国家赋予农业部的动物卫生领域政策和法律监管职能的具体实施工作；俄罗斯兽医和植物卫生监督局是俄罗斯政府负责动植物检疫的执行机构，承担动物卫生、动物检疫、植物保护、植物检疫、农药和农业化学品安全控制和监督职责，以确保土壤肥料、粮食、谷物、动物、电脑动物产品、动物饲料及其成分、谷物加工副产品的质量和安全，以及土地关系（农业用地方面）功能，防止民众受人类和动物传染病侵害，也负责动植物检疫事务国际合作交流。

日本动物检疫机构由中央垂直统一领导、分片管理。日本法律授权四个部门分别管理进出境动物和动物产品检验检疫，国家机构为日本农林水产省和日本厚生劳动省。此外，进出口部分珍稀野生鸟类和野生动物时，还与日本经济产业省和环境省有关。日本农林水产省统管动植物检疫工作，下设有消费安全局卫生管理课统一管理进出境动物检疫工作，进口种用水生动物则由农林水产省水产厅负责。

美国农业部（USDA）建于1862年5月，1883年因发生动物传染病使输欧肉类受限而成立了兽医处，一年后改为动物行业局，开始管控动物疾病的相关工作；1912 年随着《植物检疫法》的颁布开始了农作物保护工作。1971 年动植物检疫执法职能从农业科学研究所中分离出来单独成立了美国动植物卫生检验局（APHIS），而与检疫相关的研究职能仍保留在农业科学研究所中。

新西兰初级产业部（MPI）是负责新西兰动植物安全和健康的主管部门。其下设的生物安全局负责整个新西兰的生物安全保护，不仅要保护新西兰的经济利益，也要保护新西兰的健康、独特的自然环境、本土动植物、生物多样性、水域和对毛利人特别重要的资源。

澳大利亚农渔林业部（DAFF）下设生物安全局和检验检疫局，是农业贸易、动植物检疫和管理生物安全相关事宜的主管部门。

（二）职能

俄罗斯中央和地方兽医机构在疫病控制中的工作职责包括：承担临床检查、报告和隔离疑似患病动物；监督免疫接种工作；为联邦动物卫生中心采集和传递诊断材料；疫病确诊后，按照俄罗斯法律规定，在疫病暴发地区、不利地区、受威胁区域执行动物卫生和特定活动；告知公众、货主相关疫病的危害；运输和边境控制，控制进出口和周边地区的农产品运输；在加工企业，控制动物/产品的进入，记录动物状况，采取兽医和卫生措施等。

日本农林水产省除负责对进出境动物及其产品实施检疫并采取检疫措施外，还负责国内动物传染病的防治和检疫、兽用医药品和饲料添加剂的管理、动物检疫所和动物医药品检查所的有关行政指导工作。国内动物检疫和疾病防治工作具体由各都道府县的家畜保健卫生所负责。日本《植物防疫法》规定，农林水产省设植物防疫官，负责该法律规定的检疫或者防除工作。当怀疑某植物或者包装容器上附着有害动物或有害植物时，植物防疫官有权进入田地、储藏室、仓库、办公场所、车船或者飞机内，对该植物及包装容器进行检查、质询有关人员或最少量地无偿采集该植物或者包装容器的样品，以便检查。

澳大利亚立法规定在国外动物及动物产品进入澳大利亚之前，必须经由生物安全局独立开展进境动物及动物产品风险分析。作为专事进口动物及动物产品的风险分析的机构，生物安全局制定发布了"进口风险分析管理框架手册"。按照手册确定的风险分析依据，一般性的进境动物产品可以由生物安全局作出快速评估，但对于重要的动物及动物产品则需要启动进口风险分析程序。

三、动植物检疫范围

关于检疫范围的问题，各国法律的规定不完全一致，但梳理、归纳起来可以包括以下几种情况。

（一）直接规定检疫范围

澳大利亚的检疫相关法律有一个特点，即在每一条款前都注上该条的检疫内容，明确规定"检疫范围"。在其1908年的《检疫法》第4条的前面，注上了"检疫范围"，该条规定："本法所称检疫，系指为了防止危害人、动物或植物的疫病和有害生物传入和传播而对交通工具、装置、人员、货物、物品、动物、植物所采取的检查、拒绝、扣留、观察、隔离、留验、防护、处理、卫生管理和消毒等措施。"也就是说，澳大利亚法律规定的检疫范围包括交通工具、装置、人员、货物、物品、动物和植物7个方面。同时，澳大利亚法律还对以上除"人员""物品"之外的5个名词作了解释，如"动物"是指包括死亡的动物和动物的任何部分，"植物"是指包括死的植物和植物本身的任何部分。

（二）直接规定法律的适用范围

土耳其在《农业检疫条例》第1条规定了该条例的目的和范围："为保护土耳其植物和植物产品不受有害生物的危害，根据1957年颁布的第6968号法令《植物保护和农业检疫法》的相关条款和基于该法的其他法规制定本条例。范围包括与进口和转口植物、植物产品以及对进口构成障碍的其他物品和有害生物。"

（三）其他

绝大多数国家和地区的法律没有直接明确地规定检疫范围，但对一些名词进行了定义。美国、加拿大、日本、法国、英国、秘鲁、印度、泰国、新西兰、荷兰等国家的法律并没有直接明确地规定检疫范围，但在法律中对一些重要的名词如"动物""植物""动物产品""植物产品"等规定了含义。新西兰的《动物产品法》规定，"动物"是指动物家族的任何成员，包括哺乳动物、鸟、有鳍鱼类、甲壳类、爬行动物、两栖动物、昆虫，或无脊椎动物；其他的由首席执行官在公报上作为动物发布的符合本法要求的生物或实体，但不包括人类。泰国《植物检疫法》规定，本法所称"植物"是指各种活的或死的植物和植物部分，如茎、树桩、根、枝条、叶、芽、球茎、花、果实和种子等；加拿大《动物疾病及其保护法》规定，"动物产品"包括奶油、蛋、乳和精液，此外，加拿大法律还有"动物副产品"的概念，是指血、骨、鬃、毛、羽毛、肉、皮革、蹄爪、角、内脏、血清、皮、羊毛以及由上述原料生产的肥料和饲料等；秘鲁《植物产品及副产品进出口健康条例》规定，"植物产品"是指可能携带对农业或贮存食品有危险性的虫害或病害的植株（完整植物或植物部分）、插枝、根、根茎、茎、块茎、叶、花、鲜果、干果、谷粒树皮、木材和任何植物的其他部分（加工的或未加工的）。

个别国家和地区的法律既没有规定动植物检疫范围，也没有对名词进行定义，如墨西哥的《动植物保护法》。

四、动植物检疫对象

所谓检疫对象，是指国家或者地区规定不准入境而正式公布的动物疫病和植物有害生物，一些国家和地区的情况如下。

（1）在法律中直接规定检疫对象。澳大利亚等国直接规定动植物检疫对象。

（2）在法律中对检疫对象进行名词解释并在法律中规定，或附上检疫对象名单。采取这种规定方式的国家和地区有英国、意大利、日本、荷兰等。例如日本的《植物检疫法》规定，所谓"有害植物"是指直接或间接损害对人类有用作物的真菌、霉菌、细菌、病毒和寄生植物；"有害动物"是指损害对人类有用作物的昆虫、壁虱等节足动物、线虫以及其他无脊椎动物和某些脊椎动物；"指定有害动植物"是指农林水产大臣指定的有害动物和有害植物。

（3）对检疫对象进行名词解释并规定具体名单由部长公布。泰国的《植物检疫法》规定，"植物病虫害"是指危害植物的昆虫、动物、植物和植物病原体，具体名单由负责实施本法的部长在政府公告中公布。

五、禁止进境物

美国、澳大利亚、日本、印度、泰国、荷兰等国家的法律都有关于禁止进境物的规定，各国禁止进入本国境内的主要是动植物的病虫害、某些动植物以及其他物品三个方面。但同时这些国家的法律对禁止进境物并非一律是绝对禁止进境的，许多情况下是允许有条件的进境。例如，《美国联邦法典》规定禁止存在口蹄疫的国家或者地区的偶蹄动物肉类进境，但满足一定加工条件（例如在密封的容器内经过热处理）的，允许进境。

欧盟检疫名录共分六大类，包括《禁止传入传播的有害生物名录》《禁止随特定植物或植物产品传入传播的有害生物名录》《禁止进境植物（植物产品）及其相关物名录》。欧盟各个成员国不仅要遵守欧盟禁止进境物的有关规定，还规定了严格的高于欧盟要求的禁止进境物。例如，爱沙尼亚禁止进境物还包括"如果国家检疫检查机关经过适当的检测，作出鉴定和诊断，认定爱沙尼亚一些种类的害虫和病害具有危险性，并且列在禁止附录B中这样的植物货物"；比利时禁止进境物还包括"土壤或其他有机生长介质（不包括泥炭）、产于非欧洲国家的植物附带的土壤或其他生长介质和用作包装的植物废物、稻草、干草、谷壳或其他类似物"；英国为保护本国马铃薯产业，禁止种植用马铃薯进口，非种植用马铃薯进口条件也十分苛刻，不仅规定禁止输入的国家和地区，即便是允许输入的国家和地区还规定了产地和一年中的禁止进境时间。

六、旅客携带物检疫

随着经济全球化的深入和居民消费水平的提升，国际人员往来和交流频繁。不同口岸、不同旅客携带动植物产品种类多、差异大、来源复杂，造成国内外动物疫病和植物有害生物跨境传播的风险持续增大。美国、新西兰、澳大利亚、加拿大等许多国家和地区的法律都规定了旅客携带物的动植物检疫问题。

（1）澳大利亚和新西兰。由于特殊的地理位置，两国高度重视动植物及其产品的检疫工作。澳大利亚和新西兰都十分重视入境前的宣传工作，如制做宣传册并印制成多国文字，在行李提取处循环播放有关检验检疫的视频，放置截获的有害生物标本于陈列橱窗等。在前往澳大利亚和新西兰的飞机或轮船上，有关乘务人员会提供给每位旅客一份入境旅客卡，这是一份法律文件，旅客必须如实填写是否携带某种动植物及其产品，两国生物安全检查官员或农业检疫官员将在行李提取处对其进行评估。新西兰是世界最早应用 X 光技术于生物安全领域的国家，所有入境旅客携带的物品都要进行 X 光机查验，托运行李提取处有检疫官员牵引检疫犬嗅闻查验。新西兰从软件和硬件两个方面着力提升生物安全防控效能，软件方面极其重视操作人员岗前和在岗的培训及考核，专业性和综合素质要求较高；硬件方面投入大量资金研发生物安全防控领域的高精尖技术且广泛投入使用。新西兰在长期工作经验的基础上根据国籍、职业、年龄、性别等将入境旅客分为不同类型，有区别地进行检疫查验。

（2）美国十分关注截获农产品的原产地有害生物信息，各类农产品的准入状态也会随着动物疫病和植物有害生物在世界上的发生流行情况而实时调整。入境美国的旅客所携带的农产品都需填报在通关申报表上，接受动植物检疫人员检查以确保所携带的农产品是美国农业部（USDA）规定允许的。美国检疫查验过程分为检疫犬、检疫官员和 X 光机 3 个递进的关卡，可疑的行李箱包会被作上标记以保证在后续查验时进一步确认。经过训练的检疫犬来回巡视入境旅客随身携带的行李和托运的行李，嗅出其中的动植物及其产品。通关申报表上除需填写所带的农产品和野生动物产品等外，还需写明在到美国之前是否去过农场。去过农场或与动物有接触的旅客可能会传播潜在的动植物疫病或有害生物，因此要求在进入美国前清洗在农场或与动物接触时所穿的全部衣服；在打包鞋、设备和其他物品之前彻底清除污物和杂物；洗澡、洗头、清洁指甲、清理鼻腔以确保没有携带任何生物安全风险。

（3）加拿大政府宣称一次危险性病虫害的暴发将使国家耗资上亿元来控制，影响农产品的国际贸易，因此加拿大非常重视危险性病虫害对本国经济的影响。旅客携带物检疫作为控制有害生物传入的一个重要环节主要由加拿大食品检验署（CFIA）负责。根据加拿大法律，旅客必须申报携带到加拿大的所有动植物及其产品，如果把这些物品带到加拿大，需在入境点（即过境点、机场）接受检查。海关申报卡要求写明去过的农场，入境后14天避免与农场、动物园和野生动物接触；入境前需清理鞋子和车辆上的土壤和有机物残留。

七、寄递物检疫

进境寄递物具有批次多、来源广、检疫风险高的特点，一直以来都是动植物检疫关注的重点和难点。随着跨境电子商务的迅速发展，依托寄递方式开展进出境贸易的新形式，带来了更大的生物安全风险。

（1）《美国联邦法典》第7部分第351章对邮寄进口植物进行了规定。其中重点提到了美国农业部（USDA）和美国国土安全部（DHS）对进境包裹的处理办法和邮寄包裹的程序，并对邮寄物一般许可的申请流程、条件以及有效期等作出了具体规定。美国在"9·11"事件后，加强了寄递物动植物检疫工作，所有国际邮件均需接受检查，在国际邮件分拣现场设立办公室，美国邮政和海关与边境保护局（CBP）共同承担邮寄物检疫的责任。针对不同类型的邮寄物，美国有着详细而具体的规定，有生命的植物和植物种子，没有植物检疫证书（包括原产地为加拿大的产品）不得邮寄带入美国，唯一例外的是对于一些小批量的种子，具有美国农业部（USDA）颁发的小批量种子许可证即可进入美国，无须出具植物检疫证书；新鲜水果和蔬菜禁止邮寄进入美国；肉类、动物及其副产品不得邮寄进入美国。任何含有植物和植物产品的邮寄物在邮寄前需进行个人申报，未在包裹外面明确标明含有规定的限制物，或不能从外表判明所含内容，都是违法的。

（2）加拿大边境服务局（CBSA）对所有进入加拿大的进境邮寄物进行检疫检查。进境邮寄物通常有4个检疫步骤：加拿大邮政向CBSA提供进境邮寄物的类型清单，此清单通常由邮寄方根据邮寄物品的实际情况申报；CBSA 对邮件进行初步检查，大多数的包裹和信件经初步清查后放行；对怀疑可能携带外来有害生物的邮寄物提交其他相关行政部门（如加拿大卫生局等）查验，这些进境邮寄物的清关时间因具体情况而定；相关行政部门查验发现有风险的邮件强制扣押，查验无风险的邮件放行。

（3）澳大利亚和新西兰因为独特的地理位置，实施的进境动植物检疫措施尤为严格。澳大利亚检验检疫局（AQIS）和新西兰初级产业部（MPI）要求在邮寄物申报表上填写邮寄的物品名称及包装种类，进境可疑邮包在传送带上接受 X 光机、检疫犬和专业人员的三合一检查。同时邮件信息长期储存，便于对问题邮件检疫情况的追踪管理和各项有害物信息的记录备份。一旦发现禁止进境物，采取处理、退运、销毁 3 种处置方法。

第三章
动植物检疫管理技术

CHAPTER 3

第一节
动物疫病风险分析

◇

风险分析是制定动物检疫政策、措施的科学基础，通过分析、评估动物疫病的传播风险，确定管控的动物疫病种类、检疫管理措施，将风险降低至可接受的风险水平。《SPS 协定》实施后，风险分析成为动物卫生管理领域重要的决策支持工具。

一、风险分析概述

（一）定义

（1）危害：进出境动物或动物产品可能携带的动物疫病，对社会经济和生态环境产生负面影响的因素。

（2）风险：指一定时期内危害发生的可能性及发生后潜在的负面后果的程度（包括对经济、环境影响）。

（3）风险分析：危害鉴定、风险评估、风险交流和风险管理的过程。

（4）风险评估：评估危害进入进口国、在其境内造成疫情及疫情危害蔓延的概率及其对生物和经济的影响程度。

（5）风险管理：指寻找、选择及实施降低风险措施的过程。

（6）风险交流：风险分析过程中风险评估人员、风险管理人员和相关利益各方相互交流信息的过程。

（7）定性风险评估：指用"高""中""低"或"可忽略"等定性词语，对某事件发生概率或其后果严重程度等进行描述的风险评估。

（8）定量风险评估：用数字或数值度量发生概率或其后果严重程度，对某事件发生概率或其后果的严重程度进行描述的风险评估。

（9）半定量风险评估：在风险评估过程中，由于一些不确定的因素无法进行定量风险评估，而部分采用定性风险评估的风险评估，是定性风险评估和定量风险评估的结合。

应根据开展风险评估的具体背景、目标及所具备的资源选择评估方法，可以采用定性、定量或者半定量的方法开展。定性风险评估适合于大多数风险评估工作，而且是最常用的风险评估方法。通常采用风险评估矩阵方法对风险发生的可能性和后果严重性进行合并分析，确定风险"高""中""低"等级别。定性风险评估具有时间、费用和人力资源花费时间较少的优点，并且简单易操作，只要求合理数量的信息输入，易于沟通；但缺点是评估不够精确详尽，不能更好地包含不确定性。对于很多动物疫病，特别是 WOAH《陆生动物卫生法典》所列疫病而言，鉴于国际标准已趋于完善，且对相关风险也已广泛达成共识，可首先采用定性风险评估方法。

定量风险评估使用各种数字度量风险。在可用数据和资料充分，风险对风险主体的危害可能很大，确有必要时可采用定量风险评估。定量风险可以对风险发生概率和严重后果程度大小提供更全面的理解，以及不同潜在风险管理措施的不同效果。定量风险评估具有直观、明显、客观、对比性强，能更好体现风险的可变性和不确定性，具有给出更多信息的优点，不足之处是对数据的数量和质量要求较高，需要更多资料、更加专业，相对较难以沟通。

半定量风险评估在对定性评估中各要素赋值时，通常采用半定量评分和概率范围两种方法，两种方法都描述事件的可能性。半定量风险评估在准确性、客观性上不如定量风险评估，但相较简单、迅速和费用低。

（二）发展和应用

1. 国际规则起源

随着动物及其产品国际贸易的发展，由贸易引起动物疫病传播的风险越来越引起各国（地区）重视，动物疫病成为制约动物及其产品国际贸易的主要因素。一些国家（地区）为保护本国（地区）利益，采取禁止进境等近乎"零风险"的动物检疫管理措施，一定程度影响了国际贸易正常开展。WTO《SPS 协定》明确提出 WTO 各成员方可以采取卫生和植物卫生措施以保护人类、动植物的生命或健康，前提是这些措施不得对其他成员构成贸易歧视或贸易限制。协定确立的主要原则包括进口措施（以保护动物和人体健康为名义）必须以正确的科学依据或风险评估为基础，不得对贸易构成变相限制。风险评估成为 WTO 各成员方制定动物检疫措施的重要原则，《SPS 协定》还将 WOAH、国际食品法典委员会（CAC）和《国际植物保护公约》（IPPC）制定的有关技术标准作为国际贸易中的动植物检疫标准。

为响应 WTO 要求，WOAH 将风险评估纳入法典框架，制定了进口风险分析准则，以指导 WTO 各成员方对进口动物及动物产品开展风险分析。风险分析引入动物卫生管理领域成为重要的决策支持工具，改变了以行政命令为主的动物检疫卫生决策模式，使决策更具科学性、透明性和客观性。目前，各国（地区）普遍遵循《SPS 协定》和 WOAH 规则，对动物及动物产品开展风险分析。

2. 国外应用情况

澳大利亚、新西兰、美国、加拿大等畜牧业发达国家率先将风险分析引入动物卫生管理，主要应用在进口动物及动物产品贸易、动物卫生标准制定、疫情应急响应处置、无疫区规划建设等动物卫生决策中。实践应用有以下特点：

（1）遵循国际规则或准则

WOAH《陆生动物卫生法典》和《水生动物卫生法典》制定了"进口风险分析准则"。各国（地区）普遍参考准则，制定相应的风险分析指南、标准或方法，明确风险分析中需要考虑的因素，并在风险分析或评估基础上建立适合本国（地区）情况的适当的保护水平（Appropriate Level of Protection，ALOP）。同时，为促进风险分析顺利实施，各国（地区）大都制定了风险分析运作程序，明确了启动风险分析到发布风险分析报告等全过程的路线图、时间表，提高了风险分析效率和透明度。以澳大利亚为例，其按照《SPS 协定》规定的成员权利与义务，在生物安全风险分析基础上建立了 ALOP。澳大利亚 ALOP 是旨在将生物安全风险降至非常低但并非零风险的高水平 SPS 措施。参照国际规则，其出台的《生物安全法》

（2015年）、《生物安全条例》（2016年）及《生物安全进口风险分析指南》（2016年），对风险分析程序、风险分析方法、风险分析审查作出规定。欧盟为规范风险评估工作，也陆续出台了2000/556/EEC、2002/788/EC等一系列指令，对风险评估程序和标准进行规范。

（2）风险评估独立于风险管理

风险评估为风险管理政策和措施提供技术支持，为保障风险评估的科学性、客观性和透明性，一些国家（地区）将风险评估与风险管理决策职能分开，由专门的风险评估机构（例如大专院校、科研院所等）完成。风险评估机构将风险评估报告提交管理决策部门后，由管理决策部门决定是否采纳。如欧盟食品安全局（EFSA）作为欧盟动物卫生风险评估机构，独立承担风险评估和交流职能，不隶属于欧盟其他管理机构。欧盟委员会根据EFSA评估结果，进行风险管理决策。美国动植物卫生检验局（APHIS）兽医局（VS）下设的流行病学和动物卫生中心（CEAH）负责流行病学与动物卫生研究，同时也是WOAH动物疫病监测与风险分析协作中心，其内设的动物疫病信息与分析中心（CADIA）负责相关的动物疫病风险分析工作，独立开展风险评估。

（3）重视与相关利益方的风险交流

风险交流贯彻风险分析全过程，相关利益方的风险交流是各国（地区）风险分析过程中非常显著的特点，体现了WTO透明度原则，也是确保风险分析结果客观、全面、科学的途径。通过风险交流，收集危害和风险方面的信息和建议，然后将风险评估每一步的结果以及建议采取的风险管理措施与利益相关方进行全面交流。各国（地区）均通过政府主管部门官方网站公布，将风险评估结果公布于众，供利益相关方评议。如澳大利亚在风险分析过程中，会在政府主管部门官方网站发布风险分析报告草案进行公众评议，评议期至少60个自然日。

3. 国内应用情况

中国的动物检疫风险分析起步较晚，随着中国动物卫生风险分析研究的逐步深入，国内专家学者不断将国际动物卫生风险分析的最新研究成果和国内动物卫生现状相结合，逐步应用到中国动物卫生管理工作中，对中国动物卫生风险管理决策发挥着重要技术支撑作用。

中国于1995年开始将风险分析逐步运用于进出境动物检疫实践中。2002年，国家质检总局颁布了《进境动物和动物产品风险分析管理规定》，次年开始实施，这标志着中国进口风险分析工作走上了法治化轨道。2007年修订的《动物防疫法》确立了动物卫生风险评估的法律制度，把风险评估结果作为制定动物疫病预防控制措施的重要依据，在国家层面陆续开展了口蹄疫、禽流感、小反刍兽疫等风险评估工作。2010年，出入境检验检疫机构制定了《进出境动物和动物产品风险分析程序和技术要求》（SN/T 2486—2010）检验检疫行业标准，为进出境动物和动物产品传播动物疫病的风险进行分析提供了工作程序和技术指南。近年来，海关、农业农村等部门联合开展了有条件恢复进口美国牛肉、熟制禽肉对美出口等动物卫生风险评估工作，对保护中国畜牧产业和经济利益、经济安全，扩大动物及动物产品进出口提供了技术保证。一些学者也开展了大量的研究与应用工作，如夏红民主编出版了《重大动物疫病及其风险分析》，孙向东等主编出版了《动物疫病风险分析》，王济民等主编出版了《动物卫生风险分析与风险管理的经济学评估》，对风险分析理论框架、风险评估技术进行了有益探索。

二、风险分析方法简介

WOAH制定的风险分析包括危害鉴定、风险评估、风险管理和风险交流，其过程如图3-1所示。

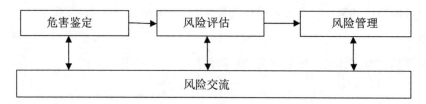

图3-1　风险分析

（一）危害鉴定

危害鉴定指对进口商品中可能具有潜在危害的因子进行确认的过程。

1. 确定潜在危害

指与进口动物或动物产品有关且在出口国或地区存在的致病因子，鉴定危害主要依据 WOAH《陆生动物卫生法典》《水生动物卫生法典》列出的应通报疫病，《进境动物一、二类传染病、寄生虫名录》所列动物传染病、寄生虫病病原体，国外新发现并对农牧渔业生产和人体健康有危害或潜在危害的动物传染病、寄生虫病病原体，列入国家控制或者消灭计划的动物传染病、寄生虫病病原体等。同时，要通过风险交流，广泛收集与进口动物或动物产品有关的利益方对危害的信息和观点。

2. 危害鉴定的方法

这是一个分类的过程，确定危害是否均有风险，可以考虑以下问题，并根据答案确定具体危害，如果危害鉴定时确定动物及动物产品不存在病原体，则终止风险评估。

（1）疫病是否在输出国家或地区存在？

（2）疫病在输出国家或地区受到官方控制？

（3）疫病在输入国家或地区是否存在并受到官方控制？

（4）输入国家或地区是否存在疫病的传播媒介或是否具有疫病病原生存的适宜条件？

（5）疫病传入对输入国家或地区是否具有潜在的负面影响？

（6）动物产品是否可携带疫病的病原？

（二）风险评估

风险评估是评价病原体传入、定殖或扩散至进口国或地区的可能性以及可能造成的影响，是风险分析过程的核心和基础。WOAH《陆生动物卫生法典》和《水生动物卫生法典》有关进口风险分析章节明确风险分析传入评估、暴露评估、后果评估和风险估算四个基本程序。

1. 传入评估

传入评估，也称为释放评估，指随动物及动物产品进口将病原体输入某一特定环境的生物学途径，并对整个过程的发生概率加以定性（用文字表示）或定量（用数值表示）推定。

传入评估需阐明每种病原体在数量、时间等各种特定条件下的发生概率，以及因行动、事件或措施等可能引起的变化。传入评估应当考虑以下因素。

（1）生物学因素：动物种类、年龄、品种；病原感染部位；免疫、检验、治疗和隔离检疫状况。

（2）国家因素：疫病在输出国家或地区的发病率和流行率；动物卫生和公共卫生体系，疫病监测和控制计划；区域化措施。

（3）商品因素：如进境数量，易污染程度、减少污染的措施，加工过程的影响，贮藏和运输的影响。

进行传入评估时，一般使用场景树（scenario tree）方法进行分析。动物和动物产品在原产地饲养、屠宰、生产加工和出口过程病原体感染或者发生的生物途径（步骤顺序）称为传入场景。传入场景的初始步骤为出口国家或地区动物的来源，终点为动物或动物产品抵达进口国家或地区。

传入评估证明危害因素没有传入风险的，风险评估结束。

2. 暴露评估

暴露评估指进口国或地区的动物和人群暴露于病原体的生物学途径，并对此种暴露发生概率加以定性（用文字表示）或定量（用数值表示）推定。

推定危害因子的暴露概率需结合特定暴露条件，如数量、时间、频率、持续时间和途径（如食入、吸入或虫咬），以及暴露动物和人群的数量、种类及其他相关特征等。暴露评估应当考虑以下因素。

（1）生物学因素：如病原特性，易感动物。

（2）国家因素：如是否存在潜在媒介；人群和动物的统计学资料；风俗和文化习俗；地理、气候和环境特征对病原体的影响。

（3）商品因素：进口商品数量；进口动物或动物产品的预期用途；生产加工方式；废弃物处置措施。

暴露风险与进口数量成正相关。暴露评估是评估风险暴露给输入国家或地区的动物或动物产品的生物学路径，以便为采取有效的风险管理措施提供依据，通常是在输入国家或地区不采取任何限定措施的情况下进行。在这个前提下，根据进口动物或动物产品的用途，评估上述相关的风险因素和风险暴露的生物学路径及其发生的可能性。风险暴露的场景分析的起点是风险传入场景分析的终点，即"感染或污染的动物或动物产品到达进口国家或地区"，终点是"暴露于进口国家或地区的人或易感动物"。每个场景分析后可以得出风险暴露的生物学路径。

如果暴露评估表明没有显著暴露风险，则可在该步骤完成后终止风险评估。

3. 后果评估

后果评估指暴露于某一生物病原因子及其后果之间的关系。在两者之间存在因果关系，表明因暴露而导致不良卫生或环境后果，进而引起社会经济等方面的负面后果。后果评估需阐明给定暴露的潜在后果及其发生概率。评估可为定性（用文字表示）或定量（用数值表示）。

（1）后果评估应当考虑的因素

①直接后果：如动物感染、发病和造成的损失，以及对公共卫生的影响等；

②间接后果：如危害因素监测和控制费用，扑杀补偿费用，潜在的贸易损失（制裁，丧失市场机会），国内影响（消费者需求的改变，对相关产业的影响），对环境、生态的不利影响（控制措施对自然环境的负面效应，生物多样性改变）等。

（2）后果评估通常包括的步骤

①分析某种危害因子在每种易感动物中扩散后的影响，具体包括病原体在暴露动物群中传播的危害、病原体传播扩散到其他同类易感动物的危害。

②估计疫病暴发后造成的经济损失、公共卫生影响、自然环境影响。定性评估用定性描述术语，通常为"极高""高""中""低""很低"和"可忽略"来描述。在评估前，一般应该先对不同级别的后果程度进行定义，即损失高是损失多少，损失低是损失多少。如果需要进行定量评估，就需要构建统计学或数学模型。

③综合直接后果和间接后果，估计总后果。

4. 风险估算

风险估算指综合传入评估、暴露评估和后果评估的结果，测算病原体的总体风险量，得出风险评估的结论。因此，风险估算需考虑从危害确认到产生不良后果的全部风险路径。定量评估的最终结果包括：估算一定时期内健康状况可能受到不同程度影响的畜群、禽群、其他动物或人群的数量；概率分布、置信区间及其他产生评估不确定性的因素；计算所有模型输入值的方差；敏感性分析，根据多种因素对风险估算偏差的影响程度予以排列；模型输入值之间的依赖性及相关性分析。

（三）风险管理

风险管理是进口国或地区为达到 ALOP 而作出执行相关动物卫生检疫措施的过程，将风险评估得出的风险与 ALOP 进行比较，提出多个风险管理方案以供选择。

1. 风险管理原则

风险管理应确保将对贸易产生的不良影响降至最低。目的在于合理管理风险，在尽量减少疫病入侵可能性、入侵频率及其不良影响与进口商品、履行国际贸易协定义务之间取得平衡。应把 WOAH 制定的国际标准作为风险管理的首选卫生检疫措施，实行这些卫生检疫措施应与国际标准的目标保持等效性。

2. 风险管理的组成部分

（1）风险评价：指将风险估算中经评定确认的风险水平与建议的风险管理措施预期降低的风险相比较的过程。

（2）备选方案评价：指为减少进口风险而对措施进行鉴别与选择、评估其有效性和可行性的过程。有效性指备选方案在何种程度上可降低风险发生概率或者风险后果的严重程度。备选方案有效性评价是一个迭代过程，需与风险评估相结合，然后将最终的风险水平与可接受的风险水平相比较。可行性评价通常专注于影响风险管理方案实施的技术、操作及经济因素。

（3）实施：指作出风险管理决策后，确保风险管理措施落实到位的过程。

（4）监控及评审：指不断审核风险管理措施以确保取得预期效果的过程。

3. 适当的保护水平（ALOP）

《SPS 协定》提出适当的保护水平（也称作可接受的风险水平，ALOP）的概念，即成员方在制定保护其人类和动植物的生命和健康的卫生措施时，认为是适当的保护水平。如果风险管理措施不能将评估的风险降低到可接受水平，进口国或地区将会遭受损失。如果风险管理措施将评估的风险降低到远低于可接受水平，则会对贸易构成不必要的限制。

（四）风险交流

风险交流是与风险有关利益方交换信息的过程，将风险交流贯穿于整个风险分析过程中，是风险分析结果客观透明的重要保障。风险交流包括收集与危害和风险有关的信息和意见，讨论风险评估的方法、结果和风险管理措施。风险交流需遵循的原则：

（1）风险交流指在风险分析期间，从潜在受影响方或利益相关方收集危害和风险的相关信息和意见，并向进出口国或地区决策者或利益相关方通报风险评估结果或风险管理措施的过程。这是一个多维、迭代的过程，理想的风险交流应贯穿风险分析的全过程。

（2）风险交流策略应在每次开始风险分析时制定。

（3）风险交流应公开、互动、反复和透明，并可在决定进口之后继续下去。

（4）风险交流的参与方包括进出口国或地区主管部门及其他利益相关者（国内外行业团体、具体贸易伙伴、家畜生产者和消费者等）。

（5）风险交流内容应包括风险评估中的模型假设及不确定性、模型输入值和风险估算。

（6）同行评议是风险交流的组成部分，即向社会公布风险评估、风险管理措施方案，请行业内人士提出意见，旨在得到科学地评判，确保获得最可靠的资料、信息、方法和假设。

（五）兽医机构评估

兽医机构评估是风险分析的一个重要内容。通过审查动物或动物产品出口国家或地区官方兽医机构的权威性、独立性、专业性、公正性等情况，来评价兽医机构控制动物疫病或其他危害的能力和效果，从而客观地评估风险随出口动物或动物产品从出口国家或地区释放或传出的可能性，促进贸易双方就有关动物或动物产品的风险管理措施达成一致。

为保证评估的客观性，必须符合相关标准，WOAH 对此提出了建议，适用于一国兽医机构以国际贸易风险分析为目的，对他国兽医机构进行评估，也可用于对本国兽医机构的评估（即自我评估）及定期开展的再评估。当 WOAH 应成员要求主持评估工作时，其委派的专家应遵循这些建议，并使用《WOAH 兽医机构效能评估工具》（PVS）。

根据评估目的，进行兽医机构评估可考虑以下内容：兽医机构的组织、架构及职权；人力资源；物力资源（包括资金）；兽医立法、法律框架及执行能力；对动物卫生、动物福利及兽医公共卫生的管控能力；包括质量政策在内的正式质量体系；绩效评估和审查方案；参与 WOAH 活动及履行成员义务的情况。此外，还应评估兽医法定机构的立法与法律框架、组织结构及职能发挥情况，作为对兽医机构评估的补充。WOAH《陆生动物卫生法典》和《水生动物卫生法典》针对上述评估内容制定了相应的标准，该标准旨在确定进口国或地区应采取的卫生或动物卫生措施，以杜绝因进口而传入疫病或其他风险隐患，保护公民或动物的生命和卫生安全。贸易开始后，进口国或地区有权定期进行重新评估。在以国际贸易为目的进行评估时，进口国或地区主管部门应以上述原则为基础，并应按照 WOAH《陆生动物卫生法典》和《水生动物卫生法典》给出的调查问卷模板，尽量搜集相关信息。进口国或地区兽医机构针对搜集到的有用信息进行分析，并对分析结果和结论负责。此外，评估标准的重要性会随实际情况而有所不同，应视具体情况客观合理地确定各项标准的重要性。应尽可能客观地分析评估过程中搜集到的信息，确定这些信息的有效性并予以合理使用。

第二节
植物有害生物风险评估

―――――◇―――――

一、概述

在过去很长一段时间内，世界各国植物检疫操作中坚持有害生物"零风险"的管理目标，已成为影响贸易的一个重要障碍。所以，国际舞台上日益强调以"可接受的风险（Appropriate Level of Risk，ALOR）"来代替"零风险"。"可接受的风险"主要理论是：贸易存在着传播植物有害生物的风险，但可以通过一系列检疫措施来管理风险，将风险降低到可接受的风险水平，从而使贸易顺利进行。

IPPC 的《植物检疫术语表》（ISPM 5）中，对有害生物风险分析的定义是："评价生物学或其他科学、经济学证据，确定某种有害生物是否应予以管制以及管制所采取的植物检疫措施力度的过程。"

有害生物风险分析是评价生物学或其他科学和经济学证据，以确定一个生物体是否为有害生物，该生物体是否应予以限制以及限制时所采取植物检疫措施力度的过程。有害生物风险分析包括三方面内容：一是有害生物风险分析的起点（Initiation）；二是有害生物风险评估（Pest Risk Assessment），即决定一种有害生物是否是限定性的有害生物及评估检疫性有害生物传入的可能性；三是有害生物风险管理（Pest Risk Management），即降低一种限定性有害生物传入风险的决策和实施过程。

二、中国有害生物风险分析现状

(一) 发展历程

早在 1916 年和 1929 年，中国植物病理学的先驱邹秉文先生和朱凤美先生就分别撰写了《植物病理学概要》和《植物之检疫》，提出要防范病虫害传入的风险，设立检疫机构。邹秉文先生在《植物病理学概要》中写道："禁病，其法有二。一曰检阅，于两省两国交界之间及轮舟口岸，对于生植之运入，非有证明无病之担保，均须派人检阅，如果不藏有致病植，方准入境。二曰禁入，某国或某省有某种危险病害之发生，或其致病植不易检阅时，则政府宜定一例，凡各种植物为此致病植所可寄生者，均不得入境。"这一论述可以看作是中国有害生物风险分析工作的开端。

20 世纪 50 年代，中国植物保护专家根据进口贸易的情况，对一些植物有害生物陆续进行了简要的风险评估，提出了一些风险管理的建议。据此，中国政府于 1954 年制定了《输出输入植物应施检疫种类与检疫对象名单》。后来又对这个名单进行了修订，于 1966 年颁布了《进口植物检疫对象名单》。

20 世纪 80 年代，农业部植物检疫实验所开展了危险性病、虫、杂草的检疫重要性评价和适生性分析，制定了评价指标和分析办法，以分值大小排列出各类有害生物在检疫工作中的重要性程度和位次，提出了检疫对策，并开始建立有关数据库，为制定《进口植物检疫对象名单》《禁止进口植物名单》和有关检疫措施提供了科学基础。开展了甜菜锈病、美国白蛾、假高粱、地中海实蝇的风险分析工作，预测了潜在危险性，为检疫的宏观预测提供了依据。

1990 年起，中国植物保护专家参加了亚太区域植物保护委员会（AP-PPC）专家磋商会，开始引入有害生物风险分析的概念，探讨中国有害生物风险分析程序，建立了有害生物风险分析指标体系和量化方法。还参加 IPPC 秘书处关于有害生物风险分析国际标准起草的一系列工作组会议，参与制订了有害生物风险分析的有关国际标准，使得这些国际标准能够体现中国声音、中国思维。

1993 年，完成中国第一个有害生物风险分析报告——进境美国柑橘有害生物风险分析报告，为中美植物检疫谈判提供了科学依据。1995 年，中国正式成立了有害生物风险分析工作组，开始制定中国有害生物风险分析程序。这一时期，有害生物风险分析工作还为 1992 年颁布的《进境植物检疫危险性病、虫、杂草名录》和《进境植物检疫禁止进境物名录》、1997 年颁布的《进境植物检疫潜在危险性病、虫、杂草名录》和修订《进境植物检疫禁止进境物名录》提供了科学依据。

近年来，一些农业高等院校也开始从事有害生物风险分析工作。有害生物风险分析已经成为中国植物检疫决策的支柱，中国每一项植物检疫政策的出台都需要有害生物风险分析报告的支持，中国制定植物检疫法规、采取植物检疫措施，以及对外植物检疫技术磋商也都需要有害生物风险分析的技术支持。

2000 年，在农业部动植物检疫所正式设立了"有害生物风险分析办公室"，这是中国第一个专门进行有害生物风险分析的机构。有害生物风险分析办公室成立以来，组成了由昆虫、真菌、细菌、线虫、病毒和计算机专家组成的有害生物风险分析工作组，制定了有害生物风险分析的工作流程和有害生物风险分析程序，对 IPPC 正在制定的有关有害生物风险分析的国际标准提出了修改意见，举办有害生物风险分析培训，开展了卓有成效的有害生物风险分析工作，为中国开展双边或多边植物检疫磋商及签署植物检疫议定书提供了技术支持。

（二）有害生物风险分析国际标准

联合国粮农组织（FAO）相继颁布了《有害生物风险分析框架》（ISPM 2）、《检疫性有害生物风险分析准则》（ISPM 11）、《限定的非检疫性有害生物风险分析准则》（ISPM 21）等国际标准，规范了世界各国 PRA 工作，也使《SPS 协定》要求的"卫生与植物卫生措施"基于科学的原则落到实处（如图 3-2 所示）。ISPM 2 标准概要性介绍了有害生物风险分析工作的原则、方法，并将有害生物风险分析划分为三个阶段：有害生物风险分析起点、有害生物风险评估和有害生物风险管理。ISPM 11 和 ISPM 21

标准是 ISPM 2 的基础上的发展和细化。为进一步规范有害生物风险分析，IPPC 正在组织专家组制定《有害生物风险管理指南》、关于《检疫性有害生物风险分析准则》（ISPM 11）的"检疫性有害生物风险分析定殖成分可能性概念指导"等国际标准。中国制订了有害生物风险分析的相关国家标准和行业标准，包括《进出境植物和植物产品有害生物风险分析技术要求》（GB/T 20879—2007）和《进出境植物和植物产品有害生物风险分析工作指南》（GB/T 21658—2008）等，其原则和内容与国际标准基本一致。

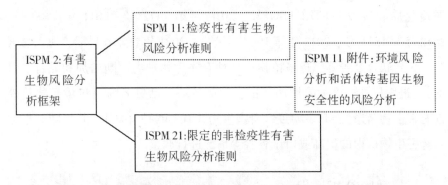

图 3-2　有害生物风险分析国际标准现状及相互关系

ISPM 11 标准是整个国际标准框架下进口法规下的一个重要标准。该标准描述了植物有害生物的风险分析过程，其目的是为各国植物保护组织制定植物检疫法规、确定检疫性有害生物名单及采取必要的检疫措施提供科学依据。

（三）有害生物风险分析国家标准和《进境植物检疫性有害生物名录》

2007 年发布的《进出境植物和植物产品有害生物风险分析技术要求》（GB/T 20879—2007）和 2008 年发布的《进出境植物和植物产品有害生物风险分析工作指南》（GB/T 21658—2008）是目前中国正式发布的与植物检疫风险分析工作相关的国家标准，对中国目前开展风险分析工作具有指导意义。

2007 年 5 月，农业部依据国际植物检疫措施标准（ISPM），对世界范围内包括 40 000 多种昆虫、3 000 多种真菌、340 种病原细菌、3 000 多种线虫、942 种病毒、1 000 多种杂草及植原体和类病毒，进行了全面系统的风险评估，提出了包括 435 种（属）有害生物的《进境植物检疫性有害生物名录》（农业部公告第 862 号）。通过对比国际上确定检疫性有害生物名录的做法，该检疫性有害生物名录不再区分一类和二类，增强了法律地位，便于执行、操作。该名录合理地扩大了对农林业生产和生态环境的保护面，为有效防范外来有害生物入侵及制定检疫技术法规奠定了重要基础，提出了中国《进境植物检疫危险性病、虫、杂草名录》有害生物的检疫处理原则，以便将检疫措施对贸易的影响降到最低。经过农业部和国家质检总局联合发布的第 1147 号、2010 年第 1472 号、2011 年 1600 号、2012 年第 1831 号、2013 年第 1902 号公告，2021 年农业农村部、海关总署第 413 号联合公告等，进境植物检疫性有害生物种类不断增加和完善。目前，《进境植物检疫危险性病、虫、杂草名录》已更名为《进境植物检疫性有害生物名录》，其中检疫性有害生物共有 446 种（属），并将随时根据对有害生物认识的提高或口岸查验等情况进行调整。

三、风险分析过程

有害生物风险分析过程分成三个阶段，即有害生物风险分析开始阶段、风险评估阶段和风险管理阶段。有害生物风险分析的开始阶段确定需要进行风险分析的有害生物或与传播途径有关的有害生物是否属于限定性有害生物，并鉴定其传入、定殖和扩散可能性及经济重要性；有害生物风险分析仅对 PRA 地区有意义，因此，首先要确定与这些有害生物相关的 PRA 地区，所谓的 PRA 地区是指与进行本项 PRA 有关的地区，可以是一个国家或一个国家内的一个地区或多个国家的全部或部分地区。

（一）PRA 开始阶段（起点）

进行风险分析一般有三个起点。一是从可能为检疫性有害生物的有害生物本身开始分析；二是从检疫性有害生物可能随其传入和扩散的传播途径开始分析，通常指进口某种商品；三是因检疫政策的修订而重新开始作风险分析。无论哪个起点的 PRA，其涉及的有害生物必须是与检疫性有害生物定义相符合的有害生物。当进口一种商品或引进新的植物种、修改植物检疫法规或发现新的有害生物的定殖暴发和经常截获某一有害生物等，均促使 PRA 过程的开始或启动。然后列出与传播途径有关的有害生物或确定需进行 PRA 的有害生物，作为潜在检疫性有害生物，同时划定 PRA 地区，即在特定的地区内来进行特定有害生物的风险评估，然后进入 PRA 的第二阶段。

（二）有害生物风险评估阶段

对在第一阶段确定的需进行评估的有害生物清单逐个考虑并审核归类（Category），看是否符合检疫性有害生物的定义。PRA 要考虑每个有害生物的各个方面，特别是有害生物地理分布、生物学和经济重要性的资料，然后评估其在 PRA 地区能否定殖以及扩散可能性、潜在的经济重要性或生态重要性，最后，确定其传入 PRA 地区的可能性。在此阶段，可利用许多 PRA 的研究工具，如数据库、GIS 和物种分布预测模型等，但随国家、地区及有害生物及其获得的难易程度不同而变化。作为 PRA 的一个重要部分的有害生物归类，就是判断有害生物属于限定性有害生物还是非限定性有害生物，如为限定性有害生物，再区分为检疫性有害生物和限定的非检疫性有害生物。开始时并不清楚哪个（些）有害生物是危险的并需要进行PRA。第一阶段中已经确定了一种有害生物或一个有害生物名单，它（们）可能被视作是危险的而作为 PRA 的候选对象。第二阶段中将逐个考虑这些有害生物，决定其是否符合检疫性有害生物的定义。

首先，要对每一种有害生物进行归类，审核它是否符合检疫性有害生物定义中地理和法规的标准，即分布情况和是否正进行官方防治，其次评估其经济重要性。在经济重要性的评估中，应从该有害生物的原发生地获得可靠的生物学资料，包括生活史、寄主范围、流行学、存活等详细信息，然后考虑以下三个因素。（1）定殖可能性。判断、评估定殖可能性时，将原发生地情况与 PRA 地区的情况比较，如在 PRA 地区有无寄主及其数量、分布；PRA 地区环境条件的适宜性；有害生物的适应能力、繁殖方式及存活方式等。（2）扩散可能性。评估定殖后有害生物的扩散的可能性应考虑的因子有：有害生物的自然扩散和人为环境的适宜性，商品和运输工具的移动，商品的用途，有害生物的潜在介体和天敌等，有害生物扩散的快慢直接与潜在的经济重要性相关。（3）潜在经济重要性。在评估潜在经济重要性时，首先应掌握有害生物在每个发生地的危害程度和频率，以及其与气候条件等生物和非生物因子之间的关系，然后考虑损害类型、作物损失、出口市场损失、防治费用增加及对正在进行的综合防治的影响、对环境的影响和对社会的影响等。如果以上条件均符合，那么该有害生物就是潜在的检疫性有害生物，从而进入评估的最后，即传入可能性。

传入可能性评估主要取决于从出口国或地区至目的地的传播途径及与之相关的有传入可能性评估，主要取决于从出口国或地区至目的地的传播途径及与之相关的有害生物发生频率和数量，一般有两方面的因素。（1）进入可能性的因素有：有害生物感染商品和运输工具的机会；有害生物在运输的环境条件存活情况；入境检查时检测到有害生物的难易程度；有害生物通过自然方式进入的频率和数量以及在指定港口人员进入的频率和数量等。（2）定殖的因素有：商品的数量和频率；运输工具携带某种有害生物的个数；商品的用途；运输途中和 PRA 地区的环境条件和寄主情况等。如果该有害生物能传入且有足够的经济重要性，那么就具有高的风险，证明应采取适当的检疫措施，从而进入 PRA 的第三阶段，即风险管理阶段。在这一阶段，要求指出哪些信息与有害生物有关，它的潜在寄主植物是哪些，以及利用这些信息来评估有害生物的所有影响（如经济后果），建议可能被执行的经济分析等级。在适当的情况下都应提供货币价值的定量数据，也可利用定性数据。在这一过程中应始终参考专家的判断。在许多情况下，如果有足够的证据并已广泛认为某种有害生物的传入将引起不可接受的经济后果，则不必对其经济后果进行详细分析。此时，风险评估应着重于传入和扩展的可能性。而当研究经济影响水平或以经济影响水平来评价风险管理措施的强度或者在评估消除或控制有害生物的得失时，应详细研究所有经济因子。

（三）有害生物风险管理阶段

风险管理阶段主要包括可接受风险水平的确定及与之相一致或相适应的管理措施方案的设计和评估，逐步发展到应用系统方法，即有害生物风险管理体系中综合防治措施概念和方法的应用等。为了保护受威胁地区或

PRA 地区，应采取与风险评估中评定的风险水平相对应的风险管理措施，并努力将风险降低到可接受的风险。是否采取管理措施的一个标准是一个国家适当的保护水平（ALOP）。如果风险评估得出结论是风险高于 ALOP，则风险不能接受，必须考虑将风险降低到可接受水平或低于可接受水平的植物卫生措施。

管理措施的备选方案有：列入限定的有害生物名单；出口前检疫和检疫证书；规定出口前应达到的要求；隔离检疫如扣留、限制商品进境时间或地点；在入境口岸、检疫站或目的地处理；禁止特定产地一定商品的进境等。最后评价备选方案对降低风险的效率和作用，评价各因子的有效性、实施的效益和对现有法规、检疫政策、商业、社会、环境的影响等，同时决定应采取的检疫措施。

该标准强调，如果在进行第一、第二阶段的评估后，就立即采取一定的检疫措施，而未对这些措施进行适当的评估是不合理的。

有害生物风险管理的结果是选择一种或多种检疫措施来降低相关的有害生物风险到可接受的水平。植物检疫规程或检疫要求应建立在这些管理方案之上。这些规程的执行和维持具一定的强制性，包括 IPPC 缔约方或WTO 成员方。在植物有害生物风险分析后确定的所有有害生物都应列入限定性有害生物名单中，并将此名单提供给 IPPC 秘书处、区域植物保护组织（RPPO）（如果是其成员）、其他相关组织。如果要采取植物检疫措施，应按合同伙伴的要求提供检疫要求的理由，按照要求把风险分析报告出版发行，并且通知其他的国家。WTO 的成员方必须遵从正式通知的有关步骤。

四、主要贸易国家和地区有害生物风险分析模式

世界上主要贸易国家和地区 PRA 的分析模式大体可以分为两大类，一类以美国、加拿大为代表，另一类以澳大利亚、新西兰为代表。美加模式重视评估有害生物传入后果，即更关注有害生物传入后造成的影响；澳新模式重视评估有害生物传入可能性，其更关注有害生物能否传进来。

（一）美加模式

美国、加拿大两国地理位置相邻，政治经济关系密切，又同是北美植物保护组织（NAPPO）的成员，在检疫政策上有许多共同之处。美加模式的主要特点是将定殖潜力和扩散潜力纳入传入后果评估中，重点在后果评估，而风险管理则是对进口商品的可选风险管理措施简要提出意见。日本、安第斯共同体等国家和地区基本采用此模式。

美国在风险评估阶段，首先评估所引进的植物物种是否有成为有害生物的潜在可能性，有则进行"以有害生物为起点的定性有害生物风险评估"，反之则继续进行"以传播途径为起点的有害生物风险评估"。加拿大在风险评估阶段的开始，也首先考虑商品本身是否有成为农业或林业有害生物的潜在可能。这一步骤对于新的作物或园艺种类尤为重要。同时，两国均从传入后果和传入可能性两方面考虑，将定殖潜力、扩散潜力、经济影响和环境影响作为传入后果的因素，传入可能性评估关注传入的潜能，并检查影响有害生物在 PRA 地区进入和定殖的因素。在顺序上美国先评估传入后果，加拿大先评估传入可能性，体现出加拿大相比美国更强调传入重要性。

确认并选择适当的植物卫生措施，降低特定有害生物的潜在风险是风险管理阶段的重要内容，对有害生物适当的风险管理策略取决于该有害生物所引起的风险。美国风险管理工作是以风险为依据，从适宜可行的降低风险的措施出发。加拿大认为有害生物的风险评估结论没有"最终定论"，而是建立在不断更新和变化的信息基础上的"相对结论"，在适当的时候需要重新评估，风险管理措施也会随之变化。

（二）澳新模式

澳大利亚、新西兰同属大洋洲，北端为亚热带，南端气候凉爽，环境条件类似，两国的 PRA 工作同样有很多默契的地方。此模式的主要特点是以传入可能性的评估为重点，尤其是进入可能性评估，风险管理给出较细致的意见和具体的措施。欧洲和地中海植物保护组织（EPPO）等国家和地区采用了大体相同的模式。

澳大利亚在风险评估阶段，先进行有害生物分类，再评估传入和扩散的可能性，分为进入可能性、定殖可能性和扩散可能性；然后是对后果进行评估，包括直接后果和间接后果。新西兰在整体模式上与其区别不大，只是澳大利亚评估结构线条更细，如在评估进入可能性时，还分为进口可能性和商品散布可能性；散布可能性又分为临近评估和暴露评估等。

澳大利亚将对有害生物不采取任何限制措施的情况下进行评估的有害生物风险，称为"无限制风险"，无限制风险评估结果用"可忽略""很低""低""中""高""极高"表示。他们将本国的可接受风险水平确定为"很低"，即"可忽略"或"很低"风险的有害生物不需要采取风险管理措施，而高于"很低"风险水平的有害生物需要在相应环节采取措施、加以限制后重新进行评估，直至这种"限制性风险"达到可接受风险水平。

第三节
区域化和非疫区

◇

《SPS 协定》认可的动植物疫病区域化是指认可的出口区域无动植物疫病或动植物疫病发生可能性很低，该认可的区域可以是国家的一部分或全部区域，也可以是跨国界区域。《SPS 协定》第 6 条对动植物疫病区域化管理作出明确规定：各成员认可病虫害非疫区和低度流行区概念，在评估一区域的卫生与植物卫生特点时，各成员应特别考虑特定病害或虫害的流行程度、是否存在根除或控制计划及有关国际组织可能制定的适当标准或指南等；对这些区域的认可应根据地理、生态系统、流行病监测以及卫生与植物卫生控制的有效性等因素；声明其领土内区域属病虫害非疫区或低度流行区的出口成员，应提供必要的证据，以便向进口成员客观地证明此类区域属于且有可能继续属于病虫害非疫区或低度流行区。同时，应使进口成员获得检查、检验及其他有关程序的合理机会。

一、动物疫病区域化和生物安全隔离区划

动物疫病区域化管理是国际认可的、有效防控动物疫病和重要人兽共患病的重要措施，实际上就是在充分考虑畜牧业经济和公共卫生的基础上，针对某一特定区域，建立屏障体系（包括地理屏障、人工屏障或生物安全屏障等），采取包括流行病学调查、监测、动物及其产品流通控制等综合措施，实现动物疫病和重要人兽共患病的控制、扑灭和消灭的目的，提升区域内动物健康水平，促进动物及动物产品贸易。

（一）中国的规定

中国《动物防疫法》第二十一条规定，国家对动物疫病实行区域化管理，逐步建立无规定动物疫病区。

1. 定义

无规定动物疫病区是指具有天然屏障或者采取人工措施，在一定期限内没有发生规定的一种或者几种动物疫病，并经验收合格的区域。

无规定动物疫病区包括建立在天然屏障或人工措施基础上的无疫区域和建立在生物安全管理措施基础上的无疫动物养殖屠宰加工场所。

2. 建设情况

中国于1998年开始，先后在全国23个省市区启动无规定动物疫病区建设工作，累计投资16.48亿元。目前，已经建成胶东半岛、辽东半岛、四川盆地、松辽平原、海南岛等五片无规定动物疫病示范区，涉及的疫病包括口蹄疫、古典猪瘟、禽流感、新城疫。

（二）国际规则

1. 世界动物卫生组织（WOAH）的规定

在建立和维持整个国家的无疫状态越来越困难的情况下，为了做到既便利贸易，又能确保贸易安全，把动物疫病对国际贸易的影响降到最低程度，1993年WOAH提出将动物亚群按照不同的卫生状态来进行管理的区域化原则。2003年，针对区域化原则实施过程中存在的困难，WOAH又提出通过实施适当的生物安全管理措施来划分动物亚群的生物安全隔离区

概念。

（1）定义

区（Zone）：是指以国际贸易或疫病防控为目的，兽医当局在该国境内明确界定的地理区域。该区域内的动物群或动物亚群具有特定的卫生状态（如图3-3所示）。

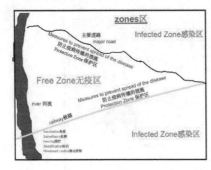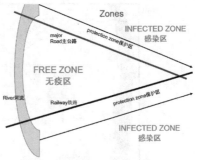

保护区建立在无疫区内　　　　　　保护区建立在无疫区外

图3-3　区的模式图

生物安全隔离区（Compartment）：是指以国际贸易或者一个国家或地区内疫病防控为目的，将包含一个或多个动物养殖场的动物亚群，通过同一生物安全管理体系与其他易感动物亚群进行了有效隔离，并对该动物亚群一种或多种特定动物疫病的感染或侵染采取了必要的监测、生物安全和控制措施，使其具有相同的动物卫生状态（如图3-4所示）。

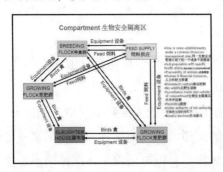

图3-4　生物安全隔离区模式图（禽）

生物安全隔离区将畜禽养殖、饲料生产、屠宰加工等生产环节纳入同一生物安全管理体系进行管理，使区内的生产单元与外界隔离，最大限度地降低动物疫病的传入风险。

感染控制区（Containment zone）：指在之前无疫的国家或地区内暴发疫病后建立的一个包括所有流行病学相关联的疑似或确诊病例的区，区内采取了移运控制、生物安全和卫生措施，以防止感染或侵染蔓延并根除疫病（如图 3-5 所示）。

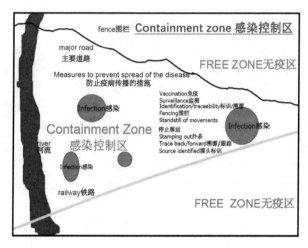

图 3-5　感染控制区模式图

区域化概念中一个特殊措施就是建立感染控制区。感染控制区建成的标志是：在处置最后一例病例后至少 2 个潜伏期内感染控制区未发生新的疫情；或感染控制区包括一个内部区（可能会继续发生病例）和外部区（在上述控制措施到位后至少 2 个潜伏期未发生病例），并且外部区可将内部区与该国或该区的其他地方分隔开。

在感染控制区未有效建立之前，暂时注销感染控制区外的无疫状态。一旦建立感染控制区，感染控制区外的区域即可恢复无疫状态。

保护区（Protection zone）：指实施了特定生物安全和卫生措施的区域，防止病原体从具有不同动物健康状态的相邻国家或地区进入无疫国家或无疫地区。保护区可以在无疫区内沿边界建立，也可以在无疫区外沿边界建立。如果在无疫区内建立，一旦保护区内暴发疫情，在感染控制区未建成之前，会影响无疫区的无疫状态；如果在无疫区外建立，保护区内发生疫情不会影响无疫区的无疫状态。

（2）WOAH 对动物疫病状态的认可

①区域化

——认可方式

官方认可：由 WOAH 国际代表大会以决议的形式批准，在 WOAH 官网上发布认可信息。

自我声明：满足 WOAH《陆生动物卫生法典》要求后，相关国家向 WOAH 通报，WOAH 转发自我声明信息。

——认可程序

1994 年，WOAH 制定了口蹄疫无疫区的官方认可程序，并于 1995 年首先对口蹄疫进行了无疫区认可。在此基础上，制定了"WOAH 对疫病状态的官方认可程序"，并应用于其他动物疫病。2021 年，WOAH 开展了对口蹄疫、牛瘟、牛传染性胸膜肺炎、非洲马瘟、小反刍兽疫、古典猪瘟和牛海绵状脑病（疯牛病）风险状态的官方认可。其中，牛瘟于 2011 年在全球被扑灭。

②生物安全隔离区划

WOAH 只是倡导成员使用生物安全隔离区的模式，虽然制定了《禽流感和新城疫生物安全隔离区划实用清单》《生物安全隔离区划实用清单》《非洲猪瘟生物安全隔离区划指南》，但该清单和指南既不是 WOAH 标准，也不是《陆生动物卫生法典》的一部分，且没有开展官方认可。

③无疫区建立的模式

无疫区的建立包括两种模式：一种是基于历史无疫基础上的自我宣布，例如，禽流感的无疫标准是经监测在过去 12 个月内没有禽流感病毒感染；另一种是基于历史有疫基础上的划定区域持续净化。无疫区的维持主要是通过在疫点周围建立感染控制区、保护区，逐步实现疫病净化、消灭。

④区域化和生物安全隔离区划异同比较（如表 3-1 所示）。

表3-1　区域化和生物安全隔离区划异同比较

	区域化	生物安全隔离区划
目的	建立和维持有特定动物健康状态的动物亚群，实现根除疫病和便利贸易	
采取措施	应考虑所有的流行病学因素和风险途径，采取必需的监测、控制和生物安全措施	
建立方式	通过地理边界来界定，包括天然、人工和法定的边界	通过同一生物安全管理体系和动物饲养规范来确定
建立时间	在疫病发生后启动，"和平时期"可能无关紧要	在疫病发生前"和平时期"建立
责任人	兽医当局建立并管理	在兽医当局监督下由私营部门建立并管理
费用	建立和维持费用主要由公共资源支付，私营部门也可实质性承担	建立和维持费用主要由私营部门承担
实现目标	区域内的无疫状态，地理学层面	动物生产单元的无疫状态，超越地理学层面
评价要素	空间上的考虑和良好的管理	
结果宣布	通过官方渠道公布	

2. 美国的规定

（1）美国区域化政策出台过程

1987年1月8日，美国农业部（USDA）修改有关法案，开始对其他国家应用区域化这一概念。1997年10月，美国动植物卫生检验局（APHIS）发布了一项评估一个国家和地区卫生状态的程序《外来动物疫病状态评估、区域化、风险分析和法规制定程序》，即区域化评估认可程序。该程序规定了国外向美国申请认可该国某一地区的动物卫生状态或美国批准进口某国某一地区经过风险分析的动物或动物产品的准入程序。其目的就是在市场准入的决策过程中，在科学的基础上，通过风险分析实现区域化的认可。这一政策使美国动植物卫生检验局（APHIS）可以认可一个国家某一地区或几个国家组成地区的动物卫生状态，而不是仅对一个国家整体的动物健康状态进行认可，也使美国进口动物或动物产品取决于出口国地区的动物卫生状态，在保证进口的产品不会带来疫病传播的风险的同时，使风险基础上的进口需求同 WTO《SPS 协定》规定的义务一致。

2004 年 6 月，美国正式实施《重新确立非疫区的程序》，对于认可的无病区重新暴发该病以及扑灭该病重新恢复无病状态而制定的相应规定。

该法案是美国动植物卫生检验局（APHIS）针对其原认可的动物无疫区发生疫情并采取措施扑灭疫情后重新认可其卫生状态而对原有程序法规的修改，该程序是美国应国外政府要求对其某地区动物卫生状态进行认可或批准从某地区进口动物或动物产品时所应遵循的。规定包括美国为防止疫病传入采取的相应措施，以及对该地区动物健康状态进一步评估所采取的措施。

（2）美国动物疫病区域化评估认可要素

要求认可区域化的国家应提供以下 11 个风险因素方面的信息，包括：兽医主管部门、组织机构和基础设施情况；疫情状况；毗邻地区疫情状况；疫病主动控制项目的范围；动物免疫状况；通过物理或其他屏障与毗邻高风险区隔离程度；从动物疫病高风险地区运输动物及其产品的移运控制范围及运输中相应的生物安全水平；该地区家畜存栏和市场运作情况；疫病监测类型与范围；实验室诊断能力；动物疫病控制政策和基础设施，例如应急反应能力。

（3）美国区域化认可程序

从出口国提出申请到美国颁布最终法案，认可区域化的整个过程需要几年的时间，而具体时间的长短取决于多种因素，其中最重要的是出口国提供的相关资料信息、公众评议的复杂性以及资源的可获性。此外，法规制定过程中，还需要通过美国动植物卫生检验局（APHIS）内部以及美国农业部（USDA）其他部门甚至美国预算管理办公室在法律和政策方面的审议。

认可某地区的动物卫生状态后，为确保防止动物疫病传入美国，还要制定从该地区进口动物和动物产品的一整套进口检疫要求，只有来自该地区符合有关进口检疫要求的动物和动物产品方可向美国出口。

初次认可某地区区域化的程序：根据出口国官方兽医机构提供的申请

无疫区资料进行初级评估；实地考察；风险分析；经济分析；环境分析；公布拟议法案并征求公众意见；通过评议，颁布最终法案及时认可某地区无疫区状态。

重新认可某地区区域化的程序：根据出口国政府提供资料，对该地区疫情进行重新评估；实地考察；风险分析；公布拟议法案并征求公众意见；评议通过，颁布最终法案及时恢复认可某地区无疫区状态。

（三）应用与实践

1. 中国跨境动物疫病区域化管理

中国对于风险性比较低且 WOAH 有具体可执行的区域化技术标准的动物疫病，如口蹄疫、蓝舌病等，均按照 WOAH 的区域化原则进行管理，并且取得了一定成果。对口蹄疫，解除了阿根廷、哥伦比亚、哈萨克斯坦等国家全境或部分地区口蹄疫疫情禁令；对蓝舌病，中国一直实行区域化管理措施，每年从澳大利亚蓝舌病无疫区进口近十万头活牛。区域化原则的实施，使中国在促进国际贸易的同时，满足了引进优质种质资源和高品质动物源性食品的需要。其中，比较成功的案例是老挝根据中方标准成功建立了口蹄疫免疫无疫区，并在此基础上形成了对华贸易。

2017 年 4 月 20 日，农业部、商务部、海关总署、国家质检总局联合签发《关于支持云南省在边境地区开展跨境动物疫病区域化管理试点工作的函》（农医函〔2017〕1 号）。2017 年，国家质检总局发布进出境检验检疫行业标准《境外口蹄疫免疫无疫区建设要求》（SN/T 4999—2017），并与老挝签署《中华人民共和国海关总署与老挝人民共和国农林部关于中国从老挝输入屠宰用肉牛的检疫和卫生要求议定书》。2021 年 2 月，海关总署发布公告允许符合上述议定书要求的老挝屠宰用肉牛进口到中国。

在老挝境内选定 35 个端点，口蹄疫免疫无疫区的范围就在这 35 个端点连接的范围之内。该区域周长约 10.42 千米，面积约 561.643 公顷。

沿无疫区周围 3 千米设立保护区，实施口蹄疫易感动物移动控制和强制免疫措施。沿保护区外周边 47 千米设立集中饲养区，按照 WOAH《陆生动物卫生法典》标准实行生物安全防疫管理，对出口屠宰用牛进行身份标识、免疫、集中育肥饲养和进入无疫区前检疫等（如图 3-6 所示）。

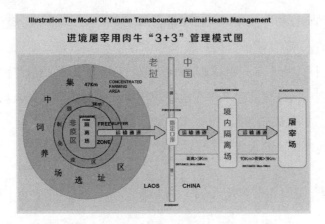

图 3-6　老挝境内口蹄疫免疫无疫区示意图

2. 生物安全隔离区的实践应用

尽管生物安全隔离区的概念已提出多年，但由于以往主要发达国家疫病控制状况良好，或通过区域化的模式就能满足促进贸易的需要，因此，发达国家生物安全隔离区也是随着近年来禽流感疫情的大流行才更多建设。泰国 2004 年发生严重的禽流感疫情，6 400 万家禽被扑杀，导致约 10 亿美元的损失。之后，泰国与 24 家养禽企业签订合作备忘录，开始生物安全隔离区建设，不仅消灭了疫情，还逐步恢复了向日本、欧盟等国家和地区出口生鲜禽肉（如图 3-7 所示）。

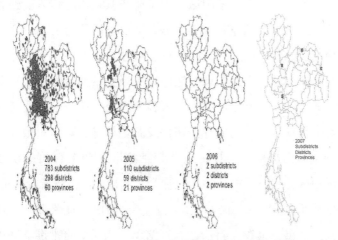

图 3-7　2004—2007 年禽流感在泰国的发生情况

实施动物疫病区域化管理，建设无规定动物疫病区，是我国兽医工作积极应对加入 WTO 挑战，提高畜牧业综合生产能力和国际竞争力的重大举措。我国自 1998 年开始对动物疫病实施区域化管理，经过持续的努力，我国动物疫病区域化管理工作在法律法规、技术标准、机构人员、专家队伍、国际交流等方面均取得了显著进展，并积累了丰富的无规定动物疫病区建设评估经验，基本建立了实施地区区划的工作体系。

二、植物有害生物疫区和非疫区

根据《植物检疫条例》，在疫情控制中，可以根据疫情发生和控制情况划定疫区。通过划定疫区，对防止植物检疫性有害生物扩散蔓延，准确有效地封锁、消灭疫区的植物检疫性有害生物，更好地保护未发生地区的农业生产都起到重要作用。

（一）国内疫区和保护区管理

"疫区"是指在某一植物检疫性有害生物分布未广的情况下，对发现了某一有害生物的地区，为了防止其向未发生地区传播扩散，经省（自治区、直辖市）人民政府批准而划定，并采取封锁、根除措施的区域。

"保护区"是指在某一植物检疫性有害生物已经发生比较普遍的情况下，对尚无此有害生物分布的地区，为了防止其被人为传入，经省（自治区、直辖市）人民政府批准而划定，并采取保护措施的区域。

疫区应根据植物检疫性有害生物的生物学特性、发生传播情况、当地的地理环境、交通状况以及采取封锁、消灭措施的需要来划定，其范围应严格控制。既要考虑有利于控制、消灭检疫性有害生物，也要考虑人民生活和生产经营活动。疫区内的种子苗木及其他繁殖材料，只限在疫区内种植使用，禁止运出疫区。保护区应严禁到疫区去调入有关植物及植物产品，从其他地区调入有关的植物及植物产品，也应严格履行检疫手续。

"疫区"和"保护区"的划定，由省（自治区、直辖市）农业、林业主管部门共同提出，报省（自治区、直辖市）人民政府批准，并报国务院农业、林业主管部门备案。对于跨省（自治区、直辖市）的，由有关省

（自治区、直辖市）农业、林业主管部门共同提出，报国务院农业、林业主管部门批准后划定。

如果疫区内检疫性有害生物已经根除或已经取得控制蔓延的有效办法，应按照疫区划定时的程序，办理撤销疫区的手续，经批准后公布。

中国国内植物检疫划定过多个疫区。例如，1988 年河北省将唐山的部分县区划为稻水象甲疫区；1991 年辽宁省将 9 县（市、区）划为美国白蛾疫区；1993 年新疆将伊犁、塔城的部分地区部区划为马铃薯甲虫疫区。国家林业和草原局（原国家林业局）公布中国的松材线虫、美国白蛾疫区等。与疫区相对的是划定保护区。2006 年以来，甘肃省将嘉峪关市、高台、山丹等 11 个县（市、区）的 97 个乡镇划为苹果蠹蛾疫区，金昌、武威等划为保护区，以封锁控制苹果蠹蛾疫情。

（二）国际植物检疫"非疫区" 管理

在国际植物检疫措施中，较少使用"疫区"这一术语，更多的使用"非疫区"，并且根据疫区内特定有害生物的发生和危害程度将疫区进一步细分，出现了有害生物低度流行区、缓冲区、受控制区、保护区、非疫产地、非疫生产点等植物检疫概念。

"有害生物低度流行区"是指由主管当局认定的某种特定有害生物发生程度低，并且得到有效的监控、防治或铲除的地区，可以是一个国家的部分或全部地区，也可以是几个国家的部分或全部地区。"缓冲区"是指环绕或与疫区、有疫害生产地、非疫、无疫害生产地、无疫害生产点邻近的地区，该地区内没有特定的有害生物发生或发生程度很低并由官方控制，同时实施植物检疫措施防止有害生物扩散。"保护区"是指国家植物保护组织确定的对一个受威胁地区进行有效保护的最小区域。受威胁地区是指生态因素适合某种有害生物的定殖，该有害生物的定殖将会造成重大经济损失的地区。

IPPC 制定的《建立非疫区的要求》（ISPM 4）和《建立非疫产地和非疫生产点的要求》（ISPM 10）明确了建立和利用非疫区、非疫产地和非疫生产点的标准要求。非疫区是指有科学证据证明未发现某种有害生物并由官方维持的地区。非疫产地是指科学证据表明特定有害生物没有发生并且官方能适当保持此状况达到规定时限的地区。非疫生产点是指科学证据表明特定有害生物没有发生，并且官方能保持此状况达到规定时间的产地内作为一个独立单位，以非疫产地相同方式加以管理的限定部分。

　　在较长一段时间内，各国在制定、公布禁止进境的植物或植物产品名单时，通常把整个国家划成疫区，这种方式对国际贸易特别是国土面积辽阔的国家造成了严重影响。近年来，国际上根据生态环境差异的实际情况，同时适应国际农产品贸易发展的需要，通过使用非疫区、非疫产地、非疫生产点等管理理念，使植物检疫措施更加科学。

　　中国在开展农业植物有害生物普查的基础上，采取国际通行的做法，从2004年开始，在西北黄土高原、山东半岛等地建设以苹果蠹蛾和橘小实蝇为目标的非疫区，涉及7省38个市（地）104个县（市、区）。这一措施已经成为促进农产品出口最有效和最经济的措施之一。加快非疫区建设也是促进农产品出口的必然选择。

第四章
动植物检疫制度和措施

CHAPTER 4

　　动植物检疫制度和措施是在法律法规的框架内形成的一整套固化和规范的工作程序、要求和内容，其出发点和落脚点是落实国内法律法规规定和国际准则及标准，实现法律法规的立法目的和国际准则标准的出台目标。各国（地区）均根据本国（地区）经济发展需要，建立了各具特点的动植物检疫制度。在中国，按照《进出境动植物检疫法》《生物安全法》等相关法律法规，防范动植物疫病等生物安全风险传入传出国境，是实施动植物检疫、达到立法目的的最基本目标。中国的动植物检疫制度和措施，就是根据动植物疫病的流行特点，围绕防范动植物疫病传入传出国境而逐步构建和完善，并通过法律法规和部门规章予以固化，涵盖了对传染源、传播途径和易感动物或适应植物等动植物疫病传播蔓延或定殖风险的全链条管控，既包括了对生物安全风险源头的管理，也包括了对后续生产和流通环节的管理，其实施范围涉及境外、口岸和后续监督管理的每个环节。

　　检疫制度和措施并非一成不变，而是随着国际贸易形势和国际规则的变化，结合社会经济发展需要，并根据动植物疫病的科学研究成果不断进行修订和完善的，以便以最适当的检疫制度和措施，最大限度地保障国门生物安全，促进国际贸易健康发展和国际交流。

第一节
检疫制度

一、检疫准入

（一）基本含义

　　检疫准入是开展动植物、动植物产品及其他检疫物国际贸易时需要履行的市场准入程序之一，是对某个国家或地区的某类产品是否有资格向中国出口进行生物安全风险评估的过程，属于从源头控制动植物疫病传入风险的制度之一，可以说是进境动植物检疫把关的第一关，对于严把国门、严防疫情和不合格产品传入，提高进境农产品质量安全水平，服务对外贸易健康发展等具有重要意义。《生物安全法》规定，中国建立首次进境或者暂停后恢复进境的动植物、动植物产品、高风险生物因子国家准入制度。因此，检疫准入是国家行为的准入制度。中国实行的检疫准入制度，其作用是确定允许与中国开展贸易的国家或地区，以及允许这一国家或地区进境的动植物、动植物产品种类和高风险生物因子。

有两种情况需要履行检疫准入程序。一种情况是没有与中国有动植物、动植物产品贸易国家拟与中国开展相关贸易。例如，A国拟向中国出口种猪或玉米种子。另一种情况是，因B国发生动植物疫情，或者中国在该国向中国出口的动植物或者动植物产品中发现动植物疫病，中国发布禁令或公告，暂停了该国家或者该国家某一地区的相关动植物或者动植物产品进口，B国希望解除相关禁令公告，恢复相关贸易。上述两种情况均可视为拟与中国开展相关贸易。履行了检疫准入程序，且商定了进境风险管理措施后，申请国家或地区方可与中国开展相关贸易，例如2004年中国根据准入评估结果解除了因疯牛病禁止美国牛精液进口的禁令，允许符合检疫要求的美国牛精液向中国出口。

实行检疫准入制度，旨在从源头控制动植物疫病风险随国际贸易而跨境传播，其性质是在境外控制传染源传入进口国家的风险，核心技术是风险评估，符合《SPS协定》。检疫准入制度是国际惯例，世界很多国家和地区都实行大同小异的检疫准入制度，中国动植物、动植物产品向其他国家或地区出口时，需要履行输入国家或地区规定的检疫准入程序。例如，2014年俄罗斯允许中国黑龙江省猪肉进口前，派出专家对中国黑龙江省的生猪养殖、屠宰加工、出入境检验检疫机构、动物防疫机构等进行了实地考察评估。

（二）工作程序和内容

中国的检疫准入基本程序包括申请、准入评估、确定风险管理措施。

1. 申请

申请是指拟与中国开展相关贸易的国家或地区的动植物检疫政府主管部门或者驻华使馆向中国海关总署提出书面请求，明确提出拟向中国出口的动植物或者动植物产品种类。

2. 准入评估

海关总署负责启动检疫准入程序，申请国家或地区政府主管部门需要按照海关总署的有关调查问卷提供相关资料，通常包括动植物检疫管理体制、相关法律法规、疫病疫情监测、动植物卫生状况、企业管理等。开展评估所需要的资料，根据申请国家或地区动植物疫病疫情状况、拟开展贸易的动植物及其产品种类、相关生产活动确定。

评估可以采用定性、定量或者半定量的方式进行。准入评估包括书面评估和实地考察评估，实质是一个风险分析的过程，要遵循科学、透明、公开、非歧视和对贸易影响最小的原则。书面评估以申请国家或地区提供的相关资料为基础，根据最新科学研究成果，参照 WOAH、《国际植物保护公约》（IPPC）等国际规则，评估申请国家或地区的动植物疫病疫情态势、法律法规、官方机构、动植物疫病监测等情况，估计、预测拟向中国出口的动植物或者动植物产品传播动植物疫病的风险。实地考察评估根据书面评估结果进行，是通过实地考察，评估申请国家或地区动植物疫病风险管理法律法规和规定措施的落实情况和有效性，以及企业界遵守国家规定的情况，至少要实地考察管理机构、动植物疫病疫情检测监测机构、动植物生产单位。

3. 确定风险管理措施

风险管理措施根据准入评估结果确定。准入评估结果表明申请国家或者地区的风险管理能力和水平与中国适当保护水平相一致时，通过与申请国家或者地区签订有关双边议定书（协定、协议、备忘录等）、实行企业注册登记、确定检疫证书内容格式等方式，确认可行的允许进境的风险管理措施。

二、注册登记和备案

注册登记和备案是对从事进出境动植物及其产品和其他检疫物生产加工存放过程的管理制度，管理的对象是有关企业，管理内容是过程管理，旨在落实生物安全公众有责的规定。

（一）进境注册登记

《进出境动植物检疫法》及其实施条例规定，国家对向中国输出动植物产品的国外生产、加工、存放单位（简称生产企业），实行注册登记制度。

境外生产企业应当符合输出国家或地区法律法规和标准的相关要求，并达到与中国有关法律法规和标准的等效要求，经输出国家或地区主管部门审查合格后向中国海关总署推荐。海关总署对输出国家或地区官方提交的推荐材料进行审查，审查合格的，经与输出国家或地区主管部门协商后，海关总署指定专家开展资料审核，并根据需要到输出国家或地区对其安全监管体系进行现场考察，对申请注册登记的生产企业进行抽查。对检查不符合要求的企业，不予注册登记；对抽查符合要求的及未被抽查的其他推荐企业，予以注册登记，并在海关总署官方网站上公布，注册登记有效期一般为5年。

对已获准向中国输出相应产品的国家或地区及其获得注册登记资格的境外生产企业，海关总署定期指定专家到输出国家或地区对其生产安全监管体系进行回顾性审查，对到期后申请延期的境外生产企业进行抽查，回顾性审查或者抽查符合要求的，以及未被抽查的其他境外生产企业，延长注册登记有效期

海关总署对进境动植物及其产品的境内生产经营企业注册登记也有明确要求，对生产、加工、存放进境肠衣、原毛（含羽毛）、原皮、生的骨、角、蹄、蚕茧的企业实行指定管理，对进口肉类产品、水产品的收货人实施备案管理，对进境粮食、中药材、非食用动物产品等动植物及其产品的生产、加工、存放企业也实行注册或指定管理制度。只有经海关总署批准

的境内生产经营企业，才能生产、加工、存放上述进境动植物及其产品。

（二）出境注册登记

注册登记是指海关按照贸易国家注册登记要求，依法对出境的动植物及其产品的养殖、种植场所及生产、加工、存放企业的资质、安全卫生条件及质量管理体系进行考核确认，并给予注册登记资格，对其实施监督管理的行政执法行为。常见需要注册登记的企业有供港澳活猪饲养场、供港澳活羊中转场、出境种苗花卉生产企业、出境非食用动物产品生产加工存放企业、出境新鲜水果（含冷冻水果）果园和包装厂等。

对出境动植物及其产品、其他检疫物的生产、加工、存放单位注册登记是行政审批事项，由海关按照《中华人民共和国行政许可法》的程序、时限等要求实施。申请企业可以登录"互联网+海关"一体化网上办事平台，进入"行政审批"模块，点击"出境动物及其产品、其他检疫物的生产、加工、存放单位注册登记"后在线申请办理，也可以到企业所在地的直属海关或隶属海关业务窗口办理。获得注册登记的生产、加工、存放企业名单，均在海关总署官方网站上公布。对国外有注册或者备案要求的，海关总署统一组织安排注册，并向有关国家或地区进行通报备案。

（三）出口备案管理

1. 出口食用农产品生产企业备案管理

海关对水产品类（不包括活品和晾晒品），肉及肉制品、肠衣类，茶叶类，速冻果蔬类，脱水果蔬类（不包括晾晒品），粮食制品及面、糖制品类，蛋制品类，食用油脂类，调味品类，罐头类，蜂产品类，乳及乳制品类，花生干果坚果制品类，果脯类，速冻方便食品类，功能食品类，食用明胶类，腌渍菜类，糖类等食用农产品生产企业实施备案管理制度。获得备案资格的出口食用农产品生产企业应当建立和实施危害分析与关键控制点体系（HACCP体系），以及实施以预防控制措施为核心的食用农产品安全卫生控制体系，并保证体系有效运行，确保出口食用农产品生产加工储存过程持续符合中国有关法定要求和相关贸易国家或地区的法律法规要求，并接受海关定期检查和年审工作，及时纠正生产、加工过程中存在的问题。

2. 出口食用农产品原料种植、养殖基地备案管理

在出口食用农产品企业全面推行出口食品"公司+基地+标准化"生产管理模式，对出口食用农产品原料种植、养殖基地实行检疫备案管理，落实生产过程投入品管理制度和疫病疫情防控制度，并推行"统一供种，统一供料，统一用药，统一防疫，统一收购"管理制度，推广良好操作规范，以实现从种植（养殖）源头控制出口产品质量。一是明确备案种植、养殖基地的基本要求，包括基地面积、周边环境安全、农业投入品管理，以及疫病监测、有毒有害物质监控、生产和追溯管理等几个方面；二是明确备案程序，备案的种植、养殖基地即可向所在地海关申请，也可通过出口食品企业向所在地海关申请备案，经海关考核合格后，准予备案；三是经备案的种植、养殖基地，由出口食用农产品生产企业协助海关进行管理，并接受海关的监督，海关对种植、养殖基地生产的产品实施监督抽查。

三、检疫审批

检疫审批也称作检疫许可，是进境动植物检疫的法定行政许可之一，是进境动植物、动植物产品和其他检疫物（本部分简称货物）在进口单位与外方签订贸易合同前实施的一种预防性检疫措施。检疫审批一般采取名单制，对纳入名单的进境货物实施检疫审批。海关负责检疫审批的部门根据法律法规的有关规定，在风险分析的基础上，对拟进境的需实施动植物检疫的货物提出具体的动植物检疫要求，并制定、调整和发布需要检疫审批的货物名录，列入名录中的进境货物需经过审批，取得进境动植物检疫许可证（简称检疫许可证）后，方可办理入境手续。

（一）检疫审批的作用

检疫审批是指输入货物或者过境运输货物时，必须依法事先提出申请，办理检疫审批手续，有关主管部门根据已掌握的输出国家或地区的疫情，按照有害生物风险分析原则，对拟输入或过境的货物相关信息进行审

查，最终决定是否批准其进境或过境的过程。

检疫审批的作用集中在三方面：一是明确这些货物是否允许进境，避免盲目输入或引进，减少经济损失；二是提前提出检疫要求，有效预防动植物有害生物传入；三是把检疫审批的检疫要求列入贸易合同，在检疫中发现问题，依据贸易合同进行合理索赔。当货物在入境时被动植物检疫机构确定不符合检疫要求时，例如检出不准输入的动物疫病或检疫性有害生物，进口方可依据贸易合同中的检疫要求条款向出口方提出索赔，避免损失。

（二）检疫审批类型与范围

根据进境货物的输入方式，检疫审批分为进境检疫审批、过境检疫审批、携带文物或邮寄物检疫审批。依据审批物品的范围，检疫审批可分为两种基本类型，即一般审批和特许审批。

一般审批的范围主要包括三类：（1）通过贸易、科技合作、赠送、援助等方式输入的货物，如动物、精液胚胎、肉类、粮食、水果、种子种苗、繁殖材料等；（2）携带、邮寄的植物种子、种苗及其他繁殖材料；（3）运输过境的动植物或其产品。

特许审批的范围主要是指因科学研究等特殊需要而引进的国家规定的禁止进境物。按照《进出境动植物检疫法》，禁止进境物主要包括四类：（1）动植物病原体（包括菌种、毒株等）、昆虫及其他有害生物；（2）动植物疫情流行国家和地区的有关货物；（3）动物尸体（例如昆虫标本等）；（4）土壤。

（三）检疫审批机构

在中国，进境动物检疫审批由海关总署或者其授权的直属海关负责，进境植物检疫审批职能机构共三个，分别是海关总署及其授权的各直属海关、农业农村部及各省（自治区、直辖市）农业农村厅（局）（简称农业部门）、国家林业和草原局及各省（自治区、直辖市）林业和草原厅（局）（简称林业部门）。

特许检疫审批由海关总署负责，办理输入的活动物、动物精液胚胎、果蔬类、烟草类、粮谷类、豆类、饲料类、薯类、植物栽培介质等由海关总署负责，负责检疫审批授权直属海关单位及授权审批货物类别，由海关总署确定，并根据进境货物风险状况调整直属海关负责审批的类别。

农业部门、林业部门负责引进的农业、林业植物种子、种苗及其他繁殖材料的检疫审批。从国外引进用于区域试种、对外制种、试种或生产的所有植物种子、种苗、鳞（球）茎、枝条以及其他繁殖材料，在引种前均应办理国外引种检疫审批手续。例如，从国外引进蔬菜良种前需要在农业农村部所属的植物检疫机构办理检疫审批手续。

过境转基因产品在过境前，申请单位或其代理人应向海关总署提出申请并获得检疫许可证，并按指定的口岸和路线过境。

旅客携带或邮寄植物种子、种苗或繁殖材料入境，因特殊情况无法事先办理植物检疫审批手续的，由携带人、邮寄人或收件人在货物抵达口岸时到直属海关办理植物检疫审批手续。

（四）检疫审批的一般步骤

以海关负责的检疫审批为例。检疫审批一般包括三个主要步骤。

1. 申请

申请单位在网上填报检疫审批申请，如果是纸质申请单，则需要到审批主管部门领取许可证申请表，填写后报审批主管部门审批。

在一般许可中，需要提供的申请材料一般包括：申请单位法人资料；进境动植物隔离检疫场（圃）批准资料；进境货物生产加工存放的防疫条件、防疫措施资料及当地主管机构出具的防疫情况考核报告；因科学研究等特殊需要办理特许审批的，需书面申请，说明进境禁止进境物的数量、用途、引进方式、进境后采取的符合检疫要求的货物监督管理措施等，科学研究的立项报告及相关主管部门的批准立项证明文件。

2. 初审

海关审批初审部门对申请材料进行预先审查，根据申请单位提交的材料是否齐全、是否符合法定形式作出受理或不予受理申请的决定，不予受理的，应告知申请单位原因。对首次申请的单位或货物，派员进行现场核查，如加工厂、卸货码头、定点存放仓库的卸货、存放和运输条件，仓容、加工能力、防御制度的落实情况等。对符合检疫规定的，签署初步审核意见报批准部门。

3. 批准

海关审批主管部门根据国内外动植物疫情、法律法规、公告禁令、预警通报、风险评估报告、安全评价报告等，对申请进行审核，作出许可或不予许可的决定。作出批准许可的条件是：拟进境货物输出国家或者地区无重大动植物疫情；符合中国有关植物检疫法律、法规、规章的规定；符合中国与输出国家或者地区签订的有关双边检疫协定（含检疫协议、备忘录等）；可以核销的进境货物，上一次申请的进境检疫许可的核销情况符合规定。

获得同意的，签发检疫许可证。目前海关签发的许可证均已实现无纸化；如货主或代理人有纸质版本许可证的特别需要，可向直属海关审批部门提出。检疫许可证的有效期通常为12个月，进境动物的许可1次有效，动植物产品类货物可以分批分期使用。

检疫审批手续办理完成后，遇有下列情况，货主或代理人应当重新申请办理检疫审批手续：（1）变更输入货物的品种或者数量变动超过一定范围（例如超过许可数量5%以上）；（2）变更货物的输出国家或地区；（3）变更进境口岸；（4）超过检疫许可审批有效期。

四、境外预检

境外预检是动植物检疫的国际惯例，许多国家和地区有官方的境外预检制度，例如，中国向中东国家出口肉羊、向俄罗斯出口猪肉牛肉产品时，贸易国家就会派出检疫人员来中国开展预检工作。实施境外预检，可以了解输出国家或者地区动植物法律和体系运行情况，以及官方对出口产品实施检疫的情况，能第一时间掌握进境动植物在境外检疫时发生或者发现的生物安全风险，是从源头控制动植物疫病传入风险的制度之一。开展境外预检，既有助于了解和掌握国外动植物检疫制度、检疫技术、设施和经验，以及动植物疫病的风险状况，也为修订和完善相关检疫协定、协议或备忘录积累技术资料，还可以通过与国外动植物检疫机构的交流，增进相互了解和理解。

（一）基本含义

境外预检是指海关总署派出检疫人员到输出国家或地区开展产地检疫工作，是一项适用于进境动植物检疫的制度，旨在掌握进境动植物是否在原产地按照有关双边检疫协定、协议、备忘录，或者检疫许可证的要求接受了官方动植物检疫机关的检疫，为进境动植物符合中国的检疫要求提供保障。境外预检通常是中国官方动植物检疫人员与出口国家或者地区官方或官方授权检疫人员共同对出口中国的大中动物、高风险动物产品、大宗植物产品实施的出口前检疫工作。境外预检可应用在每批进境动植物，也可在一定时限内开展境外预检，具体要根据进境动植物的风险程度、输出国家或者地区的动植物疫情态势来作决定。

（二）工作依据

开展境外审核和预检工作的主要依据是中国与贸易国家或者地区签订的双边检疫协定、协议或者备忘录。由于各国或地区法律法规、管理体制、生产安全监管体制机制、动植物卫生状况，以及地理环境的不同，中国与各国或地区签订双边检疫协定、协议或者备忘录时，提出的检疫要求和卫生条件等风险管理措施不尽相同。对于高风险的动植物、动植物产品及其他检疫物，例如种用家畜、大中野生动物、家畜精液和胚胎、肉类、水产品、烟叶、苗木、水果、粮食等，通常会在检疫协定、协议或者备忘录中明确中国派出检疫人员配合贸易国家或地区官方动植物检疫机构开展检疫的要求。

（三）主要工作

境外预检是中国检疫人员赴进境动植物产地国和地区配合当地政府动植物检疫机构开展工作，也就是中国进境动植物在原产地的检疫主体是原产国家或地区的官方动植物检疫机构。

境外预检是集生物安全风险管理、动植物检疫技术和措施、国际合作于一体的工作。所谓生物安全风险管理，是指预检工作需要与贸易国家或者地区的有关机构、企业和人员落实相关进境动植物检疫协定、协议或备忘录的要求，落实要求就是风险管理的过程。预检人员要熟悉中外文检疫协定、协议或者备忘录的内容，包括但不限于以下内容：输出国家或者地区官方动植物检疫机构及其检疫人员的责任义务；有关动植物生产、加工、存放企业（例如农场、屠宰厂、粮库等）的卫生要求；关于生产、加工企业的责任义务；对进境动植物的检疫和卫生要求；对货物标识标签唛头的要求；关于实验室检疫方法、检疫机构的要求；关于证书内容、格式、签证官的要求；关于货物运输工具防疫消毒和生物安全防护的要求。所谓动植物检疫技术和检疫措施，就是针对动植物实施的检疫项目和方法、隔离检疫、生产加工存放过程的安全卫生控制手段等，例如进口种牛需要用 ELISA 方法检测副结核病，进口大豆需要检查仓储害虫，进口肉类要通过宰前宰后兽医检验。所谓国际合作，是指预检人员境外工作期间代表的是海关总署，是中国国家动植物检疫主管机关的工作人员，预检期间与国外有关机构、企业和人员的工作和生活交流，属于国际交流活动，应遵守国家有关外事活动的规定。

境外预检人员要围绕有关检疫协议、协定和备忘录提前谋划工作，工作期间保持与输出国家或者地区政府机构、实验室和企业有关人员的沟通联络，掌握检疫计划，了解有关动植物疫病疫情状况，配合并参与官方动植物检疫机构的检疫活动，确认实验室检疫项目及方法，掌握实验室检疫结果，及时按照海关总署要求报告工作。发生外方对有关检疫协议、协定或者备忘录有不同的理解和解释时，例如检疫措施、检疫方法、检疫结果有不同的理解和解释时，预检人员要以科学为依据，以协议、协定和备忘录为准绳，及时与主管部门或者国家动植物检疫机构协商解决异议或者分歧。

五、检疫证书

动植物及其产品的国际贸易的安全性取决于一系列因素，既要考虑确保贸易不受阻碍，又要确保不会对人及动植物健康产生不可接受的风险。由于不同国家间动植物卫生状况不同，在确定贸易要求前应该考虑出口国、过境国和进口国的动植物卫生状况。为最大限度地协调国际贸易中的动植物卫生检疫问题，各国和地区均按照 WTO、WOAH、IPPC 的原则，确定用检疫证书来明确进口要求，督促输出国和地区官方履行相关监管义务。对照证书模板，进口国和出口主管部门有必要进行事先磋商，呈列出确切的要求，以便必要时可以给检疫证书签字官提供解释双方主管部门之间达成谅解一致的指导性说明。WOAH 也在《陆生动物卫生法典》第 5. 10、5. 11、5. 13 等章节，在《水生动物卫生法典》第 5. 11 章节对主要国际贸易陆生动物、水生动物的兽医卫生证书提出原则建议。

为适应检验检疫业务发展的需要，加强出入境检验检疫签证管理，进一步规范签证工作，国家质检总局对《出入境检验检疫签证管理办法》进行了修订，并于 2009 年 1 月 23 日以国质检通〔2009〕38 号通知予以印发。新修订的《出入境检验检疫签证管理办法》对出入境检验检疫签证的管理、出入境检验检疫签证流程、电子证单及其签证信息的效力作出了明确规范。

概况来讲，一份合格的检疫证书需要遵循以下原则：（1）证书设计应尽可能减小潜在的造假风险，包括使用独具的标识数字或其他确保安全和防伪的恰当方法；（2）纸质证书应有检疫签证官的签名和发证部门的官方标识（印章）；（3）证书每一页都应标明独具的证书编号、总页数和本页页码。电子出证程序也应具有同类安全保护措施；（4）证书书写用语应简单明了且易懂，同时又不失其法律意义；（5）若进口国或地区要求，证书应以进口国或地区的语言书写。在这种情况下，还应采用签证官可以理解的语言书写；（6）证书应要求货物有适当标识，除非无法标记（如 1 日龄雏、散装的粮食等）；（7）证书不应要求签证官证明其知识范围外的或无法确定和证明的事项。如有必要，将证书交给签证官时应附指导性意见，注明在证书签发前需进行的调查、试验或检查；（8）证书文本不得修改，如有删除，签证官须签字并盖章。签证官签名和部门标识（印章）的颜色应有别于证书的印刷颜色，印章可使用压花钢印，避免更换颜色；（9）签证官可签发补发证书，以替换已遗失、损坏、错误或原始信息不正确的证书。签发机构应提供这些替换补发的证书，并明确说明原证书已被替换。在替代证书上应注明其取代的原证书编号和签发日期。应注销原证书，如可能，应归还给签发机构。仅证书原件为有效证书。

六、指定监管场地

（一）概念

指定监管场地由海关总署负责批准。

指定监管场地是指符合海关监管作业场所（场地）的设置规范，满足动植物疫病疫情检疫防控需要，对特定进境高风险动植物及其产品和检疫物实施查验、检验、检疫的监管作业场所，海关总署制定颁布了海关监管作业场所的建设标准和批准程序。

中国对进境肉类、冰鲜水产品、粮食、水果、食用水生动物、植物种苗、原木以及其他进境高风险动植物及其产品实施指定监管场地管理制度。指定监管场地原则上应当设在第一进境口岸监管区内。

海关总署负责将通过验收的指定监管场地信息维护到指定监管场地名单，并在海关总署官方网站公布。根据年度抽核和日常监督检查情况，对指定监管场地资格实施动态管理。

（二）相关法规要求

《进出境动植物检疫法》第十四条规定，输入动植物、动植物产品和其他检疫物，可以由国家动植物检疫机关决定将动植物、动植物产品和其他检疫物运往指定地点检疫；《中华人民共和国进出口商品检验法》第十二条规定，必须经商检机构检验的进口商品的收货人或者其代理人，应当在商检机构规定的地点和期限内，接受商检机构对进口商品的检验。《生物安全法》规定，经评估为生物安全高风险的人员、运输工具、货物、物品等，应当从指定的国境口岸入境。

进境动物植物指定口岸符合国际通行做法和中国法律法规的规定要求，对高风险的动植物及其产品实施指定口岸制度是国际通行做法。WOAH《陆生动物卫生法典》对"进口国口岸检疫机构和边境检查站"提出了明确要求；IPPC规定对高风险的种苗等植物货物，应该通过设置有国家植物检疫机关负责、授权和审核的入境检疫站的口岸进境检疫；欧盟、美国、日本、澳大利亚等国家和地区均出台了指定口岸的相关法律法规；

其他国家如印度尼西亚和哥伦比亚等也有相关规定。

(三) 目的和意义

1. 保障国门生物安全

多年来，国内外重大动植物疫情和食品安全事件不断，检验检疫部门多次在进境水果中检出地中海实蝇、苹果蠹蛾等重大检疫性有害生物，在进口肉类中检出二噁英、瘦肉精等有毒有害物质。随着农产品贸易全球化、区域一体化发展，农产品原料生产、成品加工、运输销售等环节处在不同国家或地区，动植物疫病和食品安全风险陡增。中国依照国际惯例，依法对进境动植物采取指定进境监管场地和指定口岸措施，根据贸易现状和需求，集中动植物检疫资源，控制风险发生范围，对保证国门安全极为重要。

2. 服务带动作用突出

肉类、水果、粮食等动植物及其产品作为大众大宗消费品，集中进口对促进区域经济发展方式转变，推动开放朝着优化结构、拓展深度、提高效益方向转变，培育带动区域发展的开放高地，服务"丝绸之路经济带""21世纪海上丝绸之路"建设以及"长江经济带"等国家战略具有重要的带动作用。

七、申报

(一) 申报的定义

申报是指进出口货物的收发货人、受委托的报关企业，依照《海关法》《进出境动植物检疫法》等有关法律、行政法规和规章的要求，在规定的期限、地点，采用电子数据报关或者纸质报关形式，向海关报告实际进出口货物的情况，并且接受海关审核的行为。进出口货物的收发货人，可以自行向海关申报，也可以委托报关企业向海关申报。

(二) 申报的形式

可采用电子数据报关单申报形式或者纸质报关单申报形式，二者具有同等法律效力。电子数据报关单申报形式是指进出口货物的收发货人、受委托的报关企业通过计算机系统按照《中华人民共和国海关进出口货物报关单填制规范》的要求，向海关传送报关单电子数据，并且备齐随附单证的申报方式。纸质报关单申报形式是指进出口货物的收发货人、受委托的报关企业，按照海关的规定填制纸质报关单，备齐随附单证，向海关当面递交单据的申报方式。

进出口货物的收发货人或受委托的报关企业，应当以电子数据报关单形式向海关申报，与随附单证一并递交的纸质报关单的内容应当与电子数据报关单一致；特殊情况下经海关同意，允许先采用纸质报关单形式申报，电子数据事后补报，补报的电子数据应当与纸质报关单内容一致。在向未使用海关信息化管理系统作业的海关申报时，可以采用纸质报关单申报形式。

(三) 申报的要求

进出口货物的收发货人或受委托的报关企业，应当依法如实向海关申报，对申报内容的真实性、准确性、完整性和规范性承担相应的法律责任。

(四) 申报的时限

进口货物的收货人或受委托的报关企业，应当自运输工具申报进境之日起 14 日内向海关申报。进口转关运输货物的收货人或受委托的报关企业，应当自运输工具申报进境之日起 14 日内，向进境地海关办理转关运输手续，有关货物应当自运抵指运地之日起 14 日内向指运地海关申报。出口货物发货人或受委托的报关企业，应当在货物运抵海关监管区后装货的 24 小时以前向海关申报。超过规定时限未向海关申报的，海关按照《中华人民共和国海关征收进口货物滞报金办法》征收滞报金。

(五) 申报对检疫工作的作用

申报的主要作用是使检疫人员在接到货主或代理人递交的申报材料后，为进一步核对相关单证和实施检疫做好必要准备。目前，须检疫申报的法定检疫对象的范围包括法律、行政法规规定必须由海关检疫的，有关国际条约规定必须经海关检疫的，输入国家或地区规定必须凭海关出具的证书方准入境的。申报人应当在规定的地点和时限办理申报手续，提交有关材料。进境申报时应当填写规定格式的申报单，并提交相关的单证材料，如检疫证书、原产地证书（Certificate of Origin）、贸易合同（Trade Contract）、信用证（Letter of Credit）、发票（Invoice）等，转基因产品还要提供转基因生物安全证书；属于应办理检疫许可手续的货物，则在申报时还需提交检疫许可证。

（六）"两步申报" 改革

为贯彻落实政府管理"放管服"改革要求，进一步优化营商环境，促进贸易便利化，海关全面推广了"两步申报"改革试点。在"两步申报"通关模式下，第一步，企业概要申报后经海关同意即可提离货物；第二步，企业在规定时间内完成完整申报。

1. 概要申报

企业向海关申报进口货物是否属于禁限管制，是否依法需要检验或检疫（是否属法检目录内商品及法律法规规定需检验或检疫的商品），是否需要缴纳税款。不属于禁限管制且不属于依法需检验或检疫的，申报 9 个项目，并确认涉及物流的 2 个项目，应税的应选择符合要求的担保备案编号；属于禁限管制的货物，需增加申报 2 个项目；依法需检验或检疫的需增加申报 5 个项目。

2. 完整申报

企业自运输工具申报进境之日起 14 日内完成完整申报，办理缴纳税款等通关手续。税款缴库后，担保额度自动恢复。如概要申报时选择不需要缴纳税款，完整申报时经确认需要缴纳税款的，企业应当按照进出口货物报关单撤销的相关规定办理。

八、现场查验

动植物检疫现场查验是以动植物检疫法律法规制度为依据，对进出境法定检疫物进行证书审查、货证核查以及有害生物检查的行政执法行为，是有中国特色动植物检疫的重要组成部分，是中国落实动植物检疫法律法规及管理制度的手段，也是行使国家动植物检疫执法权的措施。法律法规标准体系、风险分析体系、预警应急体系、境外防御体系等体系为进出境查验体系提供了执法依据和理论指导，科技支撑体系等为进出境查验体系提供技术支持，检疫监管平台、检疫监测平台、除害处理平台等为进出境查验体系提供管理和处理支持，评价监督平台为进出境查验体系提供质量控制支持。

（一）构成要素和内容

1. 构成要素

进出境动植物检疫查验由查验依据、实施查验主体、查验场所、查验设施设备工具和查验对象五个要素构成。

（1）查验依据

查验依据就是实施查验的准则，包括法律法规要求，各种规章制度（包括管理文件、工作手册等），双边检疫议定书要求，贸易合同、信用证要求等，这些准则明确提供了查验依据、范围、内容、程序，以及相关管理要求。

（2）实施查验主体

实施查验的主体是指实施查验的机构和人员，实施检疫查验要求主要检疫人员要满足业务资质能力要求，其他人员主要从事一些辅助性的工作，不能作为实施检疫查验的主体。

（3）查验场所

查验的场所是指实施查验所在的地点，包括海港口岸、空港口岸、陆路口岸、边境口岸以及企业生产、加工、存存放场所等。

①出境检疫查验场所。《进出境动植物检疫法实施条例》第三十三条明确规定，输出动物，出境前需经隔离检疫的，在口岸动植物检疫机关指定的隔离场所检疫。输出植物、动植物产品和其他检疫物的，在仓库或者货场实施检疫；根据需要，也可以在生产、加工过程中实施检疫。近年来，随着实施大通关，口岸验放速度加快，检验检疫工作前伸后移，查验场所延伸到动植物产品的生产源头，如对出口水生动物所用的农兽药、饲料原料也进行查验和监管。

②进境检疫查验场所。按照现行《进出境动植物检疫法》，输入动植

物、动植物产品和其他检疫物，应当在口岸实施检疫；输入动植物、动植物产品或其他检疫物，需调离海关监管区检疫的，经海关同意可以从海关监管区放行至指定地点进行检疫查验；输入动植物、动植物产品和其他检疫物运达口岸时，检疫人员可以到运输工具上和货物现场实施检疫；对船舶、火车装运的大宗动植物产品，限于港口、车站的存放条件，不能就地检查的，经口岸动植物检疫机关同意，可以边卸载边运输，将动植物产品运往指定的地点存放并接受检疫。

③过境检疫查验场所。按照《进出境动植物检疫法实施条例》，过境动物运达进境口岸时，海关检疫人员对运输工具、容器的外表进行消毒并对动物进行临床检疫，经检疫合格的，准予过境。海关可派检疫人员监运过境货物至出境口岸，出境口岸海关不再检疫。

（4）查验设施设备工具

查验设施设备工具是指检疫查验所需的设施设备和工具，包括现场检疫需要的仪器设备，指定的检疫查验场所或检疫区、动植物检疫实验室、进口动物隔离检疫场以及植物隔离检疫圃所需的相关仪器设备。

（5）查验对象

查验对象根据货物的不同，大体可以分为货物查验、旅客携带物查验、邮寄物查验、运输工具查验以及动植物性包装铺垫材料查验等。

2. 查验范围

查验范围包括：进境、出境、过境的动植物、动植物产品和其他检疫物；装载动植物、动植物产品和其他检疫物的装载容器、包装物、铺垫材料；来自动植物疫区的运输工具；进境拆解的废旧船舶；有关法律、行政法规、国际条约规定或者贸易合同约定应当实施动植物检疫的其他货物、物品；享有外交、领事特权与豁免的外国机构和人员公用或者自用的动植物、动植物产品和其他检疫物进境；进出境旅客携带的动植物及其产品、伴侣动物以及通过寄递方式进出境的动植物及其产品。

3. 查验分类及方式

（1）根据货物进出境的方式划分

进境检疫查验是指输入动植物、动植物产品和其他检疫物，应当在进境口岸实施检疫，未经口岸动植物检疫机关同意，不得卸离运输工具。输入动植物，需隔离检疫的，在口岸动植物检疫机关指定的隔离场所检疫。因口岸条件限制等原因，可以由国家动植物检疫机关决定将动植物、动植物产品和其他检疫物运往指定地点检疫。在运输、装卸过程中，货主或者其代理人应当采取防疫措施。指定的存放、加工和隔离饲养或者隔离种植的场所，应当符合动植物检疫的规定。

出境检疫查验是指经启运地口岸动植物检疫机关检疫合格的动植物、动植物产品和其他检疫物，运达出境口岸时，按照下列规定办理：动物应当经出境口岸检疫机关临床检疫或者复检；植物、动植物产品和其他检疫物从启运地随原运输工具出境的，由出境口岸检疫机关验证放行，改换运输工具出境的，换证放行；植物、动植物产品和其他检疫物到达出地口岸后拼装的，因变更输入国家或地区而有不同检疫要求的，或者超过规定的检疫有效期的，应当重新申报。

过境检疫查验是指运输动物过境的，必须按照指定的口岸和路线过境。装载过境动物的运输工具、装载容器、饲料和铺垫材料，必须符合中国动植物检疫规定。运输动植物、动植物产品和其他检疫物过境（含转运，下同）的，承运人或者押运人应当持货运单和输出国家或者地区政府动植物检疫机关出具的证书，向进境口岸海关申报。运输动物过境的，还应当同时提交海关总署签发的动物过境许可证。

装载过境植物、动植物产品和其他检疫物的运输工具和包装物、装载容器必须完好。经口岸检疫机关检查，发现运输工具或者包装物、装载容器有可能造成途中撒漏的，承运人或者押运人应当按照检疫机关的要求，采取密封措施；无法采取密封措施的，不准过境。

（2）根据货物的查验场所划分

现场查验有的在出入境口岸实施，有的在货物产地实施。进境查验以口岸检疫查验为主、目的地检疫查验为辅；出境检疫以产地检疫查验为主、口岸检疫查验为辅。

根据查验的场所，查验可以分为现场检疫查验、实验室检疫鉴定和隔离检疫查验三种方式，其中现场检疫查验是基本方式，实验室检疫鉴定是现场查验的深化和补充，隔离检疫查验是综合现场检疫和实验室检疫为一体的限定地点的特殊查验方式。

现场检疫查验是指进出境应检物抵达口岸时，检疫官员登船、登车、登机或到货物停放地进行检疫查验。检疫查验的货物种类繁多，但综合起来，检查内容主要体现在三个方面。一是核对证单。除报检单外，还需核查贸易合同、信用证、发票和输出国家或地区政府动植物检疫机关出具的检疫证书、产地证书等单证；依法应当办理检疫审批手续的，须提交检疫许可证。根据单证核查的情况并结合中国动植物检疫规定及输出国家或地区疫情发生情况，制订检疫查验方案。二是核对货证相符性，检查所提供的证明材料与货物实际是否相符，同时检查是否有禁止入境的或禁止进入保护区的动植物、动植物产品和其他材料。三是对这些动植物、动植物产品和其他物品及其包装的全部或有代表性的样品进行细致的官方检查，如有必要，对其运输工具也应尽量进行细致的官方检查，以尽量确保它们未受禁止传入的有害生物的污染。

按照《进出境动植物检疫法实施条例》，对进境动植物及其产品的现场检疫查验内容如下。

①动物：检查有无疫病的临床症状。发现疑似感染传染病或者已死亡的动物时，在货主或者押运人的配合下查明情况，立即处理。动物的铺垫材料、剩余饲料和排泄物等，由货主或者其代理人在检疫人员的监督下，作除害处理。

②动物产品：检查有无腐败变质现象，容器、包装是否完好。符合要求的，允许卸离运输工具。发现散包、容器破裂的，由货主或者其代理人负责整理完好，方可卸离运输工具。根据情况，对运输工具的有关部位及装载动物产品的容器、外包装、铺垫材料、被污染场地等进行消毒处理。需要实施实验室检疫的，按照规定采取样品。对易滋生植物害虫或者混藏杂草种子的动物产品，同时实施植物检疫。

③植物、植物产品：检查货物和包装物有无病虫害，并按照规定采取样品。发现病虫害并有扩散可能时，及时对该批货物、运输工具和装卸现场采取必要的防疫措施。对来自动物传染病疫区或者易带动物传染病和寄

生虫病病原体并用作动物饲料的植物产品，同时实施动物检疫。

④动植物性包装物、铺垫材料：检查是否携带病虫害、混藏杂草种子、沾带土壤，并按照规定采取样品。其他检疫物：检查包装是否完好及是否被病虫害污染。发现破损或者被病虫害污染时，作除害处理。

实验室检疫鉴定是指根据有关检疫条款，经现场检疫查验，将截获的有害生物、采集的样品和其他需要作进一步检测的样品送动植检实验室作分离、培养、鉴定等工作。实验室检疫鉴定结果是对进出口货物作准予进出境或检疫处理的重要依据，为现场检疫查验提供了必要的技术支持。

在现场检疫查验的基础上，以下几种情况需要进行实验室检验：现场检疫不能得出结果，需要抽样作实验室检验的；现场检疫发现可疑疫情，需要作进一步到实验室确诊的；贸易国家或地区要求的实验室检验项目；海关规定的实验室检验项目；双边检疫协定（议定书、协议、备忘录等）明确的实验室检验项目。

隔离检疫是指在指定的隔离场所（圃）实施的检疫，是指定地点进行进境或出境检疫的一种特殊管理方式。输入活动物和中高风险的植物繁殖材料需要进行隔离检疫。其中，输入动植物需隔离检疫的，在海关总署或者当地海关指定的隔离场所（圃）检疫。

（3）根据查验的对象划分

根据查验对象，可以分为货物检疫查验、旅客携带物检疫查验、邮寄物检疫查验、运输工具检疫查验、动植物性包装铺垫材料检疫查验和其他检疫物检疫查验等。

货物检疫查验见前述有关内容。旅客携带物检疫查验是指携带动植物、动植物产品和其他检疫物进境的，进境时必须向海关申报，接受检疫。海关可以在港口、机场、码头、车站的旅客通道、行李提取处等现场对可能携带动植物、动植物产品和其他检疫物而未申报的进行查询抽检其物品，必要时可以开包（箱）检查。邮寄物检疫查验是指按照禁止携带、邮寄进境的动植物、动植物产品和其他检疫物的名录，对通过邮政寄递方式进境的动植物、动植物产品及其他检疫物在邮政机构或场地检查寄递物品，邮政机构或者单位应提供必要的工作条件，并配合海关的工作。海关若在现场检疫查验时发现旅客携带或者存在寄递国家禁止携带、邮寄进境的动植物、动植物产品和其他检疫物的，作退回或者销毁处理。

运输工具检疫查验是海关对来自动植物疫区的船舶、飞机、火车，可以登舱、登机、登车实施现场检疫，有关运输工具负责人应当配合、接受海关检疫人员的查询，提供运行日志和装载货物的情况，开启舱室接受检疫，并在查询记录上签字。来自动植物疫区的船舶、飞机、火车，经检疫发现有《进出境动植物检疫法》规定的动物疫病或者植物有害生物的，应作熏蒸、消毒或者其他除害处理。发现有禁止进境的动植物、动植物产品和其他检疫物的，作封存或者销毁处理，作封存处理的，在中国境内停留或者运行期间，不得启封使用。对运输工具上的泔水，动植物性废弃物及其存放场所、容器，应当在海关的监督下作除害处理。

动植物性包装铺垫材料检疫查验包括木包装，进口大动物所用的铺垫草料和谷壳等，海关检疫人员对动植物性包装物、铺垫材料实施现场检疫，检查是否携带病虫害、混藏杂草种子、沾带土壤，并按照规定采取样品。

4. 检疫查验的发展

自中国加入 WTO 起，海关工作主要在三个方面发生了变化。

（1）查验形式的变化

在传统的检疫查验基础上，出现了直通式放行集中查验、虚拟口岸放行查验、视频监管查验，在管理方式上，也从原来一般要求货物查验结束才放行为主的管理方式，逐渐变成结合全过程监管进行查验的方式，口岸和内陆海关更多地联合进行执法。

（2）查验内容的变化

进出境动植物产品要在实施传统检疫的同时，还要检验品质、有毒有害物质和其他项目，并且随着形势的发展，增加了转基因查验、物种资源查验等内容。

（3）查验技术和手段的变化

许多新技术和新手段应用于查验中，如 GPS 定位、X 光机、检疫犬、分子检测方法等。这些技术和手段丰富了现场查验手段，提高了查验的有效性。

（二）查验特点

1. 机构覆盖面广、查验人员多

对外开放口岸和货物的集散地基本都设置了海关，海关查验网络完善，由海关总署统一管理，协调指挥，直属海关负责组织实施和工作监督，地方海关负责具体查验，基本建立了以方便进出、监管有效为总特征，以布局合理、分工明确、管理科学、手段先进为主要内容的进境查验平台。

2. 法律法规体系进一步完善

进出境动植物检疫已经形成以《进出境动植物检疫法》及其实施条例为主体，以《中华人民共和国食品安全法》《中华人民共和国进出口商品检验法》《中华人民共和国国境卫生检疫法》，以及检疫规章制度、动植物检疫标准为补充的法律法规体系。

3. 检疫职能更加宽泛

一是动植物检疫工作已从传统的检疫为主，转变成检疫与防控并重、防控与检验结合。二是检疫兼顾海关查验职能。2018年机构改革以来，检疫人员除了检疫查验外，兼顾海关的职能，对采集的样品在商品属性、纳税情况等方面同时查验。三是进境查验与出境查验并重。海关在保障农产品安全进口的前提下，积极促进和保障农产品的安全出口，对出口检疫查验工作同等重视。四是强调服务外贸经济。海关在不违背 WTO 和国际惯例的前提下发挥宏观调控作用，在出口方面通过加强源头管理和对外交涉，做好促进动植物产品进出口贸易发展的服务工作，促进中国农产品出口，使中国农产品的国际市场不断扩大。

4. 查验格局进出并重

进出并重是指国家既重视进口动植物检疫，又重视出口动植物检疫。进口强调的是严格的防控，出口强调的是服务对外贸易发展，即通过进境检疫查验，把危险性有害生物堵在国门之外。同时，动植物检疫查验机构积极为出口农产品检疫把关，使中国的出口农产品符合输入国或地区的动植物检疫要求。

5. 多样化的查验方式

随着贸易发展和进出境人流物流量增加，查验工作的战场从传统的一线口岸延伸到内地，推动"大通关"建设，提高进出口货物通关效率，对符合条件的产品，实施直通放行查验制度。直通放行是对符合规定条件的进出口货物实施便捷高效的检疫放行方式。其中，进口直通放行是指对符合条件的进口货物，口岸检验检疫机构不实施检疫，货物直运至目的地，由目的地海关实施检疫的放行方式；出口直通放行是指对符合条件的出口货物，经产地检疫合格后，企业可凭产地海关签发的通关手续在报关地海关直接办理通关的放行方式。

九、隔离检疫

（一）基本含义

隔离检疫制度是将进境动植物限定在指定的隔离检疫场（圃）内饲养或种植，在其饲养或生长期间进行检疫、检查、检测和处理的强制性措施。对进境种用、伴侣、观赏动物以及进境植物种子、苗木实施隔离检疫制度，是为了保护农牧产业生产安全、保卫生态安全的技术执法行为。

（二）工作程序和内容

1. 动物隔离检疫场

隔离检疫场是指专用于进境动物隔离检疫的场所，包括由海关总署设立的动物隔离检疫场所（以下简称国家隔离场）和由各直属海关指定的动物隔离场所（以下简称指定隔离场）。通常，引进种用大中动物应当在国家隔离场隔离检疫，当国家隔离场不能满足需求时，需要在指定隔离场隔离检疫时，应当报经海关总署批准。引进种用大中动物之外的其他动物应当在国家隔离场或者指定隔离场隔离检疫。目前中国共有 4 个国家进境动物隔离场，分别设在北京、天津、上海和广州。指定隔离检疫场的选址、布局和建设，应当符合国家有关标准和要求，如《进境牛羊指定隔离检疫场建设规范》（SN/T 4233-2021）、《进境种用雏禽指定隔离检疫场建设规范》（SN/T 5475-2022）、《进境马属动物指定隔离检疫场建设规范》（SN/

T 5476-2022）、《进境水生动物指定隔离检疫场建设规范》（SN/T 2523-2021）等。

使用国家隔离场的，申请单位提前向海关提交申请材料；申请使用指定动物隔离场的，隔离场使用单位应当在办理检疫许可证前，向所在地海关提交申请和相关材料，所在地直属海关和海关总署依次按照规定程序对隔离场使用申请及材料进行审核，并对申请使用的隔离场组织实地考核。经审核和现场考核合格的，签发进境动物指定隔离场使用证（简称隔离场使用证）。

隔离场使用证的使用一次有效，有效期为 6 个月。同一隔离场再次申请使用的，应重新申请，两次使用的间隔期间不得少于 30 天。已经获得隔离场使用证的，超过有效期、内容发生变更、隔离场设施和环境卫生条件发生改变的，隔离场使用单位应当重新申请办理隔离场使用证。隔离场原有设施和环境卫生条件发生改变，不符合隔离动物检疫条件和要求的，隔离场所在地发生一类动物传染病、寄生虫病或者其他突发事件的，由发证机关撤回已经发放的隔离场使用证。

2. 隔离检疫

进境动物应当在经海关批准的隔离场所内实施隔离检疫，进境种用大中动物的隔离检疫期通常为 45 天，其他陆生动物均为 30 天。进境种用、养殖和观赏水生动物应当在指定隔离场进行至少 14 天的隔离检疫。需要延长或者缩短隔离检疫期的，应当报海关总署批准。

进境动物经入境口岸海关工作人员现场检疫合格，方可运往隔离场进行隔离检疫。动物进场前 10 天，所有场地、设施、工具必须保持清洁，并采用海关认可的有效方法进行不少于 3 次消毒处理。同时，隔离场使用人应提前准备动物隔离期间使用的饲草、饲料和垫料等，相关投入品进场前也需按要求进行必要的消毒处理。

海关在进境动物隔离检疫期间对隔离场实施监督管理，重点监督和检查隔离动物饲养、防疫等措施的落实。海关工作人员对进境种用大中动物（猪、牛等）在隔离检疫期间实行 24 小时驻场监管。进境动物隔离检疫期间，隔离场使用人在征得海关同意下方可对患病动物进行治疗。

3. 采样送检

所在地海关负责隔离检疫期间样品的采集、送检和保存工作。隔离动物样品采集工作在动物进入隔离场后 7 天内完成。海关按照有关规定及双方议定书，对动物进行临床观察和实验室项目的检测，根据检测结果出具相关的单证。实验室检疫不合格的，应当尽快将有关情况通知隔离场使用人并对阳性动物依法及时进行处理。

4. 应急处理

隔离检疫期间，隔离场内发生重大动物疫情的，应当按照《进出境重大动物疫情应急处置预案》处理。发现疑似患病或者死亡的动物，应当立即报告所在地海关，并立即采取下列措施：将疑似患病动物移入患病动物隔离舍（室、池），由专人负责饲养管理；对疑似患病和死亡动物停留过的场所和接触过的用具、物品进行消毒处理；禁止自行处置（包括解剖、转移、急宰等）患病和死亡动物；死亡动物应当按照规定作无害化处理。

5. 后续监管

隔离检疫结束后，在海关的监督下，对动物的粪便、垫料及污物、污水进行无害化处理确保符合防疫要求后，方可运出隔离场；剩余的饲料、饲草、垫料和用具等应作无害化处理或者消毒后方可运出场外；按要求对隔离场场地、设施和器具进行消毒处理。

十、疫病疫情监测

疫病疫情监测制度是通过技术手段对动物疫病和植物有害生物的发生、发展、类型、变化进行系统、完整、连续的调查和分析，从而研判的疫病或有害生物流行趋势，旨在正确分析和把握动植物疫病发生发展趋势，加强风险管理，增强检疫把关的预见性和有效性，提高进出境动植物及其产品安全风险预警预报能力，适应国际贸易中疫病疫情风险评估工作需要。海关总署负责制定《国门生物安全监测方案（动物检疫部分）》和《国门生物安全监测方案（植物检疫部分）》（以下简称《方案》）。

(一) 组织落实监测计划

《方案》明确了开展监测的动植物及其产品种类，包括陆生动物、水生动物、非食用动物产品、动植物源性饲料、粮食、水果、蔬菜等疫病监测计划。各地海关根据《方案》，结合本关实际制订实施方案或工作计划，确定监测项目、监测时限、采样要求、监测频率等，明确各部门的职责分工，加强协调配合，确保口岸植物疫情风险监测工作顺利、有序推进。

（二）提高风险识别能力

按照《方案》要求，有序开展境外植物疫情风险监测、口岸截获植物疫情监测、非贸渠道植物疫情监测及外来有害生物监测等工作，运用检测收集、分析、跟踪、监测等科学手段，及时发现生物安全隐患，及时开展风险研判，开展生物安全风险水平和变化趋势全面评价。加强动植物疫情信息收集及实验室技术能力建设，及时根据生物学发展，开展动物疫病和有害生物检疫风险评估和检测鉴定技术研究，不断提升检疫鉴定和检测技术能力。组织开展动植物疫情风险监测专题培训，加强《方案》解读，做好疫情收集、现场检疫、采样送样、不合格处理、应急处置、监测结果汇总分析以及实验室检测鉴定、生物安全防护等方面的实操培训。

（三）及时报送监测结果

开展监测时，检测方法应选择双方议定书或协商确定的检测方法，如无明确检测方法，应选择符合最新版本的国家标准、行业标准或 WOAH《陆生动物诊断试验和疫苗标准手册》《水生动物疫病诊断手册》等相关技术规范要求。按照《方案》要求，及时报送监测结果。检测结果呈阳性的，如检出《进境动物检疫疫病名录》和《一、二、三类动物疫病病种名录》一类动物疫病或人兽共患病的，应在 2 小时内填写《进出境动物疫病信息通报表》通过海关业务网邮箱上报上一级机关。对于经直属海关风险研判认为具有重大风险的植物疫情，应立即与海关总署联系，并根据要求报送相关材料。

（四）严格做好应急处置

进出境动植物及其产品和其他检疫物经检疫不合格的，签发检疫处理通知书，通知货主或者其代理人作除害、退回或者销毁处理。经除害处理合格的，准予进出境。根据检出疫病或有害生物开展风险评估，及时发布风险预警,对相关国家产品发布禁令公告。监测发现重大动植物疫情或者疑似重大动植物疫情的,应按照《进出境重大动物疫情应急处置预案》《进出境重大植物疫情突发事件应急处置预案》等有关规定快速反应,果断处置,尽快控制或消除疫情影响,减少危害和损失。

十一、风险预警与快速应急反应

风险预警与快速反应是指在动植物检疫工作中发现可能危害人体健康和农林牧渔业安全、生态安全的动物疫病和植物有害生物、外来入侵物种及其他生物安全风险信息时,在风险分析的基础上,启动风险预警与快速反应机制,发布风险预警信息,阻止带有潜在危险的植物及其产品或其他检疫物入境所采取的快速反应措施。

2007 年,中国颁布了《中华人民共和国突发事件应对法》,将突发公共事件主要分成 4 类:自然灾害类,主要包括水旱灾害、气象海洋灾害、地震地质灾害、天体灾害、生物灾害和森林草原火灾等;事故灾难类,主要包括环境污染和生态破坏事件等;公共卫生事件类,主要包括传染病疫情、群体性不明原因疾病、食品安全和职业危害、动物疫情以及其他严重影响公众健康和生命安全的事件;社会安全事件类,主要包括战争、恐怖袭击事件、经济安全事件、涉外突发事件等。这些突发事件都由应急管理部统一管理。

农林业发生的检疫性有害生物灾害属于"自然灾害类",动物疫情属于公共卫生事件类。与农林业生产和生物安全有关的国家专项应急预案很多,例如《国家突发重大动物疫情突发事件应急预案》《红火蚁疫情防控应急预案》《农业重大有害生物及外来生物入侵突发事件应急预案》《重大外来林业有害生物灾害应急预案》《农业转基因生物安全突发事件应急预案》《进出境重大动物疫情应急处置预案》《进出境重大植物疫情突发事件应急处置预案》等,这些应急预案与动植物检疫监管和检疫处理密切相关。

2001 年起,海关总署(包括原国家质检总局)先后发布实施《出入境检验检疫风险预警及快速反应管理规定》《出入境动植物检验检疫风险预警及快速反应管理规定实施细则》，建立了进出境动植物检疫领域风险预警及快速反应的管理制度，并对风险预警信息收集、风险分析程序、风险警示通报的对象、方式、内容、快速反应措施及监督管理方法作出了明确要求。

风险预警及快速反应主要包括风险信息的收集及传递、风险分析、风险预警措施和决策。其中，风险分析是风险预警及快速反应机制的核心内容，风险信息收集与传递是基础和纽带，风险预警措施和决策调控是该机制的结果。风险分析的准确与否直接影响风险预警措施和决策调控，同时风险信息有效收集与传递为整个机制的正常运转提供可靠的保障，而正确的风险预警措施和决策调控又能切实保证进出口动植物及其产品的安全。

（一）信息收集和传递

信息收集是进出口动植物及其产品风险预警及快速反应的基础，信息收集的速度、效率和详尽程度直接关系到风险评估，以及制定有关风险预警措施的准确性和有效性。风险信息收集主要有三个途径：一是海关根据进口货物的特点建立固定的信息收集网络，通过检验、监测、市场调查获取的信息；二是动植物检疫风险分析委员会提交的风险分析报告；三是充分利用国际组织、其他国家政府部门、有关机构发布的信息，以及国内外社会团体、消费者反馈的信息渠道，收集整理相关信息，并对收集的信息进行筛选、确认、分析和研判。

（二）风险分析

风险分析是风险预警及快速反应机制的重要组成部分，它是在风险信息收集的基础上进行的系统而全面的分析，其分析结果和质量的高低直接影响风险预警及快速应急反应的效果。同时，风险分析结果也将作为风险信息进入信息收集及传递系统。针对进境动植物及其产品风险分析工作，现阶段由海关总署根据收集的信息，进行风险评估，确定风险的类型和程度。根据评估的风险类型和程度，海关总署可对进境的货物采取风险预警措施，启动快速反应措施。

（三）风险预警与快速反应措施

风险预警措施是指在进出境动植物及其产品对人类健康和安全、消费者的合法权益、人类生存环境和国家安全等可能存在风险或者潜在危害时，采取的预防性安全保障措施。风险预警措施包括：发布风险警示通报、发布通告，对特定进口商品有针对性地加强检验和监测。

对风险已经明确，或者经风险评估后确认有风险的进出境货物，或具体动物疫病或植物有害生物、外来物种，海关总署可采取预警及快速反应措施。快速反应措施包括检疫措施、紧急控制措施和警示解除。其中，检疫措施包括加强对有风险的进出境货物、物品的检疫、实施紧急控制措施和监督管理，依法有条件地限制有风险的货物、物品进出境或使用，加强对有风险货物、物品的国内外生产、加工、存放单位的审核，对不符合条件的，依法取消其检疫注册登记资格。紧急控制措施根据出现的风险状况，在科学依据尚不充分时，参照国际通行做法，对进出境货物、物品可采取临时紧急措施，例如销毁或者无害化处理，并积极收集有关信息进行风险评估；对已经明确存在重大中植物疫病或有害生物风险的进境货物物品，可依法采取紧急措施，禁止其进境或出境。必要时，由国务院发布命令封锁有关口岸。对进出境货物、物品风险已不存在或者已降低到适当程度时，海关总署发布警示解除公告。

近年来，运用该项制度妥善处理了红火蚁、新菠萝灰粉蚧等一系列植物疫情突发安全事件，维护了进出口贸易的正常开展。

十二、责任追究

动植物检疫的执法依据是《进出境动植物检疫法》及其实施条例、《生物安全法》等。实施动植物检疫是技术执法行为，属于政府行政执法范畴，必须贯彻有法可依、有法必依、执法必严、违法必究的原则。

根据现行有效的法律规范，在海关动植物检疫执法领域的法律责任体系由行政处罚、行政处分及刑事法律责任构成。行政处罚包括罚款、吊销单证、注销注册登记、取消资格，行政处分针对动植物检疫人员，具体规定在《进出境动植物检疫法》第四十五条。在刑事责任方面，涉及妨害动植物防疫、检疫罪；伪造、变造国家机关公文、印章罪；动植物检疫徇私舞弊罪；动植物检疫失职罪4个罪名。《生物安全法》第八十四条进一步规定，境外组织或者个人通过运输、邮寄、携带危险生物因子入境或者以其他方式危害我国生物安全的，依法追究法律责任，并可以采取其他必要措施。海关对违法违规单位进行行政处罚应遵守《中华人民共和国行政处罚法》，按照《中华人民共和国行政处罚法》和《中华人民共和国海关行政处罚法实施条例》规定程序开展调查、举行听证、作出处罚决定、送达处罚决定、执行处罚决定。违法行为的当事人不服行政处罚决定的，应按照《中华人民共和国行政复议法》的规定提请行政复议，或者按照《中华人民共和国行政诉讼法》的规定提起行政诉讼。

违反《进出境动植物检疫法》及其实施条例规定引起重大动植物疫情的，或者伪造、变造动植物检疫单证、印章、标志、封识的，要追究责任人员的刑事责任。上述刑事责任的判罚参照违反《中华人民共和国刑法》有关引起传染病传播危险，或者有关伪造、变造国家公文、标识、印章罪的规定量刑判决。

海关动植物检疫检疫人员滥用职权，徇私舞弊，伪造检疫结果，或者玩忽职守，延误检疫出证，构成犯罪的，依法追究刑事责任；不构成犯罪的，给予行政处分。

第二节
检疫措施

◇

一、实验室检疫

实验室检疫是检疫人员按有关规定或要求对输入、输出的检疫物进行动物疫病或植物病虫害的实验室检测，是动植物检疫工作的技术执法基础，为现场检疫查验提供了必要的技术支持。检疫结果是对进出口货物、运输工具和携带物、寄递物作出准予进出境或检疫处理的根本依据。

在执行现场查验、隔离检疫和风险监控方案过程中，有以下几种情况需要进行实验室检验：现场检疫不能得出结果的，需要抽样作实验室检验；现场检疫发现疑似疫病，需要实验室检疫作进一步确诊；进口国或地区要求的实验室检验项目；海关规定的实验室检验项目；中国对外签署的检疫协定和议定书中规定的实验室检验项目；海关总署制订的各项疫病和有害生物风险监控监测方案规定的实验室检疫项目。

海关将现场检查、隔离场（圃）和监测点发现的有害生物、带有症状的样品、需要进一步检测的样品和按规定采集的样品送实验室检疫。

动植物检验实验室对进出境动植物及其产品的检验，主要是检验进出境动植物及其产品是否有我国规定的动物一、二类传染病及其他国家或地区的检疫性动物疾病，检验是否有我国规定的植物一、二类危险性病、虫、草等外来有害生物。

动植物检验实验室也根据海关相关工作规章、规程、标准和规范性文件，以及动植物检疫许可证，双（多）边相关公约、协定、议定书、协议，或贸易合同中确定的，要求对动植物及其产品进行检验。

实验室根据委托的检测、鉴定项目，按照相关检测技术标准，采用分离、培养、血清学、生理生化和形态学、分子生物学等方法进行检测和鉴定，出具检验报告单证，提交给检疫机关。

目前对进出境动植物疫病和有害生物检测和鉴定技术仍然经常和广泛采用经典、传统的常规检测技术，同时符合国际公认的实验室诊断方法和标准要求。

二、检疫处理

（一）基本概念

根据 IPPC 的《植物检疫术语表》（ISPM 5），处理是指旨在杀灭、灭活或消除有害生物，或使有害生物不育或丧失活力的官方程序。检疫处理是利用物理、化学或者生物学等技术，对携带动物疫病或者限定性有害生物的货物、其他应检物进行处理，导致疫病病原体或者有害生物死亡、不能发育或不能繁殖，阻止其传入和传播，并保障货物的品质。

检疫处理作为保障国门生物安全的一种重要技术措施，是检疫执法把关工作的重要环节，在防范外来有害生物入侵，保护农业生产、生态环境安全，保障人身健康和公共卫生安全，促进贸易发展等方面具有举足轻重的作用。

（二）检疫处理的基本原则

检疫处理应遵循科学、有效、安全、环保等基本原则。

1. 科学性原则

为确保检疫处理效果、环境安全和相关人员的安全，要在检疫处理风险分析的基础上，根据不同检疫处理方法的技术原理和适用范围，科学地选择合理、适用、经济的检疫处理方法、技术标准，并使用专用的检疫处理设施设备来实施检疫处理。

2. 有效性原则

检疫处理的目的是为了防止疫病或者限定性有害生物的传播、扩散和定殖，严格按照规定的操作程序和技术标准实施检疫处理，是有效开展检疫处理的关键。

3. 安全性原则

实施检疫处理时，应严格控制与检疫处理相关的各种环境条件并遵循相关指南，适时对各种专用仪器设备、药剂进行有效性评价，才能保证检疫处理作业人员的安全和被处理货物的安全处理。

4. 环保性原则

实施检疫处理过程中，不得随意排放、遗弃可能对环境造成负面影响的处理物，注意节约能源，以利环保。

（三）检疫处理方法

目前在检疫处理中采用的技术手段总体上可以分为两大类：一类是化学处理方法，包括熏蒸处理、非熏蒸化学药剂处理；另一类是物理处理方法，包括热处理、冷处理、辐照处理和气调处理等。目前，熏蒸处理具有经济、实用、效果显著等特点，在检疫处理中应用最为广泛。在具体实施检疫处理时，需要根据目标有害生物或寄主的不同，科学地选用不同的处理方法，可综合采用一种或多种处理方法。

1. 熏蒸处理

熏蒸处理是在密闭空间内使用熏蒸剂持续处理一定时间，将货物携带的有害生物杀灭的技术。熏蒸剂是指在其工作温度和压力下，能够保持气态且能够长时间维持将有害生物杀灭所需的足够高的气体浓度的一类物质。因此，熏蒸是指以熏蒸剂气体分子穿透至货物内部将有害生物杀灭，核心是熏蒸剂的气体浓度和密闭。理想的熏蒸剂应具备如下特性：对目标有害生物具有高毒性，对非目标动物和植物具低毒性；价格相对低廉，使用便捷；对食品和货物品质无不利影响；易扩散，穿透性强，低残留；不易燃易爆；水溶性差；在常温常压下能以稳定气态形式存在；在环境中的存在易于为人体所感知；对大气和环境不构成实质性危害。迄今为止，还没有找到一种完全满足上述要求的熏蒸剂。现有的熏蒸剂都因为存在不足，只能在有限的范围内使用。熏蒸处理具有效果好、操作简便，对场地和设施要求不高、成本低廉等特点，最为突出的优势是熏蒸剂气体能够自然扩散，均匀分布于整个处理空间，并穿透到货物内部或建筑物等的缝隙中将有害生物杀灭，这些优势在大宗货物和对大型建筑的处理上尤为突出。

目前，溴甲烷是检疫处理领域使用最为广泛的熏蒸剂。但是，由于溴甲烷有破坏臭氧层的负面作用，被1992年《关于消耗臭氧层物质的蒙特利尔议定书》哥本哈根修正案确定为需要逐步淘汰的熏蒸剂，IPPC正在制定战略，准备淘汰检疫和装运前用途（Quarantine and Pre-shipment treatment, QPS）的溴甲烷。一旦QPS溴甲烷使用受限，将给各国贸易、经济、社会发展带来巨大影响，一些国家和机构正在积极研发溴甲烷替代品和减量使用技术。

2. 非熏蒸化学药剂处理

非熏蒸化学药剂处理是指以防止有害生物跨境传播为目的，由官方或在官方监管下实施的，通过浸泡、滴灌、喷雾和气雾等液态和固态方式施用农药进行处理的措施。处理药剂包括杀虫剂、杀菌剂、杀线虫剂和助剂等，与一般的农药相比，非熏蒸化学药剂最为显著的特点是对有害生物的杀灭效果更为迅速和彻底。处理的方式主要包括喷洒、气雾、喷雾、浸泡和滴灌等，其中喷洒和气雾处理一般用于运输和储存工具及设施（如集装箱、库房等）的处理，喷雾、浸泡和滴灌一般用于植物产品的处理，这些处理方法在集装箱表面消毒、杀虫、种苗处理等方面得以应用。

3. 冷处理

冷处理是指在持续低温条件下，对可能携带限定性有害生物的货物通过速冻或冷藏处理达到杀灭有害生物的检疫处理技术。冷处理主要包括速冻处理和冷藏处理，两种处理方法的实施均需要先进的制冷设备。此方法适用于对低温适应性良好的、不易引起冷害的水果等鲜活农产品。

低温处理对昆虫等有害生物的伤害可以分为未结冰伤害和结冰伤害两类。未结冰伤害又包括直接伤害和间接伤害。直接伤害又称为冷休克，是由低温短时间条件下诱发膜脂相变，或增加了细胞电解液泄漏和膜功能的丧失。间接伤害是指长时间暴露在低温下，导致昆虫不能正常完成生活史，从而造成死亡的冷伤害现象。结冰伤害是因细胞间液或细胞内液结冰，导致细胞脱水、细胞内电解液浓度和渗透压升高、pH 改变和蛋白质变性造成的。此外，渗透压敏感度的下降、水通道的机械损伤、重结晶对组织的伤害等都是导致结冰伤害的原因。一般而言，农产品的种类、品种、发育、成熟度、冷处理环境的相对湿度及气体成分均是影响冷处理的因素。

冷处理被许多国家和地区用于对进出境果蔬产品的检疫处理，例如美国农业部（USDA）已对 48 个国家和地区的 14 种果蔬上携带的地中海实蝇和墨西哥实蝇的冷处理进行了规定。另外，该技术也逐渐应用于处理仓储害虫，如赤拟谷盗、谷斑皮蠹、锯谷盗、四纹豆象、印度谷螟、干果斑螟、麦蛾、烟草甲等。

4. 热处理

热处理是指采用一定的加热手段，提高被处理货物的温度，达到规定温度值后持续维持一定时间，用以杀灭被处理货物可能携带的限定性有害生物，同时保护被处理货物品质的一种处理方法。基本要素包括温度、湿度和持续时间。高湿对昆虫的致死效应主要包括引起蛋白质发生凝固，催化酶失活；产生多项生理功能紊乱；造成昆虫体壁保水结构破坏，加速了体内水分的大量失散；昆虫体内类酯物质的液化导致昆虫死亡。热处理具有无残留、不污染环境、保证货物品质等优点，是一种安全、高效、绿色、环保的检疫处理技术。根据热传介质和空气湿度的不同，热处理分为热水处理、蒸热处理、强制热空气处理、干热处理。依据加热原理的不同，又可分为传统热处理（对流、传导、辐射）和介电质热处理（微波处理、高频介质处理）。

5. 辐照处理

辐射是一种能量传输过程，辐射的能量（频率）不同，对物质产生的效应不同。辐射可分为电离辐射（ionizing radiation）和非电离辐射（non-ionizing radiation），电离辐射又称为辐照或辐照处理（irradiation, ionizing radiation）。生物体受到照射后经历一系列性质不同而又相互关联的物理、化学和生物学变化过程，导致死亡、繁殖和发育受阻，达到防止有害生物传播、扩散和蔓延的目的。辐照处理后的食品没有残留，被认为是一种安全、绿色的检疫处理技术。辐照对货物尤其是鲜活产品如水果、蔬菜的品质影响较小，且辐照能抑制（采后）鲜活产品的成熟，具有储藏保鲜和延长货架期的作用，可广泛用于食品的杀虫灭菌和储藏保鲜，具有处理快速、安全有效、绿色环保、不受温度限制等优点，目前是认为影响最小的检疫处理技术之一。在国际原子能机构（IAEA）、IPPC等国际组织的推动下，大量的技术研究得以开展。1992年，溴甲烷被《关于消耗臭氧层物质的蒙特利尔议定书》列为需要淘汰的物质，辐照处理作为一种有效的替代技术，应用前景广泛，得到国际社会更为广泛的关注，并建立了一系列区域性标准和国际标准，以此实现和推动了辐照技术在国际贸易中的成功应用。

6. 无害化处理

无害化处理通常是指对动物及其产品的检疫处理，是采用物理、化学等方法处理病死动物尸体及相关动物产品，消灭其所携带的病原体，消除疫病危害的过程，主要的方法有焚烧、化制、掩埋、发酵等方法。我国制定发布了国家标准《畜禽病害肉尸及其产品无害化处理规程》（GB 16548—1996），农业农村部也出台了病死及病害动物无害化处理技术规范，标准和规范对各种方法的操作程序、处理参数和注意事项作出了规定，是对进出境染疫动物及其产品进行检疫处理的标准依据。

7. 其他检疫处理技术

气调处理是通过调节处理空间的气体成分（增加二氧化碳浓度，降低氧气含量），给有害生物造成一种不适宜生存的气体环境而达到杀虫灭菌的目的。气调技术长期以来被用在储藏谷物的害虫防治，同时在农产品储藏保鲜和杀灭昆虫和螨类方面也得到了一定的应用。影响气调处理杀虫效果的因素较多，包括温度、相对湿度、气体浓度及配比，目标害虫和农产品特性等。气调处理对人及动物等非目标生物无毒害，对处理的商品货物无残留，且不会污染环境，符合环保要求，在检疫处理中具有一定的应用前景。

高低压处理是利用高压状态下突然减压导致生物体膨胀的原理来杀灭害虫的检疫处理方法。该方法借助二氧化碳气压对稻谷等粮食进行杀虫处理，与传统技术相比，高低压处理对环境的破坏和对人体的危害都较小。

此外，为了提高除害效果和保证被处理货物的品质不受影响，几种处理方式联合使用的综合处理在近年来得到广泛应用。例如，先用γ射线辐照葡萄柚，然后再冷藏处理，可杀死其携带的加勒比实蝇；感染梨黑斑病的鸭梨浸泡在丙酸溶液中一定时间后进行强制热空气处理，可极大降低药剂对水果表面的伤害，同时热处理对杀灭真菌具有显著增效作用。

三、禁止进境

（一）禁止进境物

《进出境动植物检疫法》规定，与动植物检疫有关的禁止进境物包括：动植病原体（包括菌种、毒种等）、害虫及其他有害生物；动植物疫情流行的国家和地区的有关动植物、动植物产品和其他检疫物；动物尸体；土壤。其中，动植物疫情流行国家和地区的有关动植物、动植物产品和其他检疫物名录，由国务院农业行政主管部门制定并公布。对于禁止进境物，海关一经发现即作退回或者销毁处理。

1. 禁止动植物病原体、害虫及其他有害生物进境

动植物病原体是指能引起动植物疫病的微生物、寄生虫的统称，包括各种线虫、真菌、放线菌、细菌、病毒等。害虫是指有害的昆虫。动植物病原体和害虫有些就是检疫对象，没有被规定为检疫对象的，也会危害农牧渔业生产。其他有害生物是指危险性病虫害以外，对农牧生产有重大危害的生物，如蜗牛、蛞蝓、蠕虫类、节肢动物等。

2. 禁止动植物疫情流行的国家和地区的有关动植物、动植物产品和其他检疫物进境

动植物疫情流行的国家和地区的有关动植物、动植物产品和其他检疫物的名录，依据《进出境动植物检疫法》第五条的规定，由国务院农业行政主管部门制定并发布名录，即国务院农业行政主管部门根据实际情况，确定哪些国家和地区流行哪类动植物疫情，并确定该国家和地区的哪些种类的动植物、动植物产品和其他检疫物为禁止进境物。通常情况下，当一个国家或者地区发生动植物疫情后，海关总署和农业农村部联合发布禁令，公布禁止进境的动物及其产品种类名录，名录依据风险评估确定。

3. 禁止动物尸体进境

动物尸体是指动物非正常死亡不能食用的躯体。动物尸体可能携带多种病原微生物和寄生虫，或者被病原体污染，因此规定禁止动物尸体进境。

4. 禁止土壤进境

土壤是指地球陆地表面能生长植物的疏松表层。由于土壤中含有动植物残体腐解而产生的物质，加上施肥、灌溉等因素，常隐藏着多种危害农作物的病虫害，特别是土传病害的病原微生物、线虫和休眠虫体，因此规定禁止土壤进境。

特殊用途的少量土壤，如科研用土、药用土、纪念用土、工业样品用土，经批准进境的，也须作消毒处理。

5. 特许检疫审批

因科学研究等特殊需要引进上述禁止进境物的，必须事先提出申请，经海关总署批准。

输入需要检疫审批的动植物及其产品或其他检疫物时，货主或其代理人应在签订贸易合同或赠送协议前，申办检疫许可证。申请时，货主或其代理人应提交检疫许可证申请表和相关材料，由进境口岸直属海关初审合格后，上报海关总署审核。海关总署根据对申请材料的审核、输出国家或地区的动植物疫情以及中国有关检疫规定等实际情况，决定是否签发检疫许可证。2004 年中国建设并推广应用了"进境动植物检疫许可证管理系统"，实行网上电子检疫审批程序。2018 年机构改革后，在智慧动植检集成平台上，"检疫审批系统"调整为"智慧动植检""检疫审批"模块。

因科学研究等特殊需要经特许审批允许引进的动植物病原体，必须妥善保管，实行生物安全防护措施，保证病原体不扩散蔓延和污染环境。

（二）禁止携带、邮寄进境物

1. 法律依据

《进出境动植物检疫法》第二十九条规定，禁止携带、邮寄进境的动植物、动植物产品和其他检疫物的名录，由国务院农业行政主管部门制定并公布。携带、邮寄前款规定的名录所列的动植物、动植物产品和其他检疫物进境的，作退回或者销毁处理。

农业农村部、海关总署发布的《出入境人员携带物检疫管理办法》（2018 年第 3 次修正）规定，出入境人员禁止携带下列物品进境：动植病原体（包括菌种、毒种等）、害虫及其他有害生物；动植物疫情流行的国家和地区的有关动植物、动植物产品和其他检疫物；动物尸体；土壤；《中华人民共和国禁止携带、邮寄进境的动植物及其产品名录》所列各物；国家规定禁止进境的废旧物品、放射性物质以及其他禁止进境物。

2. 禁止携带、寄递进境的动植物及其产品和其他检疫物名录

农业农村部、海关总署于 2021 年 10 月 20 日联合发布《中华人民共和国禁止携带、寄递进境的动植物及其产品和其他检疫物名录》（第 470 号公告），公布了禁止携带、寄递进境的动植物及其产品名称。

（1）动物及动物产品类

活动物（犬、猫除外），包括所有的哺乳动物、鸟类、鱼类、甲壳类、两栖类、爬行类、昆虫类和其他无脊椎动物，动物遗传物质；（生或熟）肉类（含脏器类）及其制品；水生动物产品；动物源性乳及乳制品，包括生乳、巴氏杀菌乳、灭菌乳、调制乳、发酵乳，奶油、黄油、奶酪、炼乳等乳制品；蛋及其制品，包括鲜蛋、皮蛋、咸蛋、蛋液、蛋壳、蛋黄酱等蛋源产品；燕窝（罐头装燕窝除外）；油脂类，皮张，毛类，蹄（爪）、骨、角类及其制品；动物源性饲料、动物源性中药材、动物源性肥料。

（2）植物及植物产品类

新鲜水果、蔬菜；鲜切花；烟叶；种子、种苗及其他具有繁殖能力的植物、植物产品及材料。

（3）其他检疫物类

菌种、毒种、寄生虫等动植物病原体，害虫及其他有害生物，兽用生物制品，细胞、器官组织、血液及其制品等生物材料及其他高风险生物因子；动物尸体、动物标本、动物源性废弃物；土壤及有机栽培介质；转基因生物材料；国家禁止进境的其他动植物、动植物产品和其他检疫物。

通过携带或寄递方式进境的动植物及其产品和其他检疫物，经国家有关行政主管部门审批许可，并具有输出国家或地区官方机构出具的检疫证书，不受此名录的限制；具有输出国家或地区官方机构出具的动物检疫证书和疫苗接种证书的犬、猫等宠物，每人仅限携带或分离托运一只。法律、行政法规、部门规章对禁止携带、寄递进境的动植物及其产品和其他检疫物另有规定的，按相关规定办理。

四、紧急预防

（一）紧急预防法律法规体系

《生物安全法》规定，国家建立境外重大生物安全事件应对制度。境外发生重大生物安全事件的，海关依法采取生物安全紧急防控措施，加强证件核验，提高查验比例，暂停相关人员、运输工具、货物、物品等进境。必要时经国务院同意，可以采取暂时关闭有关口岸、封锁有关国境等措施。

该条款在法律层面上强调海关对生物安全风险应急处置的手段和措施，充分赋予了海关紧急应对处置境外重大生物安全风险的职权。为确保紧急应对处置措施科学、规范开展，海关已制定《出入境检验检疫风险预警及快速反应管理规定》《进出境重大植物疫情突发事件应急处置预案》《进出境重大动物疫情应急处置预案》，在发生紧急情况时，可按照规定进行有效处置。

（二）应急处置机制

1. 建立风险预警体系

随着世界经济一体化进程不断加快，国际贸易和人员流动日趋频繁，不合格商品在全球范围内的流通风险和危险性有害生物的传播风险不断加大，世界上一些国家和地区先后建立了健全的风险预警系统来防范由此造成的损失。

中国进出境动植物检验检疫风险预警及快速反应系统，对动植物检验检疫风险预警信息收集、风险分析、风险警示通报、快速反应措施等都作了规定。风险预警机制的建立是中国动植物检疫史上一项开创性工作，也是一项复杂性工作。它对有效控制进出境动植物及其产品风险，保护农林牧渔业生产和人体健康，促进中国经济和对外贸易的发展起到了重要的作用。

广泛收集最新的国际动植物疫情信息，及时发布禁令及解禁令，并上网公布《禁止从动物疫病流行国家地区输入的动物及其产品一览表》，极大地方便了相关部门及社会各界查询检疫政策和规定。与此同时，还建立了截获进境动植物有害生物和有毒有害物质上报制度，及时汇总掌握疫情动态，每季度定期向动植物检疫系统内部通报截获情况。根据境外动物疫情态势，每年单独或会同农业农村部发布进口动植物及其产品禁令公告、解禁令公告。通过 WTO/TBT-SPS 国家通报咨询中心发布有关动植物疫情疫病风险预警信息，及时向有关部门发布中国出口产品预警信息，使中国政府、企业及时了解有关出入境商品的风险预警信息，及早采取对策减少贸易损失。

2. 应急处置长效机制

进出境动植物疫病疫情的发生往往具有情况紧急、复杂多变、处理时政策法规性强等特点，这就要求动植物检疫必须具备完善的应急处置预案及措施。中国通过制定《进出境重大动物疫情应急处置预案》《进出境重大植物疫情突发事件应急处置预案》《进出境农产品和食品质量安全突发事件应急处置预案》，逐步建立健全了重大动植物疫病和农产品质量安全突发事件处置体系。预案对疫病疫情的确定、疫情处理的机构和人员、疫情的控制均作了详细的确定，预案根据突发事件的性质、发生范围、可控性和紧急程度等因素，将重大动植物疫情分为三类实行预警，将农产品质量安全突发事件分级实施响应。通过及时准确收集境内外有关动植物和农产品质量安全的信息，研究提出应对建议。健全信息上报制度，完善应急措施。

动植物疫情疫病往往是突然发生的，要求检验检疫部门能够快速反应，妥善处置。应急处置机制对于检验应急预案效果，确保动植物检疫工作人员在时间紧、任务重、要求高的情况下，各项应急处置工作高效有序进行具有重要意义。海关十分重视实战应急演练工作，有针对性地开展了非洲猪瘟等突发动植物疫情应急处置演练，完善了应急程序、处置措施和物资储备制度，配备了应急保障装备和防疫药品等物资，提高了应急实战能力。

第五章
动植物检疫实验室技术

CHAPTER 5

第一节
动物检疫实验室技术

一、概述

（一）历史回顾

动物检疫实验室技术伴随着医学检验技术发展而发展。早在 19 世纪，随着现代西方医学的发展，医学和兽医学开始借助一些实验室检查方法对患者或患病动物进行诊断。在此期间开始使用显微镜检查各种染色涂片中的细菌，同时还发展了各种细菌培养技术，这构成了现代实验室检测的雏形。

第二次世界大战后，随着科学技术和现代医学的发展，医学实验室也得到了快速发展。一方面是自动化仪器进入实验室，各种各样的先进自动化仪器取代了以前的手工操作，提高了工作效率和质量。检测实验室从原来手工作坊式的工作模式，逐步发展成为有良好组织和工作条件的现代化实验室。另一方面，随着科学技术发展，生物化学、免疫学、遗传学、生物学、分析化学、生物物理学以及电子技术、计算机、仪器分析等学科和技术向检疫实验室进行广泛的渗透。无论在基础理论上还是应用技术上，医学和动物医学检验检疫都有了极其深刻和广泛的发展，各自成为专门的学科领域。动物检疫实验室技术随着微生物学、免疫学、分子生物学等学科的发展和进步不断创新，特别是各种免疫学技术广泛用于各种疫病病原的抗原、抗体测定，分子诊断技术也因其特有灵敏、快速、特异的优势，广泛用于动物疫病病原的快速检测，其中一些分子诊断技术已经成为大多数疫病病原快速检测的首选方法。

21 世纪是生物科学迅速发展的时代，随着生物和生命的奥妙不断被揭示，将会有更多更新的技术应用于医学检验和动物疫病检测中，随着动物疫病检测技术的不断发展，人类防控动物疫病的能力也随之增强，必将更有能力保障养殖业生产安全、动物产品质量安全和公共卫生安全。

（二）实验室管理

1. 质量管理

可靠的实验室检测结果对诊断、监测和贸易来说至关重要。只有实施良好的管理规范、可靠的检测与校准方法、适合的技术、质量控制和质量保证，监理质量管理体系，才能获得可靠的实验室检测结果。质量管理体系使实验室有能力且能始终如一地产生技术上可靠的结果，从而满足动植物检疫的需求。由于需要在国际贸易中相互认可检测结果及采用国际标准，如 ISO/IEC 17025 （《检测和校准实验室能力的通用要求》），因此，要求动物检疫实验室拥有良好的实验室质量管理体系。

2. 标准、指南和参考资料

实验室在设计质量管理体系方案时，应选择可靠的公认标准和指南。实验室如申请认证，必须采用 ISO/IEC 17025 标准。此外，还可从各国国家标准委员会、国际实验室认可合作组织（ILAC）等认证机构获得更多有关各种标准的信息。一些国际技术组织出版的相关参考文献、准则、标准，是对 ISO/IEC 17025 标准的补充。国际标准 ISO 9001 是一项质量管理体系的认证标准。该标准虽可作为设计质量管理体系的参考标准，但符合其要求并不一定确保或表明技术合格。ISO 9001 实验室认证应由经国家认可的专门认证机构评审。实验室如通过评估达到了 ISO 9001 的要求，可被视为"认证"（certification）或"注册"（registration）实验室，但不能称其为"认可"（accreditation）实验室。

3. 认证

实验室申请对其质量管理体系进行认证时，须根据所选择的标准由第三方进行验证。国际实验室认可合作组织（ILAC）已针对实验室和认可机构出版了专门要求和准则。ILAC 体系以 ISO/IEC 17025 标准作为实验室检测和校准的认证标准，国际标准 ISO/IEC 17000 （《合格评定—词汇和通用原则》）中提供了关于实验室认证的定义。

4. 选择认证机构

为便于实验室检测结果能在贸易往来中被接受，实验室认证采用的标准必须得到国际社会的承认，且认证机构必须具备实验室认证资格。在 ILAC 体系中，认证机构资格的认定程序基于国际标准 ISO/IEC 17011（《合格评定—认可机构通用要求》）。也可从认可认证机构的组织，如亚太实验室认可合作组织（APLAC）、美洲认可合作组织（IAAC）和欧洲认可合作组织（EA）获取已认可的认证机构相关信息。

5. 确定质量管理体系和/或实验室认可的范围

质量管理体系应覆盖影响实验室全部检测工作的所有方面。得到认证的实验室必须符合下述标准，这些原则适用于所有检测实验室。

通过 ISO/IEC 17025 标准认可的实验室拥有一份认可检测项目清单，称为"认证明细表"或"认可范围"。实验室新引进的检测方法在被添加到此清单前，必须先加以评估和认可。在最理想的情况下，质量管理体系应涵盖实验室从事的所有检测活动，但实验室可自行决定需进行认可并列入认可范围的检测项目。认可实验室如还提供未经认可的检测项目，则必须在出具的任何认可报告或参考材料中明确予以说明。

6. 质量保证、质量控制和实验室能力比对验证

质量保证（QA）是一套系统性、有计划的方法，旨在确保提供的服务符合相关规定，包括内部规定、认可/认证标准的规定等。换言之，QA以过程为导向，保证以正确的方式做正确的事。

质量控制（QC）是对产出进行系统性、有计划的监控，以确保达到最低质量水平要求。开展质量控制旨在保证检测实验室正确进行测试，且检测结果在预期的参数和范围之内。换言之，QC以检测试验为导向，以确保得到预期结果。

实验室能力比对验证（PT）有时也被称为外部质量保证（EQA），通过测定盲样，确定实验室的检测能力。理想情况下，PT计划应由外部独立机构实施。通过能力测试，实验室可与其他参与实验室进行比较，以评估并证明其检测结果的可靠性。

在可能的情况下，所有实验室都应参加与其测试能力相适应的外部验

证，而认可实验室则必须参加此类外部验证。能力验证可提供对实验室检测方法和工作人员能力水平的独立评估。如无法参加相应的能力验证，可选择其他有效的替代方法，如参加由参考实验室组织的环比实验、实验室间比对测试、利用经认证的标准物质或内部质量控制样品、用同样或不同方法重复测试、对保留样品进行复检、对同一样品的不同特性作结果相关性比较等。

提供和实行能力验证计划的机构应根据 ISO/IEC 17043：2010 标准（《合格评定—能力验证的通用要求》）得到认可。认可机构提供的能力测试材料已得到很好的定性，如能力验证结束后还有多余材料，则可用于证明实验室人员的工作能力或相关检测试验的验证。

7. 检测方法

ISO/IEC 17025 标准要求应使用合适的检测方法，并对方法的选择、开发和验证提出了具体要求。

在动物检疫行业，可能会优先选用标准方法或其他经正式验证的方法，但有时也无法使用这些方法。很多实验室研发或改良一些方法，大多数实验室在检测中使用非标准方法，或结合使用标准和非标准方法。实验室即使采用标准方法，也需对其进行内部评估、优化和/或验证，以确保结果有效。实验室客户和实验室人员必须清楚了解检测方法的性质。如使用非标准检测方法，应告知客户。因此，许多实验室需证明其具有研发、调试和验证检测方法的能力。

实验室必须能提供所有获得认可检测的可追溯性证明，并且所有测试无论是否得到认可均应可追溯。可追溯的信息涉及所有与检测有关的工作，包括检测试验的选择、研发、优化、标准化、验证、实施、报告、人员、质量控制和质量保证等。可追溯性通过使用适当的项目文件管理、记录保存、数据管理及存档程序来实现。

8. 战略性规划

动物检疫实验室应不断努力改进工作，这也是对认可实验室的强制性要求。实验室需及时了解并掌握现行的质量与技术管理标准及相关方法，有相关体系文件证明其能力，并确保其技术的有效性。

9. 生物安全管理

开展动物检疫实验室工作时，应将人员卫生风险（生物安全）和环境风险（生物污染）降至最低，这需认真考虑特定操作涉及的风险，并采取相应措施，以减少人员感染和环境污染。良好的实验室技术和安全设施有助于控制病原，降低感染风险。控制病原主要有两个目的，一是预防实验室人员感染发病，二是防止病原体释放至外界环境，引起动物或人发病。在通常情况下，相同的控制措施既可预防实验室人员感染，又可预防病原体从实验室释放而引起动物疫病暴发。

动物检疫实验室作为国家动物健康战略的一个重要组成部分而发挥作用，以保护地方、国家、区域和全球动物种群的健康，并保护公众免受动物源性生物风险的影响。在动物检疫实验室中，不可避免地要接触和处理生物材料，这些材料可能对动物和人类造成生物风险。因此，实验室管理者应确保其设施中的生物风险得到明确识别和控制。

生物风险分析原则与全面的生物风险管理系统相结合，使实验室管理者能够评估实验室生物安全和生物安保措施并进行风险控制，从而确保实验室的生物安全和生物安保有效运行。一个完整而有效的实验室生物风险管理系统将有助于确保实验室符合地方、国家、区域和国际实验室生物安全和生物安保的标准和要求。

二、主要实验室技术

动物检疫实验室技术主要包括病理学检查方法、病原学检测方法、免疫学检测方法和分子生物学检测方法等。由于各种疫病的特点不同，而且不同实验室检测方法的特异性、敏感性、稳定性和判定标准都有一定差异，因此常常需要综合运用这些实验室检测方法，才能对动物疫病作出正确的诊断。

（一）病理学检查方法

1. 病理解剖学检查

动物检疫的病理学检查法不同于家畜病理学的尸体剖检，注意禁止剖检。特点是以能检查出哪种疫病为限，一般不宜扩大检查范围，只是在某些情况下找不出病死原因时，才作全面系统的病理剖检。

2. 病理组织学检查

肉眼观察不清楚、疑难疫病、病理剖检难以作出结论时，应采取切片镜检。

3. 病理细胞学检查

对鉴别肿瘤和炎症反应具有很高的使用价值。对查明传染病病原如细菌、病毒包涵体、真菌、霉形体和寄生虫也有一定的意义。采用切开或切除组织进行压片和用针头抽吸组织等方法，也可用组织渗出物与分泌物直接涂片检查。

主要包括淋巴结的细胞学检查、皮肤和皮下组织及深部组织的检查。

4. 体液和分泌物的检查

检查体腔积液、脑脊液、关节滑液、阴道液体等。

(二) 病原学检测方法

利用兽医微生物学和寄生虫学的方法，检查动物疫病的病原体，以便诊断动物疫病。

1. 细菌性疫病的病原检查

从采取的病料中分离致病的细菌，然后对分离出的病原菌的菌落培养特性与菌体染色镜检进行形态观察、生化反应、抗原性和实验动物致病性试验等检查，通过这一系列的过程，才能确诊所分离的细菌是致病菌还是非致病菌。病原菌找到后，可根据该畜禽的流行病学、临床症状和病理变化综合分析判断，最终确诊为何种疫病。

以上方法在病原细菌鉴定中具有重要的作用，是一种常规检查方法，并广泛应用，但由于其费时费力，某些细菌培养周期过长，已经不适于国际贸易中对动物检疫的需要。目前，省时省力且敏感特异的免疫学和分子生物学方法逐步取代常规方法，将成为一种必然趋势。免疫学和分子生物学方法，不但可以直接进行病原菌的菌种鉴定，而且可以鉴定种内的血清型和血清亚型，已成为检疫动物细菌疫病的主导方法。

2. 病毒性疫病的病原检查

病毒的检查首先从采取的病料中进行分离病毒,纯化病毒,并直接观察病毒的形态、大小和排列方式,以及进行其他理化特性,如浮密度、沉降系数、分子量和病毒颗粒的细微结构等的研究,其中重点要做好以下两方面的工作。

(1)病毒的分离培养鉴定。在流行病学调查基础上,有目的地采取病料,有针对性地接种易感实验动物、禽胚胎和易感组织细胞,以初步鉴定分离培养的病毒。如进行氯仿、酸、热敏感性试验及阳离子稳定性试验等,可以了解已分离病毒的某些理化特性,然后测定已分离病毒的凝血性质和红细胞吸附特性。必要时还可用电子显微镜观察已分离病毒的形态。

(2)病毒的血清学鉴定。在初步分离鉴定的基础上,采用血清学试验方法鉴定病毒的种类,是病毒诊断和检疫的主要方法。

3. 寄生虫病原学检查

通常采用对寄生虫卵、幼虫和虫体的检查,但也有不少动物寄生虫病可用免疫学方法和分子生物学诊断方法确诊。

(三)免疫学检测方法

免疫技术检查法是指利用抗原、抗体、免疫组织、免疫细胞、免疫分子等相互作用时发生的特异性反应,同时结合反应组分的特性、标记技术、图像处理技术等建立的检测和分析方法,具有较强的特异性和敏感性。根据反应组分的不同可分为两大类:一类是抗原与抗体参与的免疫血清学技术,称为血清学检查;另一类是免疫组织、细胞或分子参与的细胞免疫学技术,称为变态反应检查。其中以免疫血清学技术在动物疫病检疫中应用最广泛。

1. 血清学检查法

可用已知的抗体来鉴定未知的抗原(病原),也可用已知的抗原来检测未知的抗体(血清)。由于未知的抗原与已知特异性抗体结合后出现可见的反应,这种反应用来指示被检抗原的属、种、型。由于血清学检验特异性强、敏感性高,为确诊动物疫病提供了可靠依据,因此在动物检疫中得到广泛应用。血清学检查方法较多，主要包括凝集试验、沉淀试验、补体结合试验、中和试验、免疫荧光抗体技术、放射免疫技术、免疫酶标记技术、胶体金标记技术、免疫电镜技术、免疫转印技术等。下面介绍几种常用的血清学检查方法。

（1）凝集试验

在某些病原微生物或红细胞悬液中，加入含有特异性抗体的血清（免疫血清或患病恢复期血清），在电解质环境下，能使病原微生物或红细胞凝集成肉眼可见的团块现象，称为凝集反应。血清中的抗体称为凝集素，与凝集素结合的抗原称为凝集原。由于很多种患病病畜的血清或体液内存在大量凝集素，因此可用此法诊断疫病。按凝集物的不同，凝集反应分为普通凝集和红细胞凝集。

①普通凝集按反应原理可分为直接凝集实验和间接凝集实验，按操作方法分为玻板法、玻片法、试管法和微量法。

②红细胞凝集反应分为血凝和血凝抑制反应。某些病毒或病毒的血凝素，能选择性地使某种或某几种动物的红细胞发生凝集，这种凝集红细胞的现象称为血凝，也称为直接血凝反应。在病毒的悬液中先加入特异性抗体，且这种抗体的量足以抑制病毒颗粒或其他凝集素时，则红细胞表面的受体就不能与病毒颗粒或其血凝素直接接触，这时红细胞的凝集现象就被抑制，称为红细胞凝集抑制反应，也称为血凝抑制反应。

血凝和血凝抑制反应有常量法和微量法。它们除用量和用具有所不同之外，其他如试验方法、程序、参与要素及其浓度、pH、作用时间、温度和判定等都是一样的。常量法各要素用量为 0.25mL，在 5~10 孔的血凝板上进行。而微量法各要素用量为 25μL，在 96 孔 U 形或 V 形微量血凝板上进行。

（2）沉淀试验

将可溶性抗原（如细菌、寄生虫浸出液、培养过滤液、组织浸出液、动物血清、白蛋白等）与相应的抗体混合，当两者比例合适，并在适量电解质存在下，经过一定时间，即形成肉眼可见的沉淀物，这种现象称为沉淀反应。沉淀反应中的抗原称为沉淀原，抗体称为沉淀素。沉淀反应的抗原是多糖、蛋白质、类脂等。在沉淀试验中为了保证足够的抗体，通常是稀释抗原，并以抗原的稀释度作为沉淀试验的效价。

沉淀试验通常都用于以已知的抗体测定未知的抗原（诊断疾病），但也用于以已知的抗原测定未知的抗体（测定免疫血清的效价和诊断疾病）。

（3）补体结合试验

补体是一组正常血清蛋白成分，可与任何抗原抗体复合物结合后激活产生具有裂解细胞壁的因子。如果该过程发生在红细胞表面则导致红细胞裂解而出现溶血，利用这种反应来检测血清中的抗原或抗体，称为补体结合试验。作为一种利用溶血反应来间接检测补体是否与抗原抗体复合物发生结合的一种血清学检验方法，是诊断人、畜传染病常用的血清学诊断方法之一。该法不仅可用于诊断鼻疽、马传染性贫血、牛传染性胸膜肺炎（牛肺疫）、乙型脑炎、布鲁氏菌病、钩端螺旋体病、锥虫病等疫病，而且也用于鉴定病原体，如口蹄疫病毒、乙型脑炎病毒等。

（4）中和试验

动物感染病毒性疫病后，在机体内产生一种可以中和其相应病毒，而使该病毒失去毒力的抗体，称为中和抗体。中和试验是用来判定免疫血清中和病毒的能力。

中和试验常用的方法有两种，一种是固定病毒量与等量系列倍比稀释的血清混合，另一种是固定血清用量与等量系列对数稀释（即 10 倍递次稀释）的病毒混合；然后把血清—病毒混合物置适当的条件下感作一定时间后，接种于敏感细胞、鸡胚或动物，测定血清阻止病毒感染宿主的能力及其效价。如果接种血清—病毒混合物的宿主与对照（接种病毒的宿主）一样出现病变或死亡，则说明血清中没有相应的中和抗体。

由于中和抗体在体内的维持时间较久，特异性很高，因此中和试验既能定性，又能定量，故常应用于病毒株的种型鉴定、测定血清抗体效价以及分析病毒的抗原性。

（5）免疫荧光法

免疫荧光法又称荧光光抗体检查法，是根据某些荧光素受紫外线照射时，能改变这种肉眼不可见光变为可见的荧光。在一定条件下，荧光素与抗体结合后，可不影响抗体与抗原的特异性结合，当用这种荧光抗体对受检标本染色后，在荧光显微镜下观察，可对标本中相应的抗原进行鉴定和定位。荧光抗体染色技术有以下三种方法。

①直接法：滴加荧光抗体于待检抗原的标本上，经一定时间后冲去未着染的染色液，待干燥后在荧光显微镜下观察。标本中若有相应抗原存在，则与荧光抗体结合，在显微镜下可发出草绿色荧光，本法优点是特异性高，比较简便快速。不足之处是一种标记抗体只能检测一种抗原，敏感性差。

②间接法：先向待检抗原的标本上滴加特异性抗抗体，作用一定时间，洗涤，镜检，如果是阳性，则形成抗原—抗体—荧光抗体的复合物。本法优点是制备一种荧光标记的抗体可用于多抗原—抗体系统的检查，敏感性高，不足之处是因参加反应因素较多，受干扰的可能性较大，判定结果有时较难，操作繁杂，对照较多，时间长。

③补体法：根据补体结合反应原理，用荧光素标记抗补体抗体，鉴定未知抗原或未知抗体（待检血清）。由于补体的作用没有特异性，所以它可与任何哺乳动物的抗原—抗体系统发生反应。此法不足之处是参与反应的成分多，染色程序较复杂，非特异性反应较强，加之补体活动不稳定，不能长时间保存，每次试验都需要新鲜补体。

（6）酶联免疫吸附试验

根据是抗原或抗体与酶结合形成酶的标记物仍保持免疫活性和酶的活性。在酶标记物与相应的抗体或抗原反应后，结合在免疫复合物上的酶在遇到相应底物时，催化底物产生水解、氧化或还原等反应，从而生成可溶性或不溶性的有色物质。此颜色的深浅与相应的抗体或抗原量成正比。因此，可借助颜色反应的深浅来定量抗体或抗原。此法当前应用最广泛，试验方法有以下三种。

①间接法：先用抗原致敏固相载体聚苯乙烯，然后加入待测抗体的血清，孵育后洗去未结合成分再加上酶标记的抗球蛋白结合物，洗涤后加入底物，在酶的催化下底物发生反应（降解或氧化或还原），产生有色物质。颜色改变程度与被测样品中抗体的含量有关。如果样品含抗体越多，出颜

色也越快越深。可用肉眼或分光光度计判定。此法用于测定抗体。

②双抗体夹心法：先将纯化特异性抗体致敏固相载体，加入含待测抗原的溶液，孵育后，洗涤除去多余抗原，再加入酶标记特异性抗体，使之与固相载体表面的抗原结合，再洗涤除去多余的酶抗体结合物，最后加入酶的底物。经酶催化作用后产生有色产物的量与溶液中的抗原量成正比。此法用于测定大分子抗原。

③竞争法：先用特异性抗体将固相载体致敏，加入含待测抗原溶液和一定量的酶标记抗原，共同孵育，对照只加酶标记抗原，洗涤后加入酶的底物。被结合的酶标记抗原的量由酶催化底物反应产生有色产物的量来确定。颜色的深浅与待检抗原量成反比，如果待检溶液中抗原越多，则被结合的酶标记抗原的量越小，有色产物就越少。此法用于测定小分子抗原及半抗原。

2. 变态反应检查法

变态反应又称为超敏反应，指在一定条件下，由于机体的免疫功能失调，受某种抗原刺激后产生了超越正常范围的特异性抗体或致敏淋巴细胞，当与进入机体的相应抗原再次相遇时，便可发生异常的生物效应，从而引起组织损害或机能紊乱的一种免疫病理性反应。严重者可出现临床症状，称为变态反应性疾病。

引起变态反应的抗原物质称为变应原或过敏源，它可以是完全抗原（如微生物、寄生虫、异种动物血清等），也可以是半抗原（如青霉素、磺胺、奎宁等），这种变应原可以是内源性的，由某些药物与体内某些成分结合而形成的自身变应原，也可以是外源性的。

据变态反应发生机理和临床表现，将其分为以下四型：Ⅰ型、Ⅱ型、Ⅲ型和Ⅳ型。其中，Ⅰ型又称为过敏反应型、IgE 型或反应素型。Ⅱ型又称为细胞溶解型或细胞毒型。Ⅲ型又称为免疫复合物型或血管炎型。Ⅳ型又称为迟发性变态反应或 T 细胞介导型。

某些疫病传染过程中，引起的以细胞免疫为主的第 Ⅳ 型变态反应是由病原体或其代谢产物在传染过程中作为变应原而引起的，其特异性和敏感性很高，因此常用变态反应来进行动物疫病的检疫。例如，细菌性疫病中的鼻疽、结核病、副结核病等。免疫技术检查法是指利用抗原、抗体、免疫组织、免疫细胞、免疫分子等相互作用时发生的特异性反应，同时结合反应组分的特性、标记技术、图像处理技术等建立的检测和分析方法，具有较强的特异性和敏感性。

（四）分子生物学检测方法

除朊病毒外所有生物都含有核酸，核酸包括脱氧核糖核酸（DNA）和核糖核酸（RNA），是由许多核苷酸单体聚合成的生物大分子化合物，为生命的最基本物质之一。目前，针对动物病原核酸检测主要是分子生物学检测方法。分子生物学技术的飞速发展，使动物疫病的诊断及检疫迈上一个新台阶。分子生物学检测方法主要包括聚合酶链式反应、核酸杂交、寡核苷酸指纹图谱、限制性片段长度多态性、随机引物多态性扩增、脉冲电场凝胶电泳、基因测序、生物芯片、生物传感器等。其中，聚合酶链式反应技术具有特异、敏感、快速的特性，适用于动物疫病早期诊断；尤其是实时荧光 PCR 技术，所有反应均在同一溶液中进行，不需任何后处理，具有特异性强、灵敏度高、有效解决 PCR 污染问题、能实现多重反应、自动化程度高、定量结果准确和重现性好等特点。目前，已在动物疫病的诊断中得到了广泛的应用。基因测序技术单次检测靶标数量远大于 PCR 方法，获取的信息更多，除了鉴定病原，还能表征毒力基因、分型、区分疫苗株/野生株等特点，非常适合混合感染及综合征的检测。目前，高通量测序技术已发展得相当成熟，在兽医学中广泛使用。

1. 聚合酶链式反应

聚合酶链式反应（Polymerase Chain Reaction, PCR）即 PCR 技术，是美国 Cetus 公司人类遗传研究室的科学家 K. B. Mullis 于 1985 年发明的一种在体外快速扩增特定基因或 DNA 序列的方法，故又称为基因的体外扩增法。

PCR 反应的基本步骤包括变性—退火—延伸三个基本反应步骤构成，基本原理是将病原体中特定的 DNA 模板加热变性分成两条互补链，加入两条人工合成的特异性短序列引物，在低温下引物将分别与两条模板 DNA 的两端序列发生特异性结合，在合适温度下 DNA 聚合酶即可通过模板 DNA

催化引物引导的 DNA 合成。当这些步骤循环多次后即可引起目的 DNA 序列的大量扩增。由于 PCR 扩增的 DNA 片段呈几何指数增加，故经过 20～40 次循环后便可通过电泳方法检测到病原体的特异性基因片段。

PCR 技术具有特异性强、敏感性高、生产率高、操作简便快速、重复性好、易自动化等优点，既能识别游离于体液或细胞中病原体基因组序列，也可识别整合到宿主细胞 DNA 中的病毒基因组序列。PCR 技术在疫苗外源病原体污染检测和慢性持续感染性疾病（反转录病毒）及各种隐性感染诊断中具有重要意义。

目前在常规 PCR 方法的基础上根据应用目的不同又衍生出一系列改良 PCR 方法，包括反转录 PCR、套式 PCR、多重 PCR、实时荧光定量 PCR、简并引物 PCR、免疫 PCR 等。

2. 实时荧光定量 PCR

实时荧光定量 PCR（Real-time Fluorescent Quantitative Polymerase Chain reaction，FQ-PCR）是在 PCR 技术基础上发展起来的一种高度灵敏的核酸定量技术。该技术是在 PCR 反应体系中加入荧光基团，利用荧光信号以实时监测整个 PCR 进程，最后通过标准曲线对未知模板浓度进行定量分析，实现了 PCR 从定性到定量的飞跃。由于该技术具有定量、特异、灵敏和快速等特点，已被广泛应用到生物学、医学、农业、食品和环保等多个领域，涉及分子检测、基因表达、核酸多态性分析和基因突变分析等方面的研究。

（1）TaqMan 探针法荧光定量 PCR

TaqMan 探针是 TaqMan 荧光定量 PCR 最为核心的成分，是基于荧光共振能量转移（Fluorescence Resonance Energy Transfer，FRET）原理，即当一个荧光基团与一个荧光淬灭基团的距离邻近至一定范围时，就会发生荧光能量转移，淬灭基团会吸收荧光基团在激发光作用下激发荧光，从而使其无法发出出荧光，荧光基团一旦与淬灭基团分开，淬灭作用则消失。在 TaqMan 探针的两端各标记一个荧光基团和一个荧光淬灭基团，探针在水解前检测系统检测不到相关的荧光信号，这是由于探针分子长度较短，淬灭基团吸收了荧光基团发射的荧光信号。

TaqMan 探针法是高度特异的定量 PCR 技术，其核心是利用 Taq 酶的
外切核酸酶活性下，切断探针，产生荧光信号。由于探针与模板特异性结
合，每当有一条 DNA 链合成，就会重复一次产生一个荧光分子，从而实时
荧光定量信号与 PCR 产物的积累同步，荧光信号的强弱就代表了模板的数
量，从而实现 PCR 扩增的动力学监测。

（2）染料法荧光定量 PCR

在染料法荧光定量 PCR 中最常用的染料是 SYBR Green Ⅰ，在 PCR 扩
增的过程中 SYBR Green Ⅰ分子可与 DNA 双链小沟结合，发出的信号可被
仪器检测到。SYBR Green Ⅰ分子在没有有结合到小沟时也会发出微弱的荧
光信号可被检测到，但是这信号与结合后的 SYBR Green Ⅰ分子发出的信
号相比可以忽略不计。因此，在每个反应生成的荧光信号与合成 的 DNA
的量是成正比的，根据收集到的荧光信号数量即可定量出 PCR 反应过程中
产生的双链 DNA。但是该方法的弊端在于特异性不是太强，如果 PCR 反
应中存在非特异性扩增，所产生的非特异性信号也会被仪器检测到，从而
导致荧光信号增加影响结果的准确度。所以在使用 SYBR Green Ⅰ染料法
进行荧光定量时，要对融解曲线进行分析，当融解曲线的峰值为单一峰
时，引物的特异性最强并且与模板的匹配度较好。

上述两种荧光定量 PCR 方法最为常用，此外还有分子信标、双杂交探
针法等。荧光定量 PCR 比常规 PCR 更有优势，该方法具有特异性强、敏
感性高、速度快等优点，被广泛用于病原体检测。

3. 基因测序技术

基因测序技术实现了对生物遗传信息的解码。一代测序技术测序读长
长，准确率高，主要用于 PCR 产物测序、小片段序列分析和基因分型等研
究，对生物学研究具有重要意义，至今在世界范围内仍在使用。但是，一
代测序的通量低、成本高，限制了其大规模高通量的应用。二代测序技术
迅猛发展，凭借其低成本、高通量的优势在很多领域得到了应用，在很多
探索性研究中，如对新物种基因组的 de novo 测序、目标区域或全基因组
重测序、转录组测序、宏基因组测序、表观修饰测序等领域都取得了突破
性的进展。但第二代测序技术依赖于模板扩增、荧光分析、序列读长限制

等缺点，以及不可避免的系统误差，在一定程度上的制约了第二代测序技术的应用。又发展出保持二代测序的速度和通量优势同时，弥补其读长较短的劣势的三代测序技术，三代测序最大的特点就是单分子测序，测序过程无需进行 PCR 扩增，实现了对每一条 DNA 分子的单独测序。

2013 年 WOAH 成立高通量测序、生物信息学和计算基因组学特设小组，2016 年该小组发布了在兽医学中应用高通量测序技术的通用标准并收录于《陆生动物诊断试验和疫苗标准手册》。手册中提到高通量测序在动物检疫工作中的应用方向有以下几种：

（1）检测、鉴定和表征以前未鉴定的微生物；

（2）改进对已知动物疾病的诊断；

（3）改进对已知或未知病因的新发或再发疾病的诊断；

（4）开发能够识别任何潜在病原体的单一"通用"诊断检测方法；

（5）在混合感染疾病中同时快速检测多种病原；

（6）提高在养殖场、地区、国家和全球层面研究动物病原体进化动态的能力；

（7）更深入地了解动物传染病的流行病学和传染病病原体的系统地理学；

（8）增强传染病和病原体传播方式的可追溯性；

（9）对已知病原体的种群（例如相关的少数菌株、逃逸突变体）进行更广泛的表征，从而促进更好的疫苗、抗病毒药物等的设计；

（10）通过统一方式获取多种菌株（包括参考菌株）的全基因组序列实现病原体基因型和表型之间的更好联系。

目前基因测序技术已在动物疾病诊断、疫病监测、致病机理研究、耐药性分析等相关工作中得到应用，给动物检疫工作带来了重要提升与改善。

三、国际贸易中实验室检疫技术的应用

（一）国际贸易中动物疫病检测要求

WOAH 是为改善全球动物卫生状况而成立的政府间组织，疫病通报是

其核心工作之一。疫病名录是疫病通报的基础，也是各国家或地区进行动物及动物产品国际贸易的主要参考依据。WOAH 根据全球疫病情况、科学进展、贸易等情况定期对疫病名录进行评估和更新，经 WOAH 代表大会通过后发布。

2019 年 1 月 1 日，WOAH 2019 版应通报动物疫病名录正式生效。182 个成员和区域组织将按照新版名录向其通报动物疫病发生状况。新版名录包括 117 种动物疫病，其中陆生动物疫病 88 种、水生动物疫病 29 种。

2022 版《陆生动物卫生法典》第 1.2 章规定，列入 WOAH 疫病名录的病种需同时满足以下四个标准：一是证实为国际性的病原传播（通过活体动物、动物产品、媒介或污染物）；二是依据《陆生动物卫生法典》第 1.4 章动物卫生监测条款，至少一个国家已经证明无疫或接近无疫；三是已有可靠的检测和诊断方法和明确的病例定义，以准确识别疾病，并能够与其他疫病相区别；四是已证实存在人畜间自然传播，且有严重后果；或在某些国家或区域已显示对家养动物卫生状况有严重影响，如引起较高的患病率和死亡率，临床症状和直接生产损失严重等；或已显示或有科学证据证明对野生动物卫生状况有严重影响，如引起较高的患病率和死亡率，临床症状和直接经济损失严重，或者对野生动物群多样性造成威胁等。

（二）国际贸易选择动物疫病检测方法的原则

WOAH《陆生动物卫生法典》第 1.4 章为动物卫生监测提供了指导原则。海关每年对进出境动物及其产品实施疫病监测，制定了《国门生物安全监测方案（动物检疫部分）》。以下结合实际，说明国际贸易中动物疫病监测的疫病和方法选择原则。

1. 监测疫病选择原则

海关监测疫病分为重点监测疫病、一般监测疫病、潜在风险疫病、紧急监测疫病。

（1）重点监测疫病：指经风险评估，显示存在较高跨境传播风险，应在进出境动物和动物产品检疫过程中重点关注的疫病。主要关注具有较高传入风险的一类动物疫病、国内制定消灭计划的二类疫病、重要的人兽共患病、既往进出口贸易中检出率较高的双边检疫议定书要求检测的动物疫病、既往监测计划中检出率较高的潜在风险疫病。

（2）一般监测疫病：指为监测和研判进出境动物和动物产品疫病传播风险而在年度监测计划中列明的监测疫病，其监测结果为确定重点监测疫病提供决策参考。主要关注双边检疫议定书或输入方检疫卫生要求规定需要检测的动物疫病（已纳入重点监测的疫病除外）。

（3）潜在风险疫病：在风险分析的基础上，对具有潜在跨境传播风险的疫病开展监测，其监测结果为确定重点监测疫病及议定书修订提供决策参考。主要关注新发动物疫病、有证据提示输入国家/地区可能发生的动物疫病。

（4）紧急监测疫病：根据疫病监测和风险分析情况，海关总署实施风险预警快速响应，及时下发风险预警通报，开展特定疫病监测，实现对疫病监测计划的动态调整。各直属海关应加强进出境动物疫病被动监测工作，强化口岸查验、日常巡查和隔离检疫等环节的临床检查，发现进出境动物有不明原因死亡或疫病临床症状等异常情况，应根据临床症状和病理变化及时调整紧急监测疫病项目监测作业指令，采集相应样本（如血样、组织样品、分泌物、排泄物等），开展实验室检测工作。

2. 方法选择原则

对疫病的实验室检测，优先选择国际标准方法，国际标准没有方法的，可以选择认可的国家标准方法或出入境检验检疫行业标准方法，如没有相关标准方法，可使用经验证有效的认可的非标方法。

WOAH《陆生动物疫苗和诊断试验手册》和《水生动物疫苗和诊断试验手册》在每个疾病章节列举了可用的实验室检测方法，也对每个方法的适合检测普查、流调或者个体诊断等实用性给出意见，可根据国际贸易中需要检测的目标确定检疫方法。

第二节
植物检疫实验室技术
———————◇———————

一、概述

中国每年进口大量的水果、粮食、植物源性饲料，也对外输出水果、蔬菜等植物产品，准确鉴定、及时处理和消灭外来有害生物，是通过植物检疫防控生物安全风险的关键，而实验室检疫技术特别是快速检疫鉴定技术是决定性因素。

植物检疫性有害生物的检疫鉴定方法分为传统、经典的分类鉴定方法（如形态学、免疫学及生理生化方法），也包括最近十几年发展起来的分子生物学方法如 PCR、实时荧光 PCR 等一系列快速检测鉴定技术。由于有害生物种类繁多，包括昆虫、真菌、杂草、线虫、细菌、病毒等种类，检疫鉴定方法差异较大，在使用中往往要根据有害生物的种类及各口岸的人员、仪器等情况，多种方法共同使用，以确保检疫鉴定结果的可靠性。

二、主要实验室技术

（一）形态学鉴定方法

形态学特征是有害生物分类鉴定时最常用和最基本的特征。昆虫、线虫、真菌、杂草等个体较大，可以直接肉眼观察或借助显微镜进行观察的，形态学鉴定方法应用较多。对于细菌等肉眼不可见的微生物，需要借助显微镜等仪器设备；对于病毒等分子更小，需要借助电子显微镜等才可观察到细致的结构形态，但亦可以通过形态学观察进行初步的分类识别。形态学特征包括外部形态特征及内部形态特征。一般外部形态特征是指个体外部整体的或局部的形态特征，可以直接或借助光学显微镜观察到，如形状、大小、色泽、斑纹和刻纹等。对于昆虫来说，形态特征除了一般的外部形态外，还包括外生殖器和内部特征。外生殖器是昆虫生殖系统的体外部分，主要由腹部生殖节上的附肢特化而成。昆虫的外生殖器具有明显的种间差异，特征十分稳定，昆虫纲的许多类群中，外生殖器的差异是划分鉴别物种最强有力的证据之一。内部形态指内部器官的形态结构，需要通过解剖才能观察到，常用来补充外部形态特征的不足，在昆虫分类鉴定中，主要用于目、总科等高级分类阶元的划分。

利用形态学特征对昆虫鉴定的准确度取决于标本、文献和研究经验。研究鉴定有害生物，首先要有完整的标本，尤其是利用形态学特征鉴定时，对标本的状态要求更高。采集样品后，有些可以直接送到实验室进行观察，有些却需要进一步饲养或培养。对于昆虫，饲养时应根据其生活要求，尽可能地创造合适于它们的环境条件。实验室内大部分样品可以直接置于体视显微镜下观察，但对于一些个体小的有害生物或局部特征可以进行制片，用于长期保存标本。

分类鉴定工作一旦离开文献资料将寸步难行。为识别和鉴定某一类群，首先必须收集阅读相关的文献资料，熟悉有关该类群的基本知识，了解该类群分类中常用的一些特征及其变化情况，理解一些常用术语的含义。近年来，随着网络技术的飞速发展，计算机的普遍使用，网络信息已经成为主要的信息资源。利用计算机查找昆虫相关文献，首先要了解文献数据库品种、收录学科范围、索引种类等。除了标本和文献外，昆虫分类鉴定工作的质量主要依赖于工作人员的经验。在鉴定昆虫种类时，通常需按分类系统，由高级到低级鉴别所属阶元。

标本是科学研究工作的重要材料，需要妥善保存。标本应该置于专用标本室和必要的保藏设备内，还需要专人负责，定期检查、防虫防潮。液浸标本如需长期保存，需要在瓶口封上一层石蜡，避免液体挥发。

一般来说，现场查验观察昆虫的外部形态直接用肉眼或借助放大镜，实验室内观察鉴定昆虫需要使用光学显微镜，目前主要应用体视光学显微镜观察标本。体视光学显微镜的特点：视场直径大、焦深大，便于观察被检测物体的全部层面；工作距离很长；像是直立的，便于实际操作；根据实际的使用要求，目前的体视显微镜可选配丰富的附件，比如可选配放大倍率更高的目镜和辅助物镜，可通过各种数码接口和数码相机、摄像头、电子目镜和图像分析软件组成数码成像系统接入计算机进行分析处理；照明系统有反射光、透射光照明；光源有卤素灯、环形灯、荧光灯、冷光源等。

随着电子显微镜在昆虫形态学和分类学上的应用，逐渐形成超微形态学，为差异微小的近似种类的分类创造了有利条件。扫描电子显微镜样品的观察要求在高真空中进行，因此对所观察的标本有严格的要求。扫描电子显微镜的特点：能够直接观察样品表面的微观结构，对样品的形状没有任何限制，粗糙表面也可以直接观察；样品在样品室内可作三度空间的平移和旋转；图像富有立体感；放大倍数范围大，从几倍到几十万倍连续可调，分辨率较高；电子束对样品的损伤与污染程度小。

（二）免疫学检测技术

1. ELISA 方法

免疫学检测方法是利用抗原与抗体特异性反应对抗原或抗体进行的测定分析方法。其中应用最广的是以固相载体吸附抗原或抗体为基础的酶联免疫吸附试验（Enzyme Linked Immunosorbent Assay，ELISA）。ELISA 方法凭借其特异性好、检测速度快、检测成本较低等优势已被广泛应用于生物、化学、医学、环境科学等学科的分析检测中。由于 ELISA 方法具有操作简单、相对灵敏及易标准化等优点，在植物检疫性有害生物的检测鉴定中广泛应用于植物病毒、细菌的检测，而且国内外亦有商业化试剂盒。基于免疫学检测基础上发展起来的免疫检测试纸条，方便、快捷，适合于现场检测，在植物检疫中应用越来越广泛。但是由于免疫学检测方法灵敏度不够高且易出现假阳性等问题，使该方法不能成为有害生物鉴定结果最终判定的依据，往往作为初筛方法。

一方面，由于 ELISA 方法是建立在抗原与抗体免疫学反应的基础上，因而具有特异性。另一方面，由于酶标记抗原或抗体是酶分子与抗原或抗体分子的结合物，可以催化底物分子发生反应，产生放大作用。此种放大作用使 ELISA 方法具有较高的敏感性。因此，ELISA 方法是一种既敏感又特异的方法。在植物检疫中最常用的方法有间接 ELISA 与双抗夹心 ELISA 方法。

ELISA 方法应用两种抗体：包被抗体与酶标抗体。包被抗体用于固定在酶标板内壁，用于吸附结合抗原（病原菌），酶标抗体用于检测抗原，待测抗原必须有两个或更多的可以与抗体结合的部位，因此，不能用于分子量小于 5 000 的半抗原之类的抗原测定。该方法常将单抗与多抗配合使用，如利用多抗作为包被抗体，单抗作为酶标抗体，有时也将多个单抗混合使用，以提高检测的广谱性。在商用检测试剂盒中，经常将包被抗体已结合在酶标板上，使用时直接将样品研磨液包被即可，提高了检测效率，且使用起来更加方便。

2. 免疫层析快速诊断试纸条法

免疫胶体金标记是继荧光标记、酶标记和放射性免疫标记之后的一种免疫标记技术。免疫胶体金标记技术主要包括胶体金免疫层析法（Colloidal Gold-Immunochromatography Assay，GICA）和斑点免疫金渗滤法（Dot-Immunogold Filtration Assay，DIGF）。其中，胶体金免疫层析法（即试纸条法）是在斑点免疫金渗滤法基础上发展而来的，近年来已在医学、动植物检疫、食品卫生检验等研究领域中广泛应用。该方法操作简单，特异性强，并可在 15 分钟以内很直观地判断出待测物的有无，大大提高了检测速度。

与常规的检测方法比较，胶体金检测试纸条检测速度快，操作简便，不需要任何的仪器，所以是一种非常适合于现场应用的病原菌检测方法，广泛应用于植物病毒及细菌的田间调查及监测。试纸条检测细菌的灵敏度大致在 105cfu/ml，基本上能满足田间发病植株的检测，结合发病的症状，基本可以进行结果判定。但对于一些处于休眠期的种苗或带菌种子的检测，灵敏度有时难以满足要求，而且该方法容易出现假阳性结果，故在口岸检疫中试纸条检测方法可作为快速的初筛方法，最终结果的判定还需要其他方法的验证。

（三）生化反应鉴定方法

生化反应主要用于细菌及部分真菌的鉴定。由于不同微生物所具有的酶系统不尽相同，对营养基质的分解能力也不一样，因而代谢产物或多或少地有所区别，可供鉴别微生物。用生化试验的方法检测微生物对各种基质的代谢作用及其代谢产物，从而鉴别种属，称之为微生物的生化反应。将生化反应集成到培养板上，利用仪器进行自动化鉴定生化反应是微生物分类鉴定中的重要依据之一，常用来鉴别一些在形态和其他方面不易区别的微生物。因此，将微生物检测鉴定中常用的生化反应作以下介绍。

1. 生化反应

（1）糖（醇）类发酵试验

不同的细菌含有发酵糖（醇）的酶不同，因而具有发酵糖（醇）的能力各不相同。其产生的代谢产物亦不相同，如有的产酸产气，有的产酸不产气。酸的产生可利用指示剂来判定。在配制培养基时预先加入溴甲酚紫，当发酵产酸时，可使培养基由紫色变为黄色。气体产生可由发酵管中倒置的杜氏小管中有无气泡来证明。试验方法：以无菌操作，用接种针或环移取纯培养物少许，接种于发酵液体培养基管中，若为半固体培养基，则用接种针作穿刺接种。接种后，置36℃±1℃培养，每天观察结果，检查培养基颜色有无改变（产酸），小倒管中有无气泡，微小气泡亦为产气阳性，若为半固体培养基，则检视沿穿刺线和管壁及管底有无微小气泡，有时还可看出接种菌有无动力，若有动力，培养物可呈弥散生长。该试验主要是检查细菌对各种糖、醇和糖苷等的发酵能力，从而进行各种细菌的鉴别，因而每次试验常需同时接种多管。一般常用的指示剂为酚红、溴甲酚紫、溴百里蓝和An-drade指示剂。

（2）淀粉水解试验

某些细菌可以产生分解淀粉的酶，把淀粉水解为麦芽糖或葡萄糖。淀粉水解后，遇碘不再变蓝色。试验方法：以18h～24h的纯培养物，涂布接种于淀粉琼脂斜面或平板或直接移种于淀粉肉汤中，于36℃±1℃培养24h～48h，或于20℃培养5天。然后将碘试剂直接滴浸于培养表面，若为液体培养物，则加数滴碘试剂于试管中。立即检视结果，阳性反应（淀粉被分解）为琼脂培养基呈深蓝色，菌落或培养物周围出现无色透明环，或肉汤颜色无变化。阴性反应则无透明环或肉汤呈深蓝色。淀粉水解系逐步进行的过程，因而试验结果与菌种产生淀粉酶的能力、培养时间、培养基含有淀粉量和 pH 等均有一定关系。培养基 pH 必须为中性或微酸性，以 pH 7.2 最适。淀粉琼脂平板不宜保存于冰箱，因此现用现制备为妥。

2. 自动化鉴定系统

传统的生化试验需要手工操作，费时费力，而且有些试剂不容易购买。随着细菌鉴定技术的发展，传统的生化试验已经远远满足不了实际需求，一些商品化的鉴定试剂盒可以通过生理和生化方法简捷方便地对单个微生物进行自动鉴别，自动化微生物鉴定系统也应运而生，如 Biolog、API、VIDAS、Vitek 微生物鉴定系统等。

法国生物—梅里埃公司开发的 API 鉴定系统通过对致病菌多个生化指标的测试（包括 pH 基础反应、酶谱、碳源利用、挥发或非挥发的酸检测及生长可见检测），对致病菌进行快速检测，可检测菌包括肠杆菌科、非发酵菌、革兰阳性球菌、革兰阴性球菌、厌氧菌和酵母菌等。根据上述原理研制的自动微生物鉴定已得到广泛应用。美国 MIDI 公司开发了利用全细胞脂肪酸分析对微生物进行鉴定的方法，该方法利用气相色谱对培养所得微生物进行全细胞脂肪酸分析，通过 MIDI 图谱识别软件与微生物数据库中每一个菌株的图谱进行比对。目前该数据库包括好氧菌 1 100 种、厌氧菌 800 种、酵母 200 种，并拥有 21 种细菌（生物）武器数据库。

Biolog 微生物自动鉴定系统是美国 Biolog 公司从 1989 年开始推出的一套微生物鉴定系统。该数据库中包含了约 2 000 种微生物，仪器基本实现了自动化。最早进入商品化应用的是革兰氏阴性好氧细菌鉴定数据库（GN），其后陆续推出革兰氏阳性好氧细菌（GP）、酵母菌（YT）、厌氧细菌（AN）和丝状真菌（FF）等鉴定数据库。Biolog 系统已开发不同类型号的微生物鉴定板对不同种属的微生物进行鉴定：革兰氏阴性菌鉴定微平板（GN 板）、革兰氏阳性菌鉴定微平板（GP 板）、厌氧菌鉴定微平板（AN 板）、丝状真菌鉴定微平板（FF 板）以及酵母菌鉴定微平板（YT），该系统还开发有为生态学研究应用而设计的群落分析和微生态检测微平板

（ECO 板）。

（四）分子生物学检测方法

由于外来有害生物种类繁多，传统的形态检疫鉴定和分离培养费时费力，许多有害生物种类难以检出和准确鉴定。分子生物学的快速发展极大地促进了有害生物检测技术的进步，分子生物学检测方法具有传统检测方法不具有的优势。

所检对象无生活周期的特异性，DNA 序列不会在个体发育过程中改变。同种生物的 DNA 序列信息在不同的生命周期是相同的，所以检测对象可以是生物生命过程中的每一时期，如虫卵、幼虫、成虫等。如口岸截获的木材害虫天牛多数是幼虫，幼虫的鉴定往往比较困难，用 DNA 方法即可解决。

非专家鉴定，易标准化。传统的形态学鉴定对人员要求高，经验性强。常用的分子生物学检测方法对人员的要求低，而且操作步骤容易标准化，在建立成熟的分子检测方法后，经过简单培训的技术员即可操作，只要拥有简单的分子实验仪器，在口岸一线就可以进行鉴定。

准确性高。特定的物种具有特定的 DNA 短片段序列信息，通过对该特定片段的检测就可直接进行结果判定，而形态鉴别特征常有的趋同和变异会导致有害与无害物种间的鉴定误差。

高通量、迅速。目前大部分商品化，实时荧光 PCR 仪一次可检测 96 个样品，而整个检测过程可在 2h 内完成。一个熟练的操作人员一天可检测 200 个样品，与传统的病原菌分离培养方法比较，极大地提高检测速度与效率。目前在植物检疫中应用最广泛的分子生物学检测方法为 PCR、实时荧光 PCR。

1. 常见 PCR 技术

PCR 问世后，由于其很高的实用性而被广泛采用。而方法本身又在使用中不断地得到创新与发展，形成了一系列适用于不同目的的特殊方法。实时荧光 PCR 技术是植物检疫中最常用技术。现将常用的几种 PCR 方法介绍如下。

（1）反向 PCR

反向 PCR 是一种有效的扩增未知片段的方法，其基本原理是：用适宜的限制性内切酶消化基因组 DNA，再将消化产生的片段在连接酶催化下连接成环；以环化后的片段作为模板，用一对与核心区两侧互补的引物进行 PCR，引物的延伸方向是从核心区出发，沿环状分子向两侧的未知序列区进行。将反向 PCR 产物进行克隆和测序，就可得到核心区上游的序列。在进行有害生物未知片段的序列测定分析及转基因产品边界序列的分析中经常用到该方法。

（2）反转录 PCR

PCR 技术不仅可以用来扩增 DNA 模板，而且同样也可以用来扩增被反转录成 cDNA 形式的特定的 RNA 序列，这种 PCR 扩增称之为 RT-PCR，首先要进行反转录产生 cDNA，然后进行常规的 PCR 反应。它既是一种检测 RNA 分子的良好方法，也是获取测序用模板 DNA 的主要手段，还是克隆 mRNA 的重要步骤，合成 cDNA 探针的主要方法。使用该方法甚至可对单个细胞中少于 10 个拷贝的 RNA 进行定量。RT-PCR 是用于检测 RNA 病毒的主要方法之一。

RT 反转录 PCR（RT-PCR）以 RNA 分子为模板进行扩增。RT-PCR 的关键步骤是 RNA 反转录，以 cDNA 为模板进行的 PCR 与一般 PCR 无差别。用作模板的 RNA 可以是总 RNA，也可以是混有 DNA 的总核酸，但不能含有太多的其他杂质，如蛋白质、多糖等，尤其不能混有 RNA 酶，因此要严格地进行 RNA 纯化。常用的反转录酶有 AMV（鸟类成髓细胞白血病病毒）和 MMLV（莫洛尼鼠类白血病病毒）的反转录酶。在植物检疫中，很多植物病毒均为 RNA 病毒，所以在检测中常用到 RT-PCR。

（3）碱基替代 PCR

碱基替代 PCR 是指应用 PCR 技术掺入某种碱基的修饰类似物，这些类似物可以是脱氧尿嘧啶（dU）、脱氧次黄嘌呤（dI）、5-溴脱氧尿嘧啶（Br5dU）、生物素化—脱氧尿嘧啶核苷三磷酸（Bio-11-dUTP）、地高辛化脱氧尿苷三磷酸（Dig-11-dUTP）、5-甲基脱氧胞嘧啶核苷三磷酸（m5dCTP）和 7-脱氮-2'脱氧鸟嘌呤核苷三磷酸（C7dGTP）等，根据不同的目的，可选用不同的碱基修饰类似物。例如，掺入 Bio-11-dUTP，Dig-11-dUTP 或 Br5dU 等，可以直接制备非放射性标记探针，用于核酸杂交。若要用 PCR 扩增稳定的发夹结构区和高 G+C 含量的模板 DNA，往往比较困难，会出现严重的非特异性扩增，或者出现引物二聚体，而特异性扩增很低或不出现。有时要从几对引物中才可选出一对较理想的引物，并且在优化 PCR 条件时会浪费许多精力与财力。此时可采用掺入 7-脱氮-2′脱氧鸟嘌呤核苷三磷酸（C7dGTP）的方法，以降低产物的热稳定性，克服体外扩增的困难。因为鸟嘌呤的 N-7 位置被次甲基取代后，可降低双螺旋相邻两碱基之间的堆积力（stacking force），但不影响与互补链碱基之间的配对。使 DNA 单链中出现的二级结构解开，使引物与模板的结合及随后的延伸顺利进行。由于不影响碱基配对，所以不影响 PCR 的特异性。

（4）原位 PCR

原位 PCR 分直接法和间接法两种。间接法是先进行细胞内 DNA 的原位扩增，然后进行核酸原位杂交。该法步骤相对较多，需时长，但结果较为可靠。而直接法，首先用同位素或非同位素（如 Dig-11-dUTP、Bio-11-dUTP 或荧光素）标记引物；然后用此引物进行 PCR 扩增，使标记物直接掺入到 PCR 产物中；最后可用放射自显影法、免疫组织化学法或荧光法检测 PCR 产物及其在细胞内位置。该法操作较简单，但需注意假阳性的出现。

原位 PCR 的扩增效率不及液相 PCR，因此循环周期不宜太少，否则扩增产物少，信号不明显。通常采用的循环周期为 20~30 次，可以采用 2 步或 3 步循环法。

（5）捕获 PCR

捕获 PCR 将核酸的提取及 PCR 扩增结合在一起，在一管内完成了核酸制备与检测。在植物检疫中应用的诱捕 PCR 方法主要有两种，一种为基于抗体抗原反应的免疫捕获 PCR 方法，另一种为基于核酸杂交的杂交捕获 PCR 方法。免疫捕获 PCR 是在 ELISA 的基础上建立起来的病原物检测新方法，利用了抗体与病原物蛋白的特异性结合及 PCR 对核酸的高灵敏检测，以 PCR 扩增代替 ELISA 的酶催化底物显色。操作较为方便。在植物检疫中，比较普遍的应用于植物病毒与细菌的检测，该方法的优点是可以有效地去除植物组织中的存在的单宁等 DNA 聚合酶抑制物质，减少核酸提取步骤，而且在灵敏度比较高，缺点为必须有特异性抗体。

（6）肽核酸杂交诱捕 PCR

肽核酸杂交诱捕 PCR 是由中国科学工作者发明的一种新的 PCR 方法，是从亲和诱捕 PCR-ELISA 的基础上发展而来的，借鉴其基本思路，运用更加合适、高效的探针来诱捕 DNA。如果该方法与实时荧光 PCR 结合，能将核酸样品抽取纯化、PCR 扩增、PCR 产物探针特异性检测在一支试管内完成，使得 PCR 检测各步骤进一步集成和简化，检测效率得到大大提高。

（7）巢式 PCR

常规 PCR 扩增技术应用一对引物扩增目的基因片段，灵敏度和特异性有时达不到实验的要求。K. B. Mullis 在常规 PCR 基础上建立了巢式 PCR（Nested PCR）。巢式 PCR 采用两对 PCR 引物，进行两轮 PCR 扩增。使用外侧引物进行第一轮 PCR，得到的扩增产物作为第二轮 PCR 的模板，再使用内侧引物进行第 2 轮 PCR 扩增目的片段。

巢式 PCR 在应用中的特点：克服了单次扩增"平台期效应"的限制，使扩增倍数提高，从而极大地提高了 PCR 的灵敏度；由于模板和引物的改变，降低了非特异性反应连续放大进行的可能性，保证了反应的特异性；内侧引物扩增的模板是外侧引物扩增的产物，第二阶段反应能否进行，也是对第一阶段反应正确性的鉴定，因此可以保证整个反应的准确性及可行性。由于第二次 PCR 的模板为第一次 PCR 的产物，需要对第一次 PCR 的产物进行稀释，导致交叉污染的概率较大。

（8）多重 PCR

多重 PCR（Multiplex PCR），又称多重引物 PCR 或复合 PCR，是在常规 PCR 的基础上改进并发展起来的一种新型 PCR 扩增技术，是在同一PCR 反应体系中加入两对以上的引物，同时扩增多条核酸片段的 PCR 方法。其反应原理、反应试剂和操作过程与一般的 PCR 技术相同。

多重 PCR 技术自 1988 年由 Chamberlain 首次应用于杜氏营养不良症基因外显子缺失的检测以来，由于具有能同时扩增多个目的基因，节省时间、降低成本、提高效率，特别是节省珍贵实验样品的优点，所以一经提出即得到众多研究者的青睐，并且发展迅速，已经在生命科学研究的多个领域得到应用，包括病原体检测、转基因鉴定、性别筛选、遗传性疾病诊断、法医学研究以及基因缺失、突变和多态性分析等。

2. 实时荧光 PCR 技术

实时荧光 PCR 技术的出现将传统 PCR 技术带入了定量检测的时代。所谓的实时荧光 PCR，就是通过对 PCR 扩增反应中每一个循环产物荧光信号的实时检测，来实现对起始模板的定性和定量分析。实时荧光 PCR 技术自 1993 年问世，特别是 1996 年美国 ABI 公司生产出世界第一台实时荧光 PCR 仪以来，因其高特异性、高灵敏性、耗时短，并且能进行核酸定量而备受推崇。实时荧光 PCR 技术有定量检测的功能，扩大了传统 PCR 方法的应用领域，在疾病诊断、植物检疫、转基因产品定量检测等方面得到了广泛应用。

实时荧光 PCR 技术是在普通 PCR 技术和传统定量 PCR 技术的基础上发展起来的。传统定量 PCR 方法有内参法、竞争法等。近年来分子诊断技术有了重大的革新，提高了常规 PCR 的自动化程度，将核酸扩增与定量检测结合起来，使检测更加灵敏、快速、准确，同时还可达到降低污染的目的。

由于传统定量方法均为终点检测，即 PCR 到达平台期后进行检测，而 PCR 经过对数期扩增到达平台期时检测重现性极差。同一个模板在 96 孔 PCR 仪上做 96 次重复实验，所得结果有很大差异，因此无法直接从终点产物量推算出起始模板量。而实时荧光 PCR 方法通过对每个样品 Ct 值的计算，根据标准曲线获得定量结果。

（五）有害生物远程鉴定技术

远程鉴定最早发源于医疗领域，称为远程诊断。远程图像传输（或称远程视频会议）是实现远程鉴定的主要技术手段，但一个完整的远程鉴定系统应能提供从实物标本图像采集、传输、计算机辅助鉴定、鉴定专家资源管理调度、鉴定档案管理等多方面的功能支持，为实现以上功能，需要对显微镜、图像采集设备、图像显示设备、语音采集播放设备、计算机等硬件进行集成，这涉及光学设备、数码成像、语音/视频编解码、数字信号传输等技术。可见，远程鉴定是多学科技术的综合应用。

远程鉴定系统可在现有的网络技术条件下，通过专家远程指导，使本地的实验室工作人员能将标本调整到合适的角度并在适当位置聚焦，以便得到所需特征的高清晰图像。在现有的网络带宽条件下能实现流畅的动态视频传送，且能保证最终的图像有足够的清晰度用于特征识别。

口岸一线工作人员在截获有害生物后，可以有两个渠道进入远程鉴定流程，一是基于静态图片的非在线式流程，二是基于视频会议的在线式流程。非在线式流程操作灵活，较少占用专家资源，是适合于绝大多据鉴定任务的常规流程；在线式流程需要预约并占用较多的专家资源，主要适用于重大疫情和紧急疫情的鉴定复核工作。

针对非在线流程，口岸工作人员可首先借助辅助鉴定系统，对照截获的有害生物标本，通过模糊形态检索、二叉检索表、分类系统树等多种途径确认该标本分类地位，如果能基本确定该标本的分类，则可直接提交该鉴定结果的复核申请，相关类群的专家在上线时会对其进行复核，如果资料完整，确认后可进入下一步的归档流程。对于不能通过辅助鉴定系统识别的有害生物，可根据其大致的类群，将图片和文字资料提交给相关的鉴定专家组，该类群的任何一位专家在上线时都可看到该条目并进行处理。如果资料信息全面，确定其分类地位后可将其归档。如果资料不足以支持准确鉴定，专家可提出具体的补充资料要求，待下次口岸工作人员上线补充资料后再进行鉴定，该过程可反复多次直到鉴定完成。

针对在线流程，口岸工作人员可提交一个视频鉴定申请，与相关专家约定时间后，双方同时上线，口岸工作人员将标本置于显微镜下，由专家指导调整姿态及观察角度，必要时拍摄静态图片并传送给远程专家。经确认鉴定后，可建立鉴定档案并进入下一流程。

三、国际贸易中实验室检疫技术的应用

植物检疫是一项以技术为基础的行政执法工作，技术能力水平的高低直接影响了植物检疫工作质量。检疫实验室是植物检疫技术水平的重要体

现，也是有害生物检测鉴定以及相关技术和方法的研究基地，为检验检疫行政执法工作提供了重要的依据，是行政执法工作的重要组成部分。

植物检疫实验室检测是通过各种技术（直观检查除外）来确定进出境植物和植物产品及其他应检物中是否存在有害生物及是否是管制的有害生物的官方行为。植物检疫实验室检测的国际规则可以从 IPPC、WTO 及相关国际组织的相关协定和标准的适用范围、内容要求及 IPPC 缔约方植物检疫实验室的基本做法等方面来体现。

国际规则对植物检疫实验室属于官方国家植物保护组织（NPPO）领导和指导的性质予以了明确，但对植物检疫实验室的规模、人力资源配置、工作量、专业设置、技术标准化程度、资金、管理体系和信息化等实验室的基本要求，没有具体的建设标准和量化指标。中国与国外发达国家（地区）的植物检疫实验室建制体系等方面存在着异同点，各有优劣，整体而言中国植物检疫实验室在技术能力、设备配置、队伍建设等方面均已具备了一定的规模和实力，在出入境检疫把关中发挥了重要作用。

近年来，中国植物检疫实验室技术能力逐步提高，全国口岸的植物疫情检出率不断上升，检测技术能力达到了先进国家的水平，得到了国际公认。如 2013 年上海、宁波口岸多次在自意大利进口的植物种苗中检出危险性有害生物——栎树猝死病菌，意大利相关检疫官员和实验室人员来华交流，意方专家认为中国使用的检测技术特异性和灵敏性相对较高，并最终采用了中国的检测方法。全国各相关口岸使用海关总署统一制定的玉米转基因检测标准，准确快速地检出中国未曾批准的转基因品系，有效地保护了中国粮食安全和国门安全。

第六章

动植物检疫实务

CHAPTER 6

对每批进出境动植物、动植物产品及其他应检物实施动植物检疫，是海关的行政执法行为。海关通过依法行政，落实检疫制度和措施。与此同时，开展相关国际贸易和交流的法人、公民或者其代理人，以及运输装卸和检疫处理等单位，要协助、配合海关完成动植物检疫工作，按照法律法规的规定和要求，承担起应负的责任和义务。此外，海关开展动植物检疫工作时，口岸管理、国内检疫、运输管理和商务等部门应给予配合。

第一节
进境检疫

一、进境动物检疫

除国家允许旅客携带进境的宠物外，进境动物的检疫工作程序基本相同，但具体检疫方式、检疫内容因动物的种类和用途而有所不同。WOAH《陆生动物卫生法典》第 1.4 章为动物卫生监测提供了指导原则。海关每年对进出境动物及其产品实施疫病监测，制订了《国门生物安全监测方案（动物检疫部分）》。本部分结合实际，说明国际贸易中动物疫病监测的疫病和方法选择原则。进境动物检疫工作程序包括检疫准入、检疫审批、境外预检、进境申报、口岸现场检疫、隔离检疫、实验室检疫、检疫放行和处理、后续管理。上述工作程序可划分为检疫准入、入境前、入境时和入境后四个阶段。

（一）检疫准入

通过贸易、科技合作、交换、赠送、援助等方式输入动物的，在动物输入前，需要通过海关总署官方网站或者其他方式咨询、了解、掌握拟引进的动物是否履行了检疫准入（国家准入）程序，具备进口到中国的资格。只有履行了检疫准入程序的动物方可进口。

由于演艺动物、竞赛动物的特殊性，一些种类的演艺和竞赛动物可不履行检疫准入程序即可进境。但是，能够传播重大动物疫病的演艺或者竞赛动物应来自无疫区。

（二）入境前

每批动物入境前，输入动物的单位或者其代理人，应在海关的指导下，负责申请办理检疫审批手续。检疫审批手续必须在对外签订引进动物合同或者协议前办理。申请办理检疫审批手续的，要按照规定的程序向海关提出申请，同时提交海关签发的进境动物隔离检疫场许可证明。经海关总署同意，进境种用家畜的隔离检疫可以使用国家隔离场，也可以由输入动物的单位按照有关动物隔离场标准建设，还可以使用符合动物隔离场标准的其他单位的养殖场。

经海关总署审核，符合检疫审批条件和要求的，通过检疫审批系统签发检疫许可证，申请单位根据需要自行打印物理版检疫许可证。申请单位应将检疫许可证列明的检疫要求在引进动物的合同或者协议中订明，协助海关总署选派的预检兽医开展境外预检工作，并在检疫许可证和隔离检疫场许可证明的有效期内完成动物引进工作。

输入的动物入境前，输入动物的单位或者其代理人，应通过海关申报系统，向入境口岸所在地海关申报，提交有关申报材料。

（三）入境时

输入的动物抵达入境口岸时，海关动物检疫人员进行登临（车、船、飞机）检疫，具体检疫工作内容根据海关风险布控系统的指令进行，通常包括：查验、核对动物检疫证书，了解运输途中情况，核对动物数量，对动物进行临床检查，对死亡动物调查原因、提出处理意见、出具相关处理通知，对运输工具和动物排泄物、分泌物污染的场地和铺垫材料等进行防疫消毒处理。

登临检疫合格的，允许进境动物卸离运输工具，由海关检疫人员押运往检疫许可证中指定的隔离检疫场接受隔离检疫。登临检疫发现或者疑似进境动物一类、二类传染病、寄生虫病的，海关将根据相关规定采取应急处理措施，如扑杀或者退回进境动物。

输入动物的承运人、引进单位或者其代理人，要按照海关的要求，提供动物相关证明、报告运输情况、采取应急处理措施。

（四）入境后

进境动物应在检疫许可证中指定的隔离检疫场接受隔离检疫。猪、牛、马、羊等大中动物的隔离检疫期为45天，禽类、水生动物等小动物的隔离检疫期为30天，需要延长隔离检疫期的，应经海关总署批准。进境种用家畜隔离期间，海关动物检疫人员实施驻场检疫监督。进境动物隔离检疫期间，海关将按照有关双边检疫协定、协议或备忘录，以及检疫许可证列明的检疫要求，采集动物样品进行实验室检疫。

隔离期满并检疫合格的，海关对进境动物解除隔离，作检疫放行处理，检疫信息录入有关信息系统，并与农业农村等部门共享。隔离检疫发现或者疑似进境动物一类、二类传染病、寄生虫病的，海关将根据相关规定采取应急处理措施。

输入动物的单位或者其代理人，要遵守海关有关隔离检疫场的管理规定，负责进境动物隔离期间的饲养、使用、免疫、治疗等动物日常管理，但动物使用的饲料、铺垫材料，以及对动物进行使用、免疫或者治疗时，要经海关同意。检疫放行的动物，输入或者使用单位要做好动物繁育、养殖和流动记录。对海关采取应急处理措施，有关单位应予以配合。

二、进境动物产品检疫

进境动物产品检疫分为食用动物产品和非食用动物产品两大类。两者进境程序不尽相同。进境食用动物产品检疫主要针对肉类、水产品以及乳品，主要检验检疫程序包括检疫准入、境外企业注册登记、检疫审批、进境申报、指定监管场所、口岸现场检疫、实验室检疫、检疫放行和处理、日常监管、后续管理等。

非食用动物产品是指非直接供人类或者动物食用的动物副产品及其衍生物、加工品，如非直接供人类或者动物食用的动物皮张、毛类、纤维、骨、蹄、角、油脂、明胶、标本、工艺品、内脏、动物源性肥料、蚕产品、蜂产品、水产品、奶产品等。进境非食用动物产品检疫工作程序包括检疫准入、指定加工存放单位注册、检疫审批、进境申报、口岸现场检疫、实验室检疫、检疫放行和处理、日常监管、后续管理。

（一）检疫准入

海关总署对不同国家（地区）首次向中国输出的动物产品进行风险分析。根据风险分析结果对被确认为风险可以接受或采取降低风险措施后达到可以接受水平的动物产品，双方磋商并签订双边议定书或检疫证书。对向中国输出非食用动物产品的境外生产、加工、存放企业（以下简称境外生产加工企业）实施注册登记制度。

（二）风险分级管理

海关总署对进境动物产品实施风险管理，在风险分析的基础上，根据动物卫生和公共卫生风险高低，对进境动物产品实施风险分级，确定风险级别，并根据风险级别，采取不同的检验检疫监管模式并进行动态调整。检验检疫机构根据进境动物产品的风险级别及企业诚信程度、质量安全控制能力等，对进境动物产品生产、加工、存放企业实施分类管理。

（三）检疫审批

海关总署对进境动物产品实施检疫审批，需要实施检疫审批的动物产品名录由海关公布。进境需实施检疫审批的非食用动物产品、货主或其代理人应按照有关规定，向海关申请并取得检疫许可证，进境后应当运往指定的存放、加工场所（以下简称指定企业）检疫的，办理检疫许可证时，应当明确指定企业并提供相应证明文件，审核合格后由海关总署或其授权的直属海关负责签发检疫许可证。

（四）入境申报

根据产品的不同，高风险产品需要对检疫许可证进行核销，审单人员验核输出国或地区官方检验检疫证书、原产地证书等文件。

（五）口岸查验

进境动物产品到达入境口岸后，货主或其代理人应通知海关派员进行现场查验，海关检疫人员根据相关系统指令查验货物的启运时间、港口、途经国家或地区，查看运行日志，判定是否来自禁止进口的疫区国家或地区；核对单证与货物的名称、数（重）量、集装箱号、产地、包装是否相符；查验有无虫害、腐败变质，有无夹带杂草、泥土、害虫，容器、包装是否完好等。

（六）实验室检验检疫

经现场查验合格，需作实验室检验检疫的，应根据《出入境动物检疫采样》（GB/T 18088—2000）标准采样，送实验室进行检测。实验室依据国家标准、行业标准和疫病监测计划有关规定对样品进行实验室检验检疫。

（七）检疫处理和出证

检验检疫人员根据现场查验和实验室检验检疫结果，对进境动物产品进行综合评定。对查验不合格，经除害处理后合格的，可以按查验合格处理；对无法进行有效的除害处理的，作退回或销毁处理。

三、进境动物源性饲料检疫

饲料是指经种植、养殖、加工、制作的供动物食用的产品及其原料，包括饵料用活动物、饲料用（含饵料用）冰鲜冷冻动物产品及水产品、加工动物蛋白及油脂、宠物食品及咬胶、饲草类、青贮料、饲料粮谷类、糠麸饼粕渣类、加工植物蛋白及植物粉类、配合饲料、添加剂预混合饲料等。本部分主要是指作饲料用途的动物及其产品，主要包括：鱼油及鱼粉等水产动物源性蛋白、加工动物蛋白、饲用乳制品、宠物食品、丰年虫（卵）。其进境检疫工作程序包括检疫准入、指定加工存放单位注册、检疫审批、进境申报、口岸现场检疫、实验室检疫、检疫放行和处理、日常监管、后续管理。具体程序与非食用动物产品相同。这里主要介绍不同产品的不同检疫监管要求。

海关总署对进口饲料实施风险管理，具体措施包括产品风险分级、企业分类、监管体系审查、风险监控、风险警示等。在产品风险分级和企业分类的基础上，结合动态风险分析和回顾性体系审查，对不同产品种类实施不同的检验检疫监管模式并进行动态调整。同时根据进口饲料风险监控和日常监管中发现的问题，经过风险分析后及时发布风险预警信息。

（一）鱼油及鱼粉等水产动物源性蛋白

鱼油及鱼粉是指水生动物（水生哺乳动物除外）及其加工过程中产生的副产品制成的动物源性饲料。

检疫要求：原料须来自出口国（地区）海域，公海捕捞水生动物或者养殖水生动物，应是上述动物的整体或供人类消费水产品加工厂的副产品加工生产，不使用因扑灭动物疫情而淘汰的水生动物或者死亡水生动物，不含其他动物源性成分，并且没有受到第三国（地区）动物源性产品的污染；除了 WOAH 公布的牛海绵状脑病（BSE）风险可忽略的国家或地区。其他国家或地区向中国出口鱼油及鱼粉等水产动物源性蛋白的，须经官方主管部门认可的实验室采用 PCR 方法检测，结果不含反刍动物源性成分。

（二）加工动物蛋白

加工动物蛋白是指以动物或动物副产物为原料，经工业化加工制作的单一饲料。这类饲料包括畜禽屠宰场副产品、蛋制品及蚕丝工业副产品等，不包括乳制品和水产动物源性蛋白。

检疫要求：输出的加工动物蛋白原料必须来源于健康动物及其产品，若为已屠宰动物的整体或部分，则屠宰过程需在出口国（地区）官方监管下进行，经宰前检验、宰后检验合格。不使用未经海关总署批准的第三国（地区）的动物源性原料，原料没有受到牛海绵状脑病（BSE）疫区国家（地区）的反刍动物源性物质的污染。标签应符合《饲料标签》（GB 10648）的规定，并标明"非供人类食用"。

（三）饲用乳制品

饲用乳制品是指以牛、羊奶为原料制成的粉末状饲料用乳制品，包括乳清粉、乳粉、脱脂乳粉以及以乳制品为主要原料的饲料产品等。

检疫要求：饲用乳制品中没有抗菌药物残留、激素或抗激素药物残留、农药残留、危害动物健康的有毒有害物质残留，不含鱼粉、肉骨粉等其他动物源性成分，并且没有受到第三国（地区）动物源性产品的污染，符合中国饲用乳制品相关的安全卫生限量标准要求。

（四）宠物食品

宠物食品是指包括罐装宠物食品、经加工非罐装宠物食品、咀嚼物、生宠物食品、宠物食品加工厂用动物内脏调味品和宠物食品加工厂用动物副产品。

检疫要求：根据宠物食品是否含有反刍动物源性/猪源性/禽源性成分，出口国（地区）必须是相关疫病的风险可忽略地区；宠物食品所用的植物源性原料不得含有未经中国官方批准的转基因成分，且应符合中国政府规定的有关农药残留规定；标签应符合《饲料标签》（GB 10648）的规定，并标有"非供人类使用"或"仅用于宠物食用"等警示语；对于罐头类宠物食品，需检查是否有胖罐、漏罐、锈罐及其他缺陷罐；宠物食品经实验室检测，结果须为沙门氏菌、肉毒梭菌、葡萄球菌、肠道致病菌、厌氧菌未检出，细菌总数<50万个/克。

（五）丰年虫（卵）

丰年虫（卵）是一种耐高盐的小型甲壳类动物，丰年虫卵是丰年虫产的休眠卵，它们是水产动物苗种或观赏鱼的重要生物饵料。

检疫要求：不得来自相关水生动物疫区或者污染水域，出口前须经出口国（地区）官方主管部门认可的实验室对白斑综合征病毒（WSSV）和皮下及造血组织坏死杆状病毒（HHNBV）进行检测，检测结果为阴性；运输用包装应是全新的或者经过消毒，符合中国卫生防疫要求；加工用水或冰符合《渔业水质标准》（GB 11607）的要求，不含有危害动物和人体健康的病原微生物、其他有毒有害物质以及可能破坏水体生态环境的水生植物；标签应注明"非供人类食用"。

四、进境植物及植物产品检疫

《海关全面深化业务改革2020框架方案》指出，要在全国通关一体化框架下，持续推进重点领域和关键环节改革，建立高效便捷的申报制度、协同优化的风险管理制度、衔接有序的监管作业制度、统一规范的通关制度、自由便利的特定区域海关监管制度，形成符合新职能需要的监管制度体系。植物检疫是新海关履职的重要组成部分，必须贯彻落实海关改革的部署要求。当前，"两步申报""两轮驱动""两段准入"等重点业务改革举措正在加快推进，植物检疫也正在加快建立与之相适应的业务模式，实现全面深度融合。全国通关一体化改革在业务流程上按照"事前事中事后"实行分段式、扁平化管理，同时在空间上以口岸为界，将其分为"进境前、进境时、进境后"的管理。中国是《国际植物保护公约》（IPPC）缔约方，国际植物检疫措施标准（ISPM）是缔约方共同遵循的规范。国际植物检疫措施应用与全国通关一体化改革思路相契合，依据植物及其产品传播有害生物风险高低和特点，从流程、空间等多维度选择适当措施逐步降低有害生物传入风险水平，从而实现有效控制的目标。

（一）进境植物检疫措施的分类及其依据

植物检疫是旨在防止检疫性有害生物传入和/或扩散或确保其处于官方控制的一切活动，是基于风险分级的一系列措施组合。植物检疫程序则是官方规定的执行植物检疫措施的任何方法，包括与限定的有害生物有关的检查、检测、监控或处理的方法。

1. 进境植物检疫措施分类

为保证植物检疫措施不构成任意或不合理的歧视，或对国际贸易构成变相的限制，《SPS 协定》授权 IPPC 制定国际植物检疫措施标准。《采用系统综合措施进行有害生物风险管理》（ISPM 14）指出，系统方法应由可在输出国（地区）执行的各项植检措施构成，然而，当输出国（地区）提出应在输入国（地区）执行的措施并经输入国（地区）同意，可以在输入国（地区）实施这些措施。

《植物检疫进口管理系统准则》（ISPM 20）提出的进境植物检疫措施，从时间上分成进境前、进境时、进境后，从空间上分成输出国（地区）、进口国（地区）。

（1）进境前：可分为在出口国（地区）、运输途中、抵达口岸前采取的措施。在出口国（地区）采取的措施包括：出口前查验；出口前检测；

出口前处理；特定植物检疫状态植物（如由已检测出带病毒的植物长成的或在特定条件下生长的植物）所产生的措施；出口前在生长季节进行的查验或检测，要求货物的原产地为有害生物非疫产地或非疫生产点或有害生物低度流行区或非疫区；验证程序；保持货物完整性；对出口国（地区）程序的检查。在运输途中采取的措施包括：处理（如适当的物理或化学处理）；保持货物完整性。在抵达口岸前采取的措施包括：要求审批或办理许可证；对特定货物要求进口方在到货前预先通知。

（2）进境时：指定入境口岸；文件核查；核实货物完整性；核实运输期间的处理情况；植物检疫查验；检测；处理；扣留货物以等待检测或处理效果验证结果。为查验、检测或处理而实施检疫扣留（如在进口后检疫站）。

（3）进境后：为查验、检测或处理而实施检疫扣留（如在进口后检疫站）；限制货物的销售或使用（如要求以特定方式加工处理）；扣留在指定地点以待采取规定措施。进境植物检疫措施尤其是进境时的植物检疫措施的实施地点并不是一成不变的。ISPM 14 指出，查验可以在入境口岸、转运点、目的地进行，在保证货物的植物检疫完整性，保证可以采取适当的植物检疫程序的情况下，也可以在其他可识别进口货物的地点（如重要市场）进行。

2. 实施植物检疫措施应当遵循的原则

（1）科学性原则。IPPC 规定，除非出于植物检疫方面的考虑有必要并在技术上有正当理由采取相关植物检疫措施，否则各缔约方不得根据他们的植物检疫法采取任何一种植物检疫措施。同时，各缔约方应仅采取技术上合理，符合所涉及的有害生物风险，限制最少，对人员、商品和运输工具的国际流动妨碍最小的植物检疫措施。因此，针对具体进境植物及其产品的植物检疫程序会因其传播有害生物风险高低和特点而不同。

（2）贸易影响最小原则。《SPS 协定》指出，各成员在决定适当的动植物卫生检疫保护水平时，应考虑将对贸易的不利影响减少到最低程度这一目标。ISPM 14 也明确指出，植物检疫程序和法规尤其应考虑最小影响概念以及经济可行性和运作可行性的问题，以避免对贸易产生不必要的干扰。由此可见，在适当保护水平下，进口国（地区）应选择对贸易影响最小的实施地点。尤其是植物检疫查验、检疫处理以及为查验、检测或处理而实施检疫扣留等措施，既可能在口岸实施，也可能在目的地实施。

（3）技术上合理。《SPS 协定》指出，各成员在制定或维持动植物卫生检疫措施以达到适当的动植物卫生检疫保护水平时，考虑到技术和经济可行性，应确保这类措施不比要获取适当的动植物卫生检疫保护水平所要求的更具贸易限制性。《进出境动植物检疫法》也有类似规定，因口岸条件限制等原因，可以由国家动植物检疫机关决定将动植物、动植物产品和其他检疫物运往指定地点检疫。以进境植物繁殖材料为例，考虑有害生物潜伏期等因素，除了口岸查验及实验室检测外，通常调离口岸至隔离圃实施隔离检疫；对用于加工的进境粮食，由于加工过程中的温度、压榨等条件可以有效杀灭其携带的有害生物，因此除了发现活的昆虫等特殊情况，各国普遍采取指定方式加工处理的监管方式。

（二）进境植物及其产品植物检疫措施的应用

如前所述，针对具体进境植物及其产品的植物检疫程序会因其传播有害生物风险高低和特点而不同。《基于有害生物风险的商品分类》（ISPM 32），根据植物及其产品自身特性、加工方法和程度、预期用途等的不同，制定了植物及其产品检疫风险分级原则，并将植物及其产品分成 4 个类别，不同类别的植物及其产品应当选择与适当植物保护水平相适应的植物检疫措施。

类别 1：商品的加工程度使商品不再可能受到检疫性有害生物的侵染，因此不需要采取植物检疫措施，无须就该商品加工前可能携带的有害生物而要求提供植物检疫证书。

类别 2：商品经过加工仍可能受到某些检疫性有害生物的侵染，其预定用途可能是消费或用于进一步加工，进口国（地区）可以决定是否需要开展有害生物风险分析。

类别 3：商品未经过加工处理，并且其预定用途用于消费或加工，并非用于繁殖，必须进行有害生物风险分析以确定与该途径相关的有害生物风险。

类别 4：商品未经过加工，预定用途为种植用，必须实施有害生物风险分析以确定与该途径相关的有害生物风险。依据上述原则，可以确定在进口国或地区实施的针对植物种苗、粮食、原木等主要进境植物及其产品的植物检疫措施。种苗：指定口岸、检疫查验、检疫处理、隔离检疫；粮食：检疫准入、境外企业注册登记、检疫许可、指定口岸、检疫查验、检疫处理、指定加工；原木：检疫查验、实验室检测、检疫处理。

由此可以看出，与空间相关的植物检疫措施主要就是检疫查验、检疫处理、指定加工、隔离检疫。其中指定加工是利用生产企业的加工工艺达到消除有害生物风险的目的，加工企业通常不在海关监管区内，需要在目的地实施；隔离检疫对周边环境有一定要求，通常也不在海关监管区内，同样需要在目的地实施；而检疫查验、检疫处理则可根据口岸条件、运输方式以及防疫条件等因素确定。

(三) 建立与海关全面深化业务改革相适应的进境植物检疫模式

新海关监管职责更多，监管范围更广，监管链条更长，执法监管手段更丰富。植物检疫要深入掌握《海关全面深化业务改革 2020 框架方案》的内涵和要求，在全面融入嵌入中提升强化监管优化服务能力。

1. 突出安全准入，完善申报要素

《全国通关一体化关检业务全面融合框架方案》强调，将管理延伸至进出境商品的境外和境内生产、加工、存放、使用单位管理等环节。对上述环节实施的措施，可以在申报环节进行验证确认。按照《海关"两步申报"改革实施方案》，第一步概要申报应提交满足口岸安全准入监管所需的信息。对需实施检验检疫的，根据不同产品风险等级，涉及口岸安全准入的信息包括：资质类确认，如准入产品种类及国家（地区）、境外注册企业、境内指定生产加工企业等；单证类核查，如国外官方检疫证书、进境动植物检疫许可证、转基因安全证书等；动态调整类，如禁令、警示通报等，既可能针对国家（地区），也可能针对特定企业。要完善概要申报环节的申报要素，加强申报环节的审核把关，有效防范安全准入风险，将风险拒于国门之外。

2. 科学利用空间布局，发挥系统措施效能

采用科学合理的系统性措施是准确把握强化监管优化服务关系，切实维护国门安全，促进贸易便利化的重要路径。"两段准入"以口岸为界分段实施口岸"第一段监管""第二段监管"，从空间上对海关监管进行了分段；同时强调国门安全准入风险原则上应在"第一段监管"实施，从措施性质上对海关监管进行了分类。

植物检疫要充分利用海关监管空间布局的特点，充分发挥系统措施的作用，在有效防控疫情疫病风险的基础上，实现维护国门安全与促进便利相统一。

（1）发挥"第一段监管"的主体作用。口岸检疫是植物检疫最普遍、最基本的手段，是国际通行的做法。《进出境动植物检疫法》明确规定，输入动植物、动植物产品和其他检疫物，应当在进境口岸实施检疫。《全国通关一体化关检业务全面融合框架方案》强调动植物疫情等口岸检疫风险由口岸海关在"分步处置"第一步中完成现场处置。因此，在"两段准入"改革中，除特殊情况外，应在"第一段监管"完成进境植物及其产品的入境拒止、前置拦截、口岸检查等工作。

（2）拓展"第二段监管"的实施内容。在排除必须在口岸实施的安全准入风险后，允许在"第二段监管"过程实施国门安全风险监管。例如，指定加工、隔离检疫是针对进境粮食、种苗等高风险植物及其产品的重要检疫措施，其实施地点通常在海关监管区外，将其纳入"第二段监管"并通过新一代风控系统实施布控，既符合植物检疫措施程序和原则，也有利于植物检疫措施得到有效实施。

（3）细化附条件提离等清单管理措施。按照以在海关监管区内实施查验、检疫处理、合格提离为主的原则，考虑口岸条件，尤其是贸易便利化等诉求，针对不同业务类别细化制定清单和实施条件，允许在安全风险可控的条件下，实施前置拦截、附条件提离、转场检查等风险防控与便利化相统一的监管措施。

（4）明确可在目的地实施检疫的低风险产品清单。为落实优化营商环境，促进贸易便利化的要求，根据《SPS协定》等确定的贸易影响最小原

则，依据 ISPM 32 等国际植物检疫措施标准（ISPM），对风险可控的低风险植物产品，可允许在目的地实施检疫查验。

3. 发挥系统集成优势，强化安全准入布控

根据植物检疫"事前事中事后"风险防控特点开展风险布控。一是实施"事前"措施全布控。"事前"措施涉及准入，对不符合要求的不准入境。因此，对资质类、单证类信息应实施 100%布控、100%审核。二是实施"前置拦截"措施全布控。根据不同产品特点设置的特定措施，如进口粮食、木材等大宗散装货物表层检疫，进口非食用动物产品外包装预防性处理等，需要在完成相应作业后方可进入其他作业环节，需要设置单独的布控指令。三是细化"事中"布控指令规则。建设动植物检疫大数据池，研发动植物检疫风险布控模型。在指令维度上，既要考虑针对货物批次的抽批规则，也要考虑针对具体项目如有害生物的指令规则；在指令强度上，既要区分高低风险产品的差别，也要区分不同来源的差别；在指令类型上，既要区分"事中事后"指令的差别，也要区分口岸、目的地"事中"的差别，促进风险管理全链条的整体、高效、协同运作，维护国门安全。

综之，国际植物检疫措施标准（ISPM）与《海关全面深化业务改革2020框架方案》具有高度契合性。植物检疫强调口岸检疫，实施全过程检疫，旨在尽最大可能降低植物检疫的风险。依照"两步申报""两轮驱动""两段准入"改革等完善植物检疫措施的应用，可有效防控外来植物疫情传入、扩散。

五、进境生物材料检疫

生物材料是指为了科研、研发、预防、诊断、注册、检验、保藏目的进口的可能造成动植物疫病疫情传播风险的微生物、寄生虫；动植物组织、细胞、分泌物、提取物；动物器官、排泄物、血液及其制品、蛋白；由上述材料制成的培养基、诊断试剂、酶制剂、单（多）克隆抗体、生物合成体、抗毒素、细胞因子等生物制品，以及 SPF 级及以上级别的实验动物。

海关总署对进境动物源性生物材料及制品实施四级风险分类管理，根据动植物检疫风险等级不同，分别采取检疫准入、检疫审批、官方证书、安全声明、实验室检测或后续监管等检验检疫措施。进境生物材料属于卫生检疫特殊物品，须实施卫生检疫的，应同时按照卫生检疫特殊物品相关规定执行。

（1）实验鼠进境SPF级及以上级别实验鼠隔离检疫期间，在确保生物安全的前提下，经所在地直属海关批准，可边隔离边实验。进境时须随附输出国家（地区）官方检疫证书。进境SPF级及以上级别实验鼠遗传物质按照生物材料管理，进境时须随附输出国家（地区）官方检疫证书。

（2）动物诊断试剂对进境动物诊断试剂实施分级管理，对于检测酶类、糖类、脂类、蛋白和非蛋白氮类和无机元素类等生化类商品化体外诊断试剂，口岸直接验放；对于检测抗原抗体等生物活性物质的商品化体外诊断试剂，免于提供国外官方检疫证书，进境时随附境外提供的安全声明及国外允许销售证明，口岸查验合格后直接放行。

（3）来自商品化细胞库的动物传代细胞系来自商品化细胞库（ATCC、NVSL、DSMZ、ECACC、KCLB、JCRB、RIKEN）的动物传代细胞系，免于检疫审批，进境时提供国外方检疫证书和境外提供者出具的安全声明，口岸查验合格后直接放行。

（4）进口培养基中动物源性成分不高于5%的，口岸凭境外生产商出具的安全声明核放。

六、进境人员携带物和寄递物检疫

（一）进境人员携带物检疫

随着中国近年来经济发展和对外交流的日益繁荣，出入境商务、劳务、留学以及旅游观光人员的数量与日俱增，同时，进境人员携带物品的种类和数量也明显增加。进境人员携带物已经成为有害生物传入中国的重要途径之一。

1. 进境人员携带物检疫主要法律法规

中国进境人员携带物检疫工作的法律依据主要为《进出境动植物检疫

法》及其实施条例、《中华人民共和国濒危野生动植物进出口管理条例》、《农业转基因生物安全管理条例》、《出入境人员携带物检疫管理办法》、《中华人民共和国禁止携带、寄递进境的动植物及其产品和其他检疫物名录》等。

2. 进境人员携带物检疫基本内容

2012年，国家质检总局颁布的《出入境人员携带物检疫管理办法》，进一步规范了口岸进境人员携带物查验工作。2021年，农业农村部、海关总署联合发布《中华人民共和国禁止携带、寄递进境的动植物及其产品及其他检疫物名录》（第470号公告），进一步明确了禁止携带的动植物、动植物产品及其他检疫物的种类，对进境人员携带物检疫的把关职能更加全面、系统。

（1）查验手段

各口岸已建立并逐步完善了进境人员携带物检疫工作的"人—机—犬"综合查验体系。其中，"人"即检疫人员，负责接受进境人员的主动申报并实施现场检疫，同时对可能携带动植物及其产品的进境人员进行抽检。"机"即X光机，进境人员携带物检疫口岸应用X光机对旅客的行李物品进行检查。"犬"即检疫犬，通过检疫犬嗅闻旅客携带物进行检查。这种模式的实施对提高把关的针对性和有效性，减少通关环节，提高通关速度以及提高禁止进境物的检出率和准确率，优化通关软环境方面起到了积极作用。

（2）基本工作流程

在进境旅客通道和行李提取处等现场设立检疫台位、标志。在入境人员（包括入境的旅客、交通工具的员工以及享有外交、领事特权与豁免的外交机构人员）现场和行李提取处，设立旅客携带物投弃箱；制作检疫宣传栏，及时将有关法规、规定、公告、通告予以公布。

①入境申报。当进境人员携带关注的动植物、动植物产品及其他检疫物时，应在入境口岸进行申报并接受海关检疫。检疫人员在检疫台位接受入境旅客对其携带物的申报或咨询。

②现场检疫。检疫人员在进境旅客查验台实施检疫查验，对申报单及

随附材料进行审核，对已申报的携带物进行现场检疫，核对申报物品与实际情况。

对于未进行申报的进境人员，现场检疫人员根据需要对其进行询问，并对其携带物和托运行李物品进行一定比例的抽检，使用 X 光机和检疫犬进行检查，并对可疑行李物品进行开箱（包）查验，对旅客携带物实施检疫。检查旅客是否携带植物种子、种苗及其他繁殖材料，携带物是否含木质包装。

③处理与放行。旅客携带物现场检疫合格的，当场予以检疫放行。

未能按规定提供审批单或检疫许可证或者其他相关单证的，海关对入境动植物和动植物产品及其他检疫物予以暂时截留，并出具留验/处理凭证。暂时截留的动植物和动植物产品及其他检疫物在海关指定场所封存，在指定的隔离场所隔离。对未能提供有效单证而暂时截留的携带物，入境人员应当在截留期限内补交相关有效单证；经海关检疫合格的，予以检疫放行。

携带物经海关现场查验后，需要作实验室检测、隔离检疫或除害处理的，予以截留，并同时出具留验/处理凭证。截留、隔离及检疫的期限按照有关规定执行。经实验室检测、隔离检疫合格或者除害处理合格的，予以检疫放行。

需退回或销毁的按规定予以限期退回或者作销毁处理。

④出境携带物检疫。携带动植物、动植物产品和其他检疫物出境，依照有关规定需要提供有关证明的，出境人员应当按照规定要求予以提供。输入国（地区）或者出境人员对出境动植物、动植物产品和其他检疫物有检疫要求的，由出境人员提出申请，海关按照有关规定实施检疫并出具有关单证。

（二）寄递物检疫

寄递物品是邮件、快件和跨境电商渠道物品的统称。在动植物检疫方面，主要针对邮寄物具有比较完善的规定，快件和跨境电商物品是在《进出境动植物检疫法》及其实施条例颁布之后才出现的，因此参照邮寄物的管理要求执行。

1. 邮寄物检疫主要法律法规

1991 年、1996 年中国先后颁布了《进出境动植物检疫法》及其实施条例，《进出境动植物检疫法》的第五章和实施条例的第六章，对进出境邮寄物检疫作出规定。

2001 年，国家质检总局、国家邮政局共同制定了《进出境邮寄物检疫管理办法》（国质检联〔2001〕34 号），对进出境邮寄物检疫管理进行了细化和规范。该办法是目前中国邮寄物检疫工作最主要的执法依据之一，但该办法是以文件的形式下发，不如公告、令更有权威性。

2001 年，国家质检总局发布了《出入境快件检验检疫管理办法》（第 3 号令），对应依法实施检疫的出入境快件中植物及其产品的检疫管理工作进行了规范。

2009 年修订实施的《中华人民共和国邮政法》第三十一条明确规定，进出境邮件的检疫，由进出境检疫机构依法实施，经过检疫的国际邮件方可投递。

2012 年，农业部、国家质检总局联合发布《中华人民共和国禁止携带、邮寄进境的动植物及其产品和其他检疫物名录》（第 1712 号公告）；2021 年，农业农村部、海关总署对第 1712 号公告进行了修订，联合发布了《中华人民共和国禁止携带、寄递进境的动植物及其产品和其他检疫物名录》（第 470 号公告），修订后的名录进一步细化了禁止寄递的种类和范围，使寄递物检疫工作更加全面、科学和更具操作性。

2. 邮寄物检疫现行做法

（1）设立机构

在国际邮件处理中心设立邮寄物检疫专职机构，其他未设立专职机构的海关也有相应职能机构执行邮寄物检疫工作，进驻国际邮件中心进行现场检疫或定期派人到国际邮件处理中心实施检疫。

（2）检疫方式

包括人工审核邮件运单，根据运单品名栏申报的内容与邮政人员会同开拆包查验；过 X 光机或与海关实现"一机双屏、一机双看"过机查验，发现可疑包裹再开拆包检查；使用检疫犬协助检疫，对检疫犬识别的包裹开拆包查验。

（3）检疫内容

农业农村部和海关总署联合下发的 2021 年第 470 号公告中规定的禁止邮寄物品，植物检疫方面重点关注新鲜水果蔬菜、烟叶、植物繁殖材料、有机栽培介质、有害生物。此外，其他允许进境的动植物产品可能携带的有害生物也是检疫部门关注的主要对象。一旦发现上述物品，检疫人员与邮政人员办理交接手续，封存邮件，封存期一般不超过 45 天。

（4）放行和处理

检疫人员在查验过程中，发现不同的物品分别采取不同的处理方式。对允许进境的动植物产品，现场检疫未发现有害生物的，当场予以放行；发现有害生物的，进行除害处理，合格后放行；无法除害处理的，截留销毁。发现禁止进境的物品，予以截留。对植物繁殖材料、科研用有害生物等，要求收件人提供审批单和植物检疫证书，单证齐全后办理报检手续，无法提供相关单证的作销毁或退运处理；对其他禁止进境的动植物产品，按规定截留销毁或实施退运。

对进境邮寄物作退回处理的，海关出具有关单证，注明退回原因，由邮政机构负责退回寄件人；作销毁处理的，海关出具有关单证，并与邮政机构共同登记后，由海关通知寄件人。

对输入国（地区）有要求或物主有检疫要求的出境邮寄物，由寄件人提出申请，海关按有关规定实施检疫，经检疫合格的，由海关出具有关单证，由邮政机构运递。

七、进境运输工具检疫

（一）发展历程

随着改革开放的逐渐深入，对外贸易及国际友好往来的发展，为适应形势发展的需要，农业部在总结各地植检工作实践经验的基础上，于 1980 年印发了《关于对外植物检疫工作的几项补充规定》，要求"进口植物、植物产品及其运输工具都应实施检疫，但在检疫程序上可根据不同产品类别，区别掌握"。1982 年，国务院颁布《中华人民共和国进出口动植物检疫条例》，其中明文规定对"运载动植物、动植物产品的车、船、飞机""可能带有检疫对象的其他货物和运输工具"实施检疫。各种运输工具来往于国家（地区）间，可能带有动植物的疫情，对此首先引起警觉并采取了检疫措施的是经济较发达国家，如美国等国要求中国输出农畜产品除出具产品检疫证书外，同时出具运输工具检疫证书。中国为了保证出口贸易的顺利进行，首先开始对运输出口农畜产品的火车、轮船执行"适应性检疫"。

从 20 世纪 80 年代开始，中国又对进境废旧钢船实施检疫，从中及时截获大量违禁的水果等物品，并查获了谷斑皮蠹、四纹豆象等国际性检疫害虫。集装箱既是特殊的装载容器，更有运输工具的功能，当时的农业部动植物检疫局为加强进出境运输工具、集装箱检疫管理工作，采取了多项专门的措施并制定了一系列执行办法，主要有《进出口集装箱运输动植物检疫办法》和《关于加强进口废钢船动植物检疫的通知》。

按照 1991 年国家计委等 7 部委发布的《关于亚欧大陆桥国际集装箱过境运输管理试行办法》，东起连云港口岸、西到阿拉山口口岸以及沿途有关口岸的动植物检疫机构对过境集装箱均实施检疫监督。自 1992 年正式执行《进出境动植物检疫法》以来，在全国各口岸全面开展了进出境运输工具检疫业务，根据各口岸在实际工作中所反映出的具体问题，于 1992 年和 1994 年先后制定了《进出境装载容器、包装物动植物检疫管理试行办法》和《集装箱运载转关货物动植物检疫管理办法》，还制定出动植物检疫的《进境运输工具动植物检疫疫区名单》。1992 年，国家出入境检验检疫局发布《国际船舶进出中华人民共和国口岸动植物检疫规程》，统一规范国际航行船舶动植物检疫工作，提高检疫水平，便利国际航行船舶进出我国口岸。

（二）监管现状

1. 法律依据

中国运输工具动植物检疫所依据的法律体系主要由四部分构成：一是《进出境动植物检疫法》和《进出境动植物检疫法实施条例》，这是口岸运输工具动植物检疫监管的执法基础和保障;二是《动物防疫法》以及《植物检疫条例》等相关部门法以及各地方政府的有关动植物检疫的规定,也是运输工具动植物检疫监管工作的重要依据;三是部门规章和规范性文件,主要是指海关总署的令、公告及文件等;四是动植物检疫双边协定和国际惯例,国际组织制定的有关运输工具动植物检疫监管的协议、标准、指南等。

2. 监管方式

(1)入境或过境列车的动植物检疫

装载动植物及其产品的列车入境时,动植物、动植物产品和其他检疫物未经海关同意不得卸离运输工具。当允许卸离时,对货物、运输工具和装卸现场采取必要的防疫措施,在运输装卸过程中要符合植物检疫要求,防止撒漏。

装载非动植物及其产品,但有木质包装或植物性铺垫材料的列车入境时,由海关对木质包装或植物性铺垫材料进行检疫,审核植物检疫证书并对列车箱体进行防疫消毒。作转关运输的,只进行箱体消毒,出具调离通知单,通知指运地海关检疫。

装载非应检物的列车入境时,由海关对车体作防疫消毒处理。海关对回空车辆实施整车防疫消毒。

入境列车检疫时,对可能隐藏病虫害的列车厢体、餐车、厨房、储藏室、行李车、邮政车等,动植物产品存放、使用场所,泔水、动植物性废弃物的存放场所,以及集装箱箱体等区域或部位实施检疫,并作防疫消毒处理。

来自动植物疫区的过境列车入境时,海关应对列车和装载器具进行外表消毒。装载过境植物、植物产品和其他检疫物的列车和包装窗口必须完好,不得有货物撒漏。列车装载的动植物、动植物产品和其他检疫物过境期间未经海关批准,交通员工或其他工作人员不得开拆包装或者带离运输工具。

(2)入境或过境汽车的动植物检疫

对装载动植物、动植物产品的入境或过境汽车的检疫主要是在对其装载货物实施检疫时，对车厢进行一并检查，对入境车辆的轮胎实施消毒处理。入境汽车轮胎消毒有助于去除轮胎上的土壤、杂草种子和植物枝残体。

（3）入境或过境船舶的动植物检疫

对来自动植物疫区的船舶、废旧船舶、船方申请检疫的船舶，因海关工作需要登轮的船舶，国家有明确要求的船舶实施登轮检疫。登轮检疫的内容包括：收集资料，包括启运港、沿途寄港、装载的货物、船用伙食的种类来源地等。检查的部位包括储藏室、餐厅、厨房、船员生活区、垃圾存放处等。重点关注的有害生物有谷斑皮蠹、巴西豆象、地中海实蝇等。对来自动植物疫区经检疫判定合格的船舶，应船舶负责人或者其代理人要求签发运输工具检疫证书；对须实施卫生除害处理的，向船方出具检疫处理通知书。在船舶检疫中发现禁止进境的动植物、动植物产品和其他检疫物的，必须作封存处理；发现检疫性有害生物的，应进行检疫处理。

船舶在口岸停留期间，未经海关许可，不得擅自排放压舱水、移下垃圾和污物等，任何单位和个人不得擅自将船上自用的动植物、动植物产品带离船舶。船舶在国内停留及航行期间，未经许可不得擅自启封动用海关在船上封存的物品。海关对船舶上的动植物性铺垫材料进行监督管理，未经海关许可不得装卸。

（4）入境航空器的动植物检疫

在航空器入境前，航空器的负责人需通过航空器上广播或电视告知旅客，中国海关不允许将水果等禁止携带的动植物及其产品携带入境。如携带，入境时须如实向海关申报。

入境航空器不得携带动植物病虫害，经检疫发现有病虫害的，视情况分别作熏蒸、消毒、杀虫、除害处理，入境航空器的当事人必须给予配合和协助。

入境航空器不得携带媒介昆虫，入境前如发现媒介昆虫时，机组人员应实施杀虫处理。海关人员登机检疫时，机长或授权代理人应主动出示空的杀虫剂罐，并在总申报单中有关卫生检疫栏目内注明已进行除虫处理。

垃圾和废弃物须集中清理，并装于清洁袋中。来自重点疫区或国家检验检疫机构文件规定有具体要求的，在经过必要的现场消毒后，方可运往指定地点集中处理，运输途中不得卸漏。

入境航空器运载过境动物的，须持有检疫许可证并按指定口岸和路线过境。运输工具、装载容器、饲料和铺垫材料，须符合海关规定。运载过境动物的承运人或押运人应向海关申报，经检疫合格的，准予过境。运载或转运过境植物、动植物产品和其他检疫物的，检验检疫部门须查验运输工具或包装，经检疫合格的，准予过境。过境期间，未经检验检疫部门批准，不得开拆包装或卸离运输工具。

（5）入境集装箱的动植物检疫

对于入境重箱，在对其装载货物实施检疫时，对箱体内部进行一并检查，对检出货物里带有检疫性有害生物的，一般会连同集装箱一起作熏蒸处理。

对于入境空箱，实施检疫时，主要针对箱体内部，检查有无有害生物。发现检疫性有害生物的，将对集装箱实施除害处理。

八、过境检疫

（一）概念

过境动植物检疫是指对境外动物、动物产品、植物、植物产品和其他检疫物及其包装容器、包装物和运输工具在事先得到批准的情况下，途经中华人民共和国国境继续运往第三国（地区）实施的检疫。过境产品必须以原包装过境，在中国境内换包装的，按入境产品处理。过境检疫是动植物检疫执法行为中的一项重要内容。

（二）适用范围

适用范围包括：经陆路通过中国境内直接过境运输的检疫物；入境后在中国口岸经改换其他运输工具并直接从入境口岸运出境外的检疫物；由船舶或飞机装运入境，由原运输工具装运出境的通运检疫物；属于欧亚大陆桥方式的国际集装箱过境运输的检疫物。

（三）法律法规要求

根据《进出境动植物检疫法》规定，运输动植物过境的，必须事先商得中国国家动植物检疫机关同意，并按照指定的口岸和路线过境。装载过境动植物的运输工具、装载容器、饲料和铺垫材料，必须符合中国动植物检疫的规定。检验检疫机构对过境动植物和动植物产品依法实施检验检疫和全程监督管理。动植物、动植物产品和其他检疫物过境期间，未经动植物检疫机关批准，不得开拆包装或者卸离运输工具。

（四）程序

运输动植物、动植物产品和其他检疫物过境（含转运，下同）的，承运人或者押运人应当持货运单和输出国家（地区）政府动植物检疫机关出具的证书，向进境口岸动植物检疫机关报检；运输动物过境的，还应当同时提交海关总署签发的动物过境许可证。

过境动物运达进境口岸时，由进境口岸动植物检疫机关对运输工具、容器的外表进行消毒并对动物进行临床检疫，经检疫合格的，准予过境。进境口岸动植物检疫机关可以派检疫人员监运至出境口岸，出境口岸动植物检疫机关不再检疫。

（五）检疫处理

1. 检疫处理原则

过境的动物、动物产品和其他检疫物，经检疫发现有检出一类传染病、寄生虫病的动物，连同其同群动物全群退回或者全群扑杀并销毁尸体；检出二类传染病、寄生虫病的动物，退回或者扑杀，同群其他动物在隔离场或者其他指定地点隔离观察。

过境的植物、植物产品和其他检疫物，经检疫发现有植物危险性病、虫、杂草的，由口岸动植物检疫机关签发检疫处理通知书，通知货主或者其代理人作除害、退回或者销毁处理。经除害处理合格的，准予进境。

过境动物饲料受病虫害污染的须作除害、不准过境或者销毁处理。过境动物的尸体、排泄物、铺垫材料及其他废弃物，必须按照动植物检疫机关的规定处理，不得擅自抛弃；装载过境植物、动植物产品和其他检疫物的运输工具和包装物、装载容器必须完好。经口岸动植物检疫机关检查，发现运输工具或者包装物、装载容器有可能造成途中散漏的，承运人或者押运人应当按照口岸动植物检疫机关的要求，采取密封措施；无法采取密封措施的，不准过境。

2. 检疫处理方法

（1）动物检疫处理的主要方法有以下几种。

①除害：通过物理、化学和其他方法杀灭有害生物，包括熏蒸、消毒、高温、低温辐照等。

②扑杀：对经检疫不合格的动物，依照法律规定，用不放血的方法进行宰杀，消灭传染源。

③销毁：用化学处理、焚烧、深埋或其他有效方法，彻底消灭病原物及其载体。

④退回：对尚未卸离运输工具的不合格检疫物，可用原运输工具退回输出国（地区）；对已卸离运输工具的不合格检疫物，在不扩大传染的前提下，由原入境口岸在海关的监管下退回输出国（地区）。

⑤截留：对旅客携带的检疫物，经现场检疫认为需要除害或销毁的，签发出入境人员携带物留验/处理凭证，作为检疫处理的辅助手段。

⑥封存：对需进行检疫处理的检疫物，应及时予以封存，防止疫情扩散，也是检疫处理的辅助手段。

⑦预防性消毒：装载动物的运输工具抵达口岸时，采取现场预防措施，对上下运输工具或者接近动物的人员、装载动物的运输工具和被污染的场地作防疫消毒处理。进境的车辆由口岸检验检疫机关作防疫消毒处理。进出境运输工具上的泔水、动植物性废弃物，依照口岸检验检疫机关的规定处理，不得擅自抛弃。来自动植物疫区的船舶、飞机、火车抵达口岸时，经检疫发现有植物检疫性有害生物名录所列的有害生物的，作不准带离运输工具、除害、封存或者销毁处理；发现有禁止进境的动植物、动植物产品和其他检疫物的，必须作封存或者销毁处理；作封存处理的，在中国境内停留或者运行期间，未经口岸动植物检疫机构许可，不得启封动用。

（2）植物检疫处理主要有除害、退回、销毁等方法，其中检疫除害处理是植物检疫处理的主体。根据目标有害生物和寄主的不同可采用一种或多种处理方法综合应用。主要的检疫除害处理方法有以下几种。

①物理方法：水浸处理、低温处理、速冻处理、热水处理、干热处理、湿热处理、波加热处理、高频处理、辐照处理等。

②化学方法：药剂熏蒸处理、喷药处理、药剂拌种处理等，其中熏蒸处理由于经济、实用，成为应用最为广泛的处理方法之一。

③生物学方法：如对某些带有病毒苗木进行脱毒处理。将有检疫性病原物（或害虫）的货物运往生态条件不适宜该病原物（或害虫）发生的地区，如对带有某些单食性、寡食性害虫或寄主范围单一的病原物的植物产品，可运往无该类病原物（或害虫）的寄主植物分布的地区加工、销售。

此外，还有"不准出境""不准过境"等处理方式。

第二节
出境检疫

为适应中国农产品对外贸易迅速发展的形势和应对国外技术性贸易措施，原国家质检总局逐步健全和完善了出境动植物检验检疫管理制度体系。现行的出境动植物检验检疫管理制度包括注册登记、疫情疫病监测、安全风险监控、企业分类管理、出口查验、产品溯源管理、风险预警与快速反应等。这些制度规定了出口生产企业、经营企业在出口生产及贸易等环节的责任，明确了进出境动植物检验检疫自身的职责，对进一步提升出口动植物及其产品质量安全水平，增强出口农产品国际市场竞争力，促进农产品贸易健康发展，以及满足新形势下出口动植物及其产品检验检疫及监管实际需求提供了法制保障。

一、出境动物及动物产品检疫

(一) 申报

经生产加工地、启运地海关检验检疫合格的出境动物，货主或者其代理人应当在有效期内，向出境海关申报查验。

(二) 现场查验

海关对出口货物实施口岸查验和放行。口岸查验包括验证放行和核查货证两种方式。实施验证放行的，由海关人员逐批核查相关单证的真实性和有效性，相关单证真实有效的，直接予以验证放行。实施核查货证的，海关派工作人员对出口货物进行现场核查。主要核查检验检疫封识是否完好，是否与出境货物换证凭单一致；货物唛头、标志、批次编号等包装标记是否完好，是否与出境货物换证凭单一致；货物外包装是否完好。核查符合要求的，予以放行。

(三) 实验室检测

在现场检疫的基础上，以下几种情况需要进行实验室检测：现场检疫不能得出结果的，需要抽样作实验室检验；现场检疫发现可疑疫情，需要进一步到实验室进行确诊；进口国（地区）要求的实验室检验项目；其他规定的实验室检验项目。

(四) 检疫处理

出境货物经核查货证不符合要求的，作相应的检疫处理。货物加施检验检疫封识不符合要求的，依照检验检疫封识管理规定处理；货物外包装标记不符合要求的，依照检验检疫有关规定处理，或者重新报检；货物包装破损的，责令发货人整理。经整理符合检验检疫要求的，给予放行。

(五) 出证与放行

出境货物经核查货证符合要求的，施检部门填写出境货物查验记录，出证放行。对于诚信度高、产品质量保障体系健全、质量稳定的企业，其出口货物可以实施检验检疫绿色通道制度。

（六）溯源管理

溯源管理是建立从生产企业、出口环节到消费市场全过程的质量安全可追溯体系，实现对农产品供应体系中产品构成与流向等信息与文件记录的可追溯。

（七）后续管理

通过综合产品风险等级和企业分类情况，对不同类别企业、不同风险等级产品确定不同的监管频次和检验抽批比例，辅以差别化的安全风险监控，将产品控制在适当保护和可接受水平。

二、出境植物及植物产品检疫

（一）注册登记制度

注册登记制度是指出入境检验检疫机构依法对出境的植物及其产品和植物源性食品的种植基地及生产、加工、存放单位的资质、安全卫生防疫条件和质量管理体系进行考核确认，并对其实施监督管理的一项具体行政执法行为。其目的是从源头控制出口植物及其产品和植物源性食品质量安全，破解国外贸易性技术壁垒，维护国家利益和形象，提高农产品在国际市场的竞争力。

随着对产品质量安全控制认识水平的不断深入，对出境的植物及其产品和植物源性食品生产企业实施注册登记，这种管理手段被世界各国广泛认同并用于产品质量安全监管。中国进出口农产品注册登记工作起步较晚，进入20世纪90年代后，在中国进出农产品贸易快速发展和世界各国对农产品质量安全要求不断提高背景下，中国出境农产品食品注册登记制度工作才得到长足发展。

注册登记制度的主要内容包括注册登记条件的确定、申请单位的考核批准和对获得注册登记资格企业的监督管理三个方面。确定注册登记条件是注册登记制度的核心，有关检验检疫管理办法和规定都对注册登记条件作了明确规定，主要包含申请注册登记主体的资质、安全卫生条件、防疫条件以及以产品质量安全为核心的质量管理体系等内容。

（二）分类管理制度

分类管理制度是以企业分类和产品风险分级为基础实施的出口企业及产品差别化检验检疫监管措施。分类管理的核心是运用风险分析原理，对出口产品进行风险分级，并以企业的生产规模、对产品质量控制能力和诚信程度等要素，对企业进行分类。对不同企业和不同产品采用不同出口抽查比例和监管方案，实施差别化管理，以引导企业树立产品质量安全主体责任和诚信经营意识，促进企业提升能力、诚实守信、自我完善，促进通关便利化。分类管理制度主要包括以下内容。

1. 企业评估分类

检验检疫部门根据企业信用状况，风险分析和关键控制点体系建立情况，生产管理和自检自控能力，产品质量状况、遵纪守法情况和人员素质等要素，对企业进行评估和分类。同时，根据日常监管等情况可对企业类别进行动态调整。通过正面激励引导和负面鞭策促动等措施，增强企业产品质量安全意识，提升企业自检自控能力和管理水平。

2. 产品风险分级

运用风险分析原理，全面收集和分析出境植物及其产品的特性、贸易国别、历史质量状况等各种信息，以及产品可能性携带的有害生物和有毒有害物质，按照一定的程序进行风险评估，评价并确定产品风险等级或风险项目等级。风险评估结果将直接用于日常监管、风险监控和企业自检自控，以提高产品质量安全控制的针对性和科学性。

3. 确定检验检疫监管方案

根据综合产品风险等级和企业分类情况，对不同类别企业、不同风险等级产品确定不同的监管频次和检验抽批比例，辅以差别化的安全风险监控，将产品风险控制在适当保护和可接受水平。

（三）出口查验制度

出口查验制度是出境检验检疫机构对经产地检验检疫合格后的出口植物及其产品和其他检疫物，在出境口岸依法实施现场查验并进行合格评价的检验检疫管理制度。其旨在保证出口植物及其产品安全质量，防止植物疫情疫病和有害生物的传出和扩散，维护正常的出口贸易秩序。

对出口货物实行产地检验检疫、口岸查验放行制度，旨在保证出口货物检验检疫工作质量，缓解口岸工作压力，节省通关时间。口岸查验制度是出口检验检疫把关最后一个环节，具体包括申报、现场查验、检疫处理、出证与放行等一系列检验检疫工作程序。

1. 申报

经生产加工地、启运地检验检疫机构检验检疫合格的出境货物，货主或者其他代理人应当在有效期内向出境口岸检验检疫机构申报查验。

2. 现场查验

口岸检验检疫机构对出口货物实施口岸查验和放行。口岸查验包括验证放行和核查货证两种方式。

3. 检疫处理

出境货物经核查货证不符合要求的，作相应的检疫处理。货物加施检验检疫封识不符合要求的，依照检验检疫封识管理规定处理；货物外包装标记不符合要求的，依照检验检疫有关规定处理，或者依照《出入境检验检疫报检规定》重新报检；货物包装破损的，责令发货人整理。经整理符合检验检疫要求的，给予放行。

4. 出证与放行

出境货物经核查货证符合要求的，施检部门填写出境货物查验记录，送检务部门签发出境货物通关单。

（四）溯源管理制度

溯源管理制度是建立从生产环节到消费市场全过程的质量安全可溯源体系，实现对农产品供应体系中产品构成与流向等信息以及文件记录可追溯。农产品食品可追溯系统是控制农产品食品质量安全有效的手段。农产品可追溯管理体系的建立、数据收集，应包括从原材料的产地信息、产品的加工过程、直到终端用户各个环节。该制度的建立和实施，是解决农产品安全问题的有效途径，也是确保农产品质量安全、维护消费者权益的有力手段。溯源管理制度的核心内容主要包括建立唯一可识别的溯源信息、加施出口产品标记或标识、建立可追溯完整数据链三个方面。

三、其他

出境其他检疫物的检疫内容按照目的地国家（地区）的检疫要求进行，检疫要求或者是目的地国家（地区）的法律法规，或者是目的地国家（地区）与中国签订的相关双边检疫协议、协定、议定书等，或者是有关合同中订明的检疫要求，或者是地区间多边协定，也可能是上述检疫要求兼而有之。目的地国家（地区）无明确检疫要求的，海关根据中国相关法律法规对出境检疫物实施检疫。

出境其他检疫物的检疫程序与出境动植物及其产品的检疫程序相同，包括申报前监管、申报、查验、检疫、出证、口岸查验。申报前监管是指生产单位注册或者备案。目的地国家（地区）对出境其他检疫物有注册要求的，海关负责对外推荐符合注册条件的生产企业，对生产活动进行日常监管。目的地国家（地区）对生产企业没有注册要求的，海关将根据检疫物的风险实施备案管理。每批拟出境检疫物出境前应向海关申报，海关根据风险布控实施查验、检疫，查验、检疫合格的出具相关证书。拟出境检疫物运抵出境口岸后，海关根据情况进行口岸查验。

随着国际往来日益频繁和物流业的发展，越来越多的出境人员携带宠物出境，出境的国际邮件、包裹也越来越多，其中不乏邮递香肠、蜂蜜、植物种子、鲜切花等动植物产品。动植物检疫与人们的日常生活更为紧密。

WOAH《陆生动物卫生法典》推荐了源自狂犬病国家（地区）的犬、猫、雪貂国际运输兽医证书样本，各国（地区）在此基础上均有更细致的规定。因此，携带宠物出境的，要了解目的地国家（地区）有关允许携带的宠物种类、数量、允许进境的口岸、免疫、隔离等方面的检疫要求。例如，日本对进境旅客携带的宠物实行指定口岸制度，即如果携带宠物的旅客未从指定口岸入境，宠物将不允许进境。

参考文献

［1］白松，白永华，桑豪，等.中国进出境动植物检疫监管体系的构成与特色［J］.产业与科技论坛，2016，15：228-230.

［2］白文彬，于康震.动物传染病诊断学［M］.北京：中国农业出版社，2002.

［3］陈丽璧，张宝善，李林强.动植物检验检疫重要性及其作用探讨［J］.教育教学论坛，2016，34：184-185.

［4］房维廉.《进出境动植物检疫法》的理论和实务［M］.中国农业出版社.1995.

［5］何末军，周国英，李河.PCR技术在植物检疫性病害鉴定中的应用［A］.西南林学院学报，2009-29（1）.

［6］衡静，梁芳芳，于晓莹.实时荧光定量PCR技术及其在植物中的应用［J］.河南农业，2013-8.

［7］黄冠胜.中国特色进出境动植物检验检疫［M］.北京：中国标准出版社，2013.

［8］黄冠胜.中国外来生物入侵与检疫防范［M］.北京：中国标准出版社，2014.

［9］李军锋，杨晖，王宇萍.基于动植物等农产品质量安全的动植物检疫力度提升策略［J］.绿色科技，2018，13：247-248.

［10］李敏，叶建仁，陈凤毛.松材线虫检测技术研究进展［J］.中国森林病虫，2022-41（3）.

［11］李尉民.国门生物安全［M］.北京：科学出版社，2020.

［12］李志红，杨汉春，沈佐锐.动植物检疫概论［M］.北京：中国农业大学出版社，2016.

［13］励建荣．动植物检验检疫学［M］．北京：科学出版社，2017.

［14］林荣泉．关于英国疯牛病风波的来龙去脉［J］．肉类工业，2001（9）：35—38.

［15］刘林，付英梅．细菌超广谱β-内酰胺酶耐药基因多重实时荧光PCR检测体系的建立［J］．中国卫生标准管理，2021-12（9）．

［16］刘学堂，宋晓轩，郭金城．棉花黄萎病菌的研究及最新进展［J］．棉花学报，1998，10（1）：6-13.

［17］陆承平．兽医微生物学［M］．北京：中国农业出版社，2009.

［18］（美）珀西恩著．分子微生物学：诊断原理与实践［M］．柯昌文等译．广州：中山大学出版社，2008.

［19］屈伸，刘志国．分子生物学实验技术［M］．北京：化学工业出版社，2008.

［20］世界动物卫生组织．OIE陆生动物诊断试验与疫苗手册：2021（第8版）［M］．北京：中国农业出版社：2021.

［21］世界动物卫生组织．陆生动物法典：2019（第28版）［M］．北京：中国农业出版社：2019.

［22］宋东亮，姚四新，索勋，等．禽蛋沙门氏菌检测技术综述［J］．中国动物检疫，2009-26（3）．

［23］汤锦如，彭大新．动物检疫技术指南［M］．北京：中国农业出版社，2018.

［24］王星，周红宁．我国疟原虫PCR常用检测技术研究进展［J］．中国病原生物学杂志，2018-13（13）．

［25］魏冬霞，邓艳，马妮妮，等．AFLP技术及其在寄生虫学上的应用［J］．热带医学杂志，2005-2.

［26］吴清明．兽医传染病学［M］．北京：中国农业大学出版社，2002.

［27］吴兴海，陈长法，张云霞，等．基因芯片技术及其在植物检疫工作中应用前景［J］．植物检疫，2006-20（2）．

［28］夏红民．重大动物疫病及其风险分析［M］．北京：科学出版

社 . 2005.

［29］许志刚 . 植物检疫学（第 3 版）［M］. 北京：高等教育出版社，2008，P150-200.

［30］杨汉春 . 动物免疫学（第 2 版）［M］. 北京：中国农大出版社，2004.

［31］杨军平，杨小军 . 常用实验室诊断临床应用［M］. 南昌：江西科学技术出版社，2016.

［32］喻国泉，廖力，谢为龙 . 植检实验室 ISO/IEC17025 认可中有关标准问题的探讨［J］. 中国检验检疫，2001-12.

［33］郑世军 . 现代动物传染病学［M］. 北京：中国农业出版社，2013.

［34］周明华，丁志平，王明生，等 . 我国外来物种入侵防控工作现状综述［J］. 植物检疫，2023，（2）：1-7.

［35］周明华，张呈伟，李尉民，等 . 在入境口岸实施检疫是进境动植物检疫工作的基本要求［J］. 植物检疫，2017-4.

［36］Animal and Plant Health Inspection Service. Process for Foreign Animal Disease Status Evaluations, Regionalization, Risk Analysis, and Rulema-kiA1：A25ng［EB/OL］.（1997-05-04）［2021-06-02］.

［37］Committee on Sanitary and Phytosanitary Measures. Notification：Procedures for re-establishing a region as free of a disease. G/SPS/N/USA/763，USA，2003

［38］Gabarone Botswana. Regional Information Seminar for Recently Appointed OIE Delegates［R］. 2010-03-09.

［39］Gideon Br ckner. OIE endorsement of FMD control programs and recognition of disease-free status［R］. Thailand，2012-06-27.

［40］Harintharanon T. Establishment of Poultry Compartmentalisation for Avian Influenza in Thailand［R］. Bangkok：Department of Livestock Development of Thailand，2009.

［41］Quinn P J，Markey B K，Leonard F C，et al. Veterinary

Microbiology and Microbial Disease Second edition［M］. Oxford，Wiley-Blackwell，2011.

　　［42］The World Organisation for Animal Health（WOAH）. Terrestrial Animal Health Code（2022）［EB/OL］.（2022-08-01）［2023-07-05］.